高等学校“十三五”规划教材

燃烧爆炸理论基础与应用

邬长城 主编

薛 伟 贾爱忠 谭朝阳 副主编

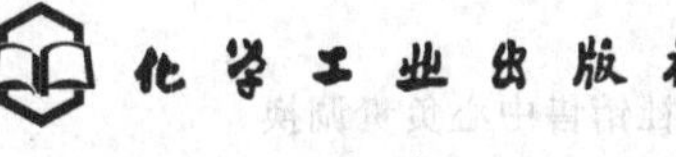

·北 京·

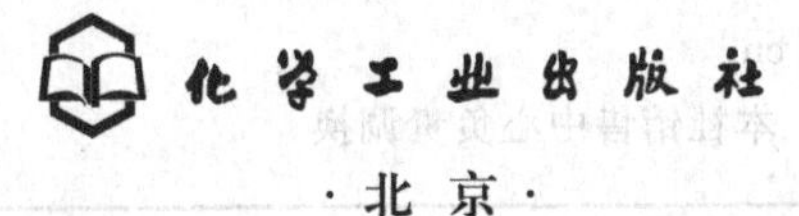

《燃烧爆炸理论基础与应用》介绍了燃烧爆炸的基本概念和基本理论，并论述了引起燃烧爆炸的物质和能量特征，最后对燃烧爆炸过程所产生的破坏性后果进行系统阐述，内容涵盖气体、液体和固体三种状态物质的燃烧形式，气体、粉尘、雾滴、易爆化合物、反应失控和蒸汽爆炸六种爆炸模式，可燃气体等十类物质及其混合状态的燃烧爆炸特征，明火等多种主要点火源控制和物理爆炸及其他燃烧爆炸相关后果的计算。

《燃烧爆炸理论基础与应用》力图突出危险化学品生产、使用、加工、储存和运输过程中的燃烧爆炸规律，理论和实践有机融合，通过案例引导、理论支撑、实验技能、工程应用等环节来提高预防和控制燃烧爆炸危险的能力，可作为高等学校安全工程、消防工程、化学工程与工艺及相关专业教材，也可作为化工生产安全有关的技术、管理、评价和科研人员的参考书。

图书在版编目（CIP）数据

燃烧爆炸理论基础与应用/邬长城主编. —北京：化学工业出版社，2016.4（2024.5重印）
高等学校“十三五”规划教材
ISBN 978-7-122-26276-9

Ⅰ.①燃… Ⅱ.①邬… Ⅲ.①燃烧理论-高等学校-教材②爆炸-理论-高等学校-教材 Ⅳ.①O643.2

中国版本图书馆 CIP 数据核字（2016）第 026635 号

责任编辑：杜进祥　　文字编辑：孙凤英
责任校对：边　涛　　装帧设计：韩　飞

出版发行：化学工业出版社（北京市东城区青年湖南街 13 号　邮政编码 100011）
印　　装：北京科印技术咨询服务有限公司数码印刷分部
787mm×1092mm　1/16　印张 13　字数 312 千字　　2024 年 5 月北京第 1 版第 9 次印刷

购书咨询：010-64518888　　售后服务：010-64518899
网　　址：http://www.cip.com.cn
凡购买本书，如有缺损质量问题，本社销售中心负责调换。

定　　价：45.00 元

前言

在现代化学工业的发展过程中，越来越多的化学品进入到人们的生产和生活领域，而且其存在的过程和环境条件要求也越来越苛刻。由于对化学品危险性认识的缺乏和处理能力的不足，安全事故频繁发生，其中燃烧爆炸事故最容易引起社会的关注。预防和控制火灾和爆炸事故的形势日益严峻。为适应高等院校安全工程和化工类专业开设防火防爆类课程的需求，笔者在十年讲授该课程的讲义基础上编写了本书。

本书共分 6 章。第 1 章主要介绍燃烧爆炸有关事故的特点和一般原因；第 2 章主要介绍燃烧的化学本质与基本过程，并重点讨论了气体、液体和固体状态物质的燃烧规律；第 3 章介绍气体爆炸、粉尘爆炸、易爆化合物的热分解爆炸、反应失控爆炸和蒸汽爆炸等几种典型的爆炸模式，指出它们的影响因素和预防策略；第 4 章从物质的角度介绍危险化学品的燃烧爆炸危险特征及危险性表征的实验方法；第 5 章从能量的角度介绍可能引起燃烧爆炸事故的几种点火能量及其控制方法；第 6 章介绍燃烧爆炸事故后果分析的理论方法。

燃烧爆炸理论涉及多学科领域，内容宽广。本书在内容选择上，主要针对化工生产及其他涉及危险化学品的领域在安全方面的燃烧爆炸问题，力图突出危险化学品生产、使用、加工、储存和运输过程中的燃烧爆炸规律，理论和实践有机融合，通过案例引导、理论支撑、实验技能、工程应用等环节来提高读者预防和控制燃烧爆炸危险的能力。

本书可作为高等院校安全工程、消防工程、化工类专业及其他有关专业的教材，也可作为危险化学品有关的技术、管理、评价和科研人员的参考书。

本书是由编者为安全工程和化学工程与工艺专业本科生开设专业课程的讲义改编而成的。多年来，编者力求对知识结构不断调整，讲授内容逐渐完善。因此，在本书编写过程中，大量参考了国内外学者的有关专著、科技论文，以及有关部门和个人发布、发表的标准规范、事故信息和理论分析的有关内容，在此向他们致以由衷的感谢！

本书的第 1 章、第 2 章的 2.1～2.2 节、第 3 章、第 5 章和第 6 章的 6.1～6.2 节由邬长城编写，第 2 章的 2.3～2.5 节由贾爱忠编写，第 4 章由薛伟编写，第 6 章的 6.3～6.7 节由谭朝阳编写。研究生赵贺潘在本书的资料收集、文字和图表的编辑等方面做了大量工作。全书由邬长城任主编，薛伟、贾爱忠、谭朝阳任副主编。

由于编者水平和知识面狭窄等因素所限，本书一定存在某些不妥之处，敬请读者批评指正。

本书得到了教育部、财政部高等学校“专业综合改革试点”项目、河北省高等学校科学技术研究项目（QN2014144）的资助。

编者

2015 年 10 月

目录

第 5 章　点火源控制　136

第 6 章 事故后果模拟分析 163

第1章 绪 论

典型案例：河北某硝基胍生产车间重大爆炸事故

2012年2月28日9时4分左右，河北赵县某公司生产硝酸胍的车间发生重大爆炸事故，造成25人死亡、4人失踪、46人受伤。

该公司车间共有8个反应釜，依次为1～8号反应釜。原设计用硝酸铵和尿素为原料，生产工艺是硝酸铵和尿素在反应釜内混合加热熔融，在常压、175～220℃条件下，经8～10h的反应，间歇生产硝酸胍，原料熔解热由反应釜外夹套内的导热油提供。实际生产过程中，将尿素改用双氰胺为原料并提高了反应温度，反应时间缩短至5～6h。

该公司硝酸胍生产为釜式间歇操作，生产原料为硝酸铵和双氰胺，其生产工艺为：

硝酸铵和双氰胺按2∶1配比，在反应釜内混合加热熔融，在常压、175℃至210℃条件下，经反应生成硝酸胍熔融物，再经冷却、切片，制得产品硝酸胍。反应分两步进行，反应方程式为：

(1) $(NH_2CN)_2+NH_4NO_3 = NH_2C(NH)NHC(NH)NH_2\cdot HNO_3-Q$

(2) $NH_2C(NH)NHC(NH)NH_2\cdot HNO_3+NH_4NO_3 = 2NHC(NH_2)_2\cdot HNO_3+Q$

总反应为：$(NH_2CN)_2+2NH_4NO_3 = 2NHC(NH_2)_2\cdot HNO_3+Q$

事故发生前，车间有5个反应釜投入生产。2月28日8时40分左右，1号反应釜底部保温放料球阀的伴热导热油软管连接处发生泄漏自燃着火，当班工人使用灭火器紧急扑灭火情。其后20多分钟内，又发生三至四次同样的火情，均被当班工人扑灭。9时4分许，1号反应釜突然爆炸，爆炸所产生的高强度冲击波以及高温、高速飞行的金属碎片瞬间引爆堆放在1号反应釜附近的硝酸胍，引起次生爆炸。经计算，事故爆炸当量相当于6.05t TNT。

硝酸铵、硝酸胍均属强氧化剂，遇火时能助长火势；与可燃物粉末混合，能发生激烈反应而爆炸；受强烈震动或急剧加热时，可发生爆炸。硝酸胍受热、接触明火或受到摩擦、震动、撞击时，可发生爆炸；加热至150℃时，分解并爆炸。

事故直接原因是：公司从业人员不具备化工生产的专业技能，擅自将导热油加热器出口温度设定高限由215℃提高至255℃，使反应釜内物料温度接近了硝酸胍的爆燃点（270℃）。1号反应釜底部保温放料球阀的伴热导热油软管连接处发生泄漏着火后，当班人员处置不当，外部火源使反应釜底部温度升高，局部热量积聚，达到硝酸胍的爆燃点，造成釜内反应产物硝酸胍和未反应的硝酸铵急剧分解爆炸。1号反应釜爆炸产生的高强度冲击波以及高温、高速飞行的金属碎片瞬间引爆堆放在1号反应釜附近的硝酸胍，引发次生爆炸，从而引发强烈爆炸。

1.1 火灾爆炸事故的特点

随着化学工业的发展，化工产品遍布人们生产和生活的各个领域，在给人们带来便利的同时，对化学品危险性认识的缺乏和处理能力的不足，也引发了大量的安全事故，其中燃烧爆炸事故最容易引起人们的关注。按照火灾科学的观点，时间和空间上失去控制的燃烧就称为火灾，而火灾和爆炸又经常相伴而生。人们在使用化学品提供能量和生产生活用品的同时，也在承受着随时可能爆发的火灾爆炸威胁。

化工生产具有易燃、易爆、易中毒、高温、高压、有腐蚀性等危险性，现代化工生产又出现了大型化、连续化、复杂化和自动化的特点，因而化学工业较其他工业部门有更大的危险性。一些发达国家的统计资料表明，在工业企业发生的爆炸事故中，化工企业占了1/3。在化工企业发生的各类事故当中，火灾、爆炸事故所造成的危害也是最为严重的。我国30余年的统计资料表明，化工企业火灾、爆炸事故的死亡人数占因工死亡人数的13.8%，居第一位；其次是中毒窒息事故，占12%；高空坠落事故和触电分居第三、第四位。

火灾、爆炸事故的发生通常具有以下特点：

1.1.1 火灾爆炸事故后果严重

首先，燃烧爆炸事故往往造成大面积、大规模的人员伤亡和财产损失。

在这里我们举两个例子：

【例1-1】 2015年8月12日，天津港瑞海公司危险品仓库发生特别重大火灾爆炸事故，该事故造成165人遇难，8人失踪，798人受伤住院治疗；304幢建筑物、12428辆商品汽车、7533个集装箱受损，直接经济损失68.66亿元人民币。附近的轻轨站被严重损毁，造成全线停车。

【例1-2】 1984年11月19日5时40分左右，墨西哥首都墨西哥城近郊，国家石油公司所属的液化气供应中心站发生一连串剧烈爆炸，站内的54座液化气储罐几乎全部爆炸起火，附近居民区受到严重损害。事故中约有490人死亡，4000多人负伤，另有900多人失踪。供应站内所有设施毁损殆尽，民房倒塌和部分损坏者达1400余所，致使31000人无家可归。供应站原有6座球形储罐，火灾发生后，其中4座随着巨响相继爆炸，所剩两座也发生倾斜，储罐顶部喷出烈焰，紧接着，邻近的筒形油罐也一座又一座地接连爆炸，有的筒形油罐似火箭般腾空飞出，将建筑物撞得粉碎。

墨西哥联邦检察厅调查报告认为：此次事故是由于液化气管道发生裂纹，液化气外逸，弥漫于周围环境空气中，而供应站内煤气炉的明火接触到了泄漏的气体而导致爆炸。

据估计，50t的易燃气体泄漏会产生直径700m的燃气云团，一旦被引燃发生气云爆炸，其覆盖下的居民会被爆炸火球或扩散火焰灼伤，其辐射强度将达$14W/cm^2$，而人的承受能力只有$0.5W/cm^2$，另外，爆炸产生大量的有毒及窒息性气体，这会引起更大范围的因缺氧而窒息死亡。

其次，火灾爆炸事故的破坏强度大。

我们在化工生产过程中，会接触多种多样的反应器和压力容器。反应器、压力容器爆炸以及燃烧传播速度超过声速的爆炸，都会产生破坏力极强的冲击波。冲击波超压达到0.2atm（1atm=101325Pa）时，会使砖木结构的建筑物部分倒塌，墙壁崩裂。室内爆炸压力会增大七倍，足以使任何坚固的建筑物土崩瓦解。我们还是以实例来说明。

【例 1-3】 2015 年 8 月 12 日，天津港瑞海公司危险品仓库发生特别重大火灾爆炸事故，中国地震台网官方微博发布了波形记录，并称，从波形记录结果看，第一次爆炸发生在 8 月 12 日 23 时 34 分 6 秒，近震震级 ML 约 2.3 级，相当于 3t TNT，第二次爆炸在 30s 后，近震震级 ML 约 2.9 级，相当于 21t TNT。此次爆炸造成周边多个小区的房屋不同程度受损，严重受损区最远达到 3.6km，中度受损区最远达到 5.4km，由于爆炸产生地面震动，造成建筑物接近地面部位的门、窗玻璃受损的范围达到 13.3km。

可以想象爆炸产生的破坏性有多强，这也是可以直观看到的。同样，火灾现场的破坏强度体现在极高的火焰温度上。火灾发生后，火场温度在 20～60min 内达到 760～920℃，这已处于 $CaCO_3$的分解温度区间，水泥结构将遭到破坏。实验表明，在 600℃时钢结构强度将下降 2/3，所以，15min 内钢结构框架就已经开始变形扭曲，甚至坍塌。美国“9·11”事件中，飞机撞向纽约世贸大厦 32min 后大厦倒塌，其主要原因就是钢结构受高温失稳。

1.1.2 火灾爆炸事故发生频繁

火灾爆炸事故的后果往往是群死群伤，同时伴有巨大的财产损失，而这样的事故却又是频繁发生。根据公安部消防局统计的新中国成立以来火灾数据（图 1-1）可以看出，多年来，我国火灾爆炸事故的频率非常高，而且呈剧烈震荡变化趋势，虽然这其中存在统计数据来源造成的偏差，但仍能看出我国的火灾事故控制水平还很不理想。

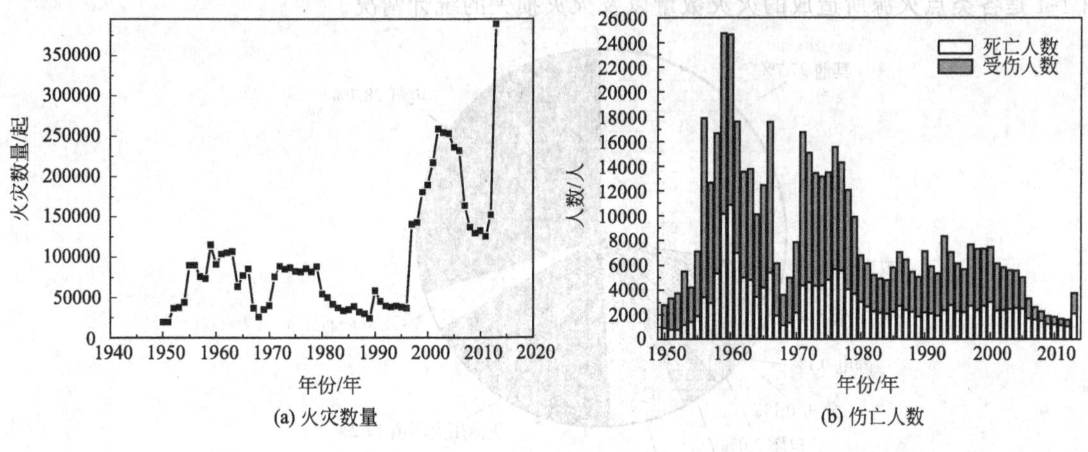

(a) 火灾数量　(b) 伤亡人数

图 1-1　1950～2013 年火灾事故统计

根据国家安全生产监督管理总局网站提供的事故查询信息，以“爆炸”为关键词查询得到了进 10 年来发生的爆炸事故情况，如图 1-2 所示。可以看出，近年来所发生的严重爆炸事故数量和因此造成的死亡人数都呈现总体下降趋势。但需要注意的是，查询得到事故都是造成了较为严重的伤亡、损失的爆炸事故。按照海因里希的事故致因理论推测，在此背后存在更多未造成严重后果的爆炸事故，这些事故同样值得我们加以研究，并采取措施予以预防。

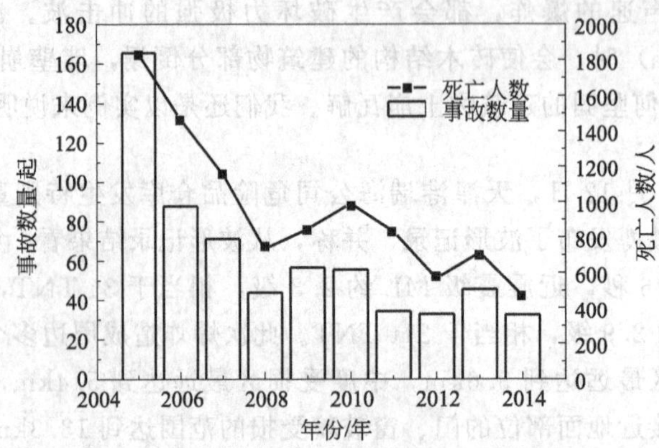

图 1-2 2005～2014 年全国爆炸事故统计

1.1.3 火灾爆炸事故原因及过程复杂

燃烧、爆炸是一个复杂的燃烧过程，既包含物质的流动，又涉及能量的传递，除此之外，火灾发生的原因也多种多样。火灾科学中认为，火灾是在时间上和空间上失去控制的燃烧所造成的危害，而爆炸往往又可以看作是一种速度极快的燃烧过程。从原因上找，两者有着同样的复杂性。我们以后将学到，燃烧需要具备三要素：可燃物、助燃物（氧化剂）和点火源。其中，助燃物以空气（氧气）最为普遍，而其他两要素则复杂多样。

第一是点火源，其类型有明火、化学反应热、物质的分解自燃、热辐射、高温表面、撞击和摩擦、绝热压缩、电火花、静电、雷电、日光等。我们在火灾预防工作中，控制点火源是重中之重；而在火灾事故调查工作中，寻找点火源（起火点）也是主要内容之一。图 1-3 和图 1-4 是各类点火源所造成的火灾数量以及火灾损失的统计情况。

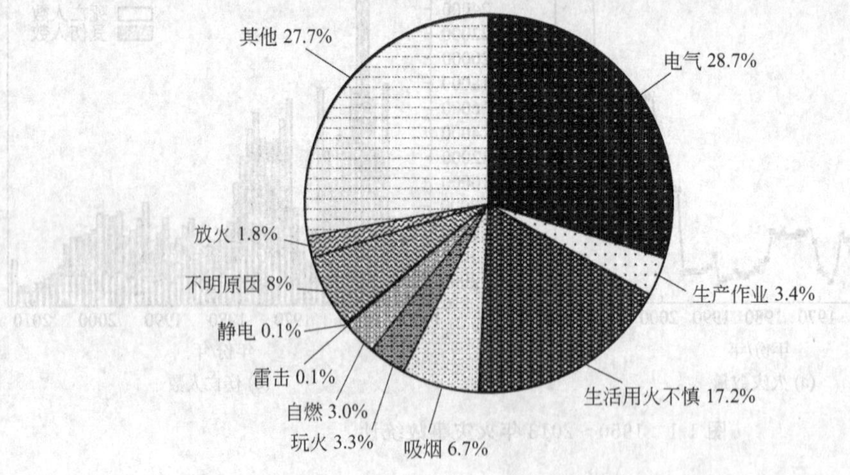

图 1-3 起火原因起数比例图

第二是可燃物，从相态上涵盖了气、液、固三种相态的物质。而化工生产中涉及多种类型的原料、辅助物料、中间体、产品和副产品等物料，大多数是易燃易爆物质，这就更大程度上促成了火灾爆炸产生的危险。确定化工火灾、爆炸发生的起因物质也增加了事故调查分析的复杂性。

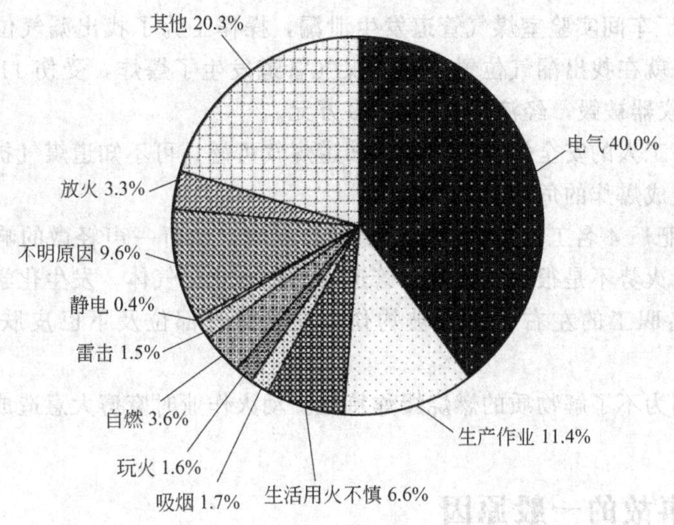

图 1-4 起火原因损失比例图

第三是从火灾爆炸后果来看，由于房屋倒塌、设备炸毁、人员伤亡等，爆炸现场复杂纷乱，这也给事故原因的调查分析带来不少困难。

第四是火灾爆炸发生的场合复杂。按照发生事故的设备类型不同，火灾爆炸事故统计情况见表 1-1。可以看出，反应器的火灾爆炸事故发生频率是最高的，其次是储存设备和管道。对反应器而言，反应过程常伴随着巨大的能量释放和转化，而且反应速度、产物分布等受多种因素的影响，一旦控制不当，反应温度和压力可能出现剧烈变化而引发火灾爆炸事故。

表 1-1 2001～2006 年化工企业火灾爆炸事故统计

设备	反应容器	储罐	管道	干燥设备	锅炉	气瓶	冷却装置	净化装置	其他	总计
事故数/起	45	25	7	5	4	3	1	1	18	109
死亡人数/人	176	115	27	20	24	10	4	4	78	458
火灾事故数/起	2	2	0	1	0	0	0	0	5	10
爆炸事故数/起	43	22	6	4	3	3	1	1	12	95

1.1.4 火灾爆炸事故易发、突发

在生产、生活中所接触的化学品很多是易燃易爆的，它们只需要很小的触动和激发就会发生火灾爆炸事故。而在化工生产中，有很多作业过程是在非常苛刻的条件下进行的，例如，邻二甲苯法生产苯酐的工艺是爆炸极限内操作，聚乙烯的生产过程中，轻柴油在裂解炉中的裂解温度为 800℃，高压聚乙烯的压力可达到 300MPa 以上，这些都是造成燃烧爆炸事故易发的重要原因。

火灾和爆炸事故往往是在意想不到的时候突然发生。虽然燃烧爆炸事故存在特定征兆，但一方面由于监测、报警等手段的可靠性、实用性和广泛性不够理想，另一方面由于人员对火灾爆炸事故的规律和征兆认识不够深刻，火灾爆炸事故仍会突然发生。

【例 1-4】 某工厂车间实验室煤气管道发生泄漏，操作工为了找出漏气位置，竟然划着火柴去检漏，结果就在找出漏气位置的同时煤气管道发生了爆炸，受伤 11 人，炸毁房间 26 间，多台精密仪器被毁，经济损失达 10 多万元。

这桩事故反应出工人的安全知识薄弱，只知道煤气可燃，可不知道煤气扩散到空气中会形成爆炸混合系造成爆炸的危险。

【例 1-5】 某化肥厂 4 名工人拆开一根管道的盲板时，只听一声轻微的响动，随后该管道突然起火，尽管火势不是很大，但由于管道中遗留有化学气体，发生化学反应后火焰温度骤然升高，一名职工的左右手手臂被灼伤，左脸颧骨部位及下巴皮肤被烧了两道口子。

这起事故也是因为不了解物质的燃烧爆炸特性，动火作业时麻痹大意造成事故突发。

1.2 火灾爆炸事故的一般原因

火灾爆炸事故的发生发展形式和过程是多种多样的，事故分析难度比较大。尽管如此，火灾爆炸事故也有一些不容被忽视的普遍原因。本章所提供的典型案例中所总结的几点突出问题就很具有代表性。

1.2.1 人的原因

统计分析表明，事故的直接原因是人的不安全行为和物的不安全状态，其中物的不安全状态是由人所造成的。火灾爆炸事故很多是由操作者缺乏有关的科学知识、在险情面前思想麻痹、存在侥幸心理、不负责任、违章作业引起的。具体表现在：忽略关于运转和维修的操作教育，没有充分发挥管理人员的监督作用，开车、停车计划不适当，缺乏紧急停车的操作训练，没有建立操作人员和安全人员之间的协作机制。特别是在现代化的生产中，人是通过控制台进行操作的，发生误操作的机会更多，如看错仪表、开错阀门等。

总之，任何一个工业过程都离不开人的活动参与，而人对工业系统运转的干预必不可免的会产生误差，从而引起各种形式的事故。

1.2.2 设备设施及物料原因

导致事故的直接原因中，物的不安全状态主要是指设备、设施和物料方面的因素。其中设备设施方面包括因选材不当而引起装置腐蚀、损坏；设备不完善，如缺少可靠的控制仪表等；材料疲劳；结构上的缺陷，如不能停车而无法定期检验或进行预防维修；设备上缺少必要的安全防护装置；泵、设备、管道、储罐等密闭不良造成工艺上的缺陷（如物料泄漏、串混等）；设备超期服役现象等。物料方面则主要源于自身的易燃易爆特性和外界刺激的敏感性等因素，如震动和撞击等。

1.2.3 技术原因

技术上的不成熟也是造成火灾爆炸事故的重要原因之一，特别是在化工生产环节，主要表现在缺少必要的有关化学反应动力学、热力学的数据；对有危险的副反应认识不足；未能根据热力学研究确定爆炸能量；对工艺异常情况检测不够。

对工艺物料认识不足，如在装置中原料混合时，不了解在催化剂作用下会自然分解；对处理的气体、粉尘等在其工艺条件下的爆炸范围不明确；没有充分掌握因误操作、控制不良而使工艺过程处于不正常状态时的物料和产品的详细情况；对可燃物质的自燃、危险物品的相互作用、运输和装卸时受到撞击或震动危害估计不足导致工艺技术要求的降低等。

在工艺控制方面，主要表现有缺乏紧急状态下的断料、泄压放空、物料安全排放等应急工艺措施；没有按规范要求配置消防设施、设置防火分离和消防通道；危险区域的电气设备无防护措施；防爆通风换气能力不足；无完备控温控压措施等。

1.2.4 环境原因

环境的不良会直接或间接引发火灾爆炸事故。例如，气候干燥、炎热、潮湿及雷、雨、风、地震等自然环境直接造成的火灾爆炸事故；周围环境、火灾爆炸事故的波及等因素也会致使火灾和爆炸事故出现。在危险品储存场所，也经常出现因通风不良造成可燃气体的累积或温度上升而发生火灾爆炸事故，或是物质的自燃。冬季气温下降可能造成一些物料的凝结、凝固，造成输送压力升高，甚至管道堵塞引起超压爆炸等。

1.2.5 管理原因

一般来说，事故发生后在进行事故原因调查时总能找到管理方面的缺陷。管理方面的规章制度不健全，贯彻执行不严格；违章作业、动火；设备在超过设计极限的工艺条件下运行；对运转中存在的问题或不完善的防火防爆措施没有及时改进；未能连续记录工艺参数，如温度、压力、开停车情况及中间罐和受压罐内的压力变动；易燃易爆化学品含有害杂质过多，以及混存乱用等都为火灾和爆炸事故埋下了隐性根源。

第2章 燃烧理论

典型案例：硫化铁自燃引起装置的火灾爆炸

1990年8月22日19时50分，某厂炼焦化产品回收车间高37m、直径4.5m的脱酚塔突然倒塌。其经过是：对塔进行检修时，按操作规程的步骤停塔，并直接用蒸汽对塔进行置换吹扫18h，停止蒸汽吹扫6h后，将塔体人孔盖等打开通风凉塔。打开人孔盖40min后，发现塔体下半部人孔往外冒黄烟，立即将除塔顶吊装孔外的其余已打开的人孔全部封闭，并直接通入蒸汽置换，黄烟立即消失。为尽早进行检修，通入蒸汽40min后便将蒸汽停下，同时用一临时胶管向塔内填料段加水。5h后再次发现从塔顶冒黄烟，即又向塔内通入蒸汽，3～5min后塔体开始倾斜，倾斜到一定角度突然倒塌，将距塔下30m处的脱酚泵房砸毁。此时，切断电源，继续往塔内填料段喷水，但由于塔体被摔得支离破碎，无法阻止空气进入，塔内填料段仍继续自燃，倒塌16h后自燃达到最猛烈阶段，过后逐渐减弱直至熄灭。

事故原因分析：脱酚塔是用蒸汽蒸吹法从剩余氨水蒸氨后的废水中脱酚的主要设备。由于废水中仍含有少量的氨、氰化氢和硫化氢，而废水在脱酚塔内操作温度的条件下，其中的氰化氢、硫化氢首先分别被解析出来，转移到蒸汽中并在吸收段被烧碱溶液吸收，与铁（金属填料）充分接触，生成了硫化亚铁、硫化铁。随着时间的延长，硫化亚铁便逐渐积累起来，达到了在适宜温度下遇空气引起自燃的条件。在塔用蒸汽置换清扫后，温度尚未降下来时打开了塔的所有人孔，在塔内形成了空气的较强对流。此时，脱酚塔内的硫化亚铁、硫化铁、温度和流通的空气具备了自燃条件，发生了自燃。

自燃机理分析：在某些生产中，硫化氢的存在，使铁制设备或容器的内表面腐蚀而生成一层硫化铁。干燥的硫化铁和硫化亚铁在较低温度下，甚至能在常温的空气中自行发热燃烧。如容器或设备未充分冷却便敞开，则它与空气接触，便能自燃。如有可燃气体存在，则可形成火灾爆炸事故。硫化铁类自燃的主要原因是在常温下发生（与空气）氧化。其主要反应式如下：

$$FeS_2 + O_2 \longrightarrow FeS + SO_2 + 221.96kJ$$

$$FeS + 3/2O_2 \longrightarrow FeO + SO_2 + 48.91kJ$$

$$2FeO + 1/2O_2 \longrightarrow Fe_2O_3 + 270.45kJ$$

$$Fe_2S_3 + 3/2O_2 \longrightarrow Fe_2O_3 + 3S + 585.20kJ$$

在化工生产中由于硫化氢的存在，所以生成硫化铁的机会较多，例如，

设备腐蚀（常温下） $2Fe(OH)_3+3H_2S \longrightarrow Fe_2S_3+6H_2O$

高温下（310℃以上） $2H_2S+O_2 \longrightarrow 2H_2O+2S$

$Fe+S \longrightarrow FeS$

300℃左右 $Fe_2O_3+4H_2S \longrightarrow 2FeS_2+3H_2O+H_2$

硫化亚铁与空气接触反应过程中放热造成体系温度升高，而硫化亚铁的自燃点又比较低，特别是在容器因硫化产生高度分散的硫化亚铁时，其自燃点会更低，自燃危险程度更高。当硫化亚铁避免被油污等覆盖时，其自燃点还会进一步降低。

2.1 燃烧现象及其本质

2.1.1 燃烧现象

燃烧是可燃物与助燃物（或氧化剂）发生的一种发光发热的化学反应。

通常情况下，燃烧需要满足三个要素，即可燃物、助燃物（或氧化剂）和点火源，这也常被描述为图 2-1 所示的燃烧三角形。

值得注意的是，燃烧三要素是发生燃烧的必要非充分条件，即缺少任何一个都不能发生燃烧，而有时即使三要素都同时存在，也未必会发生燃烧，如下列情况：

助燃物数量不够（如窒熄现象）；

可燃物数量不足（如达不到爆炸极限等）；

点火源能量过低（小于最小点火能量）。

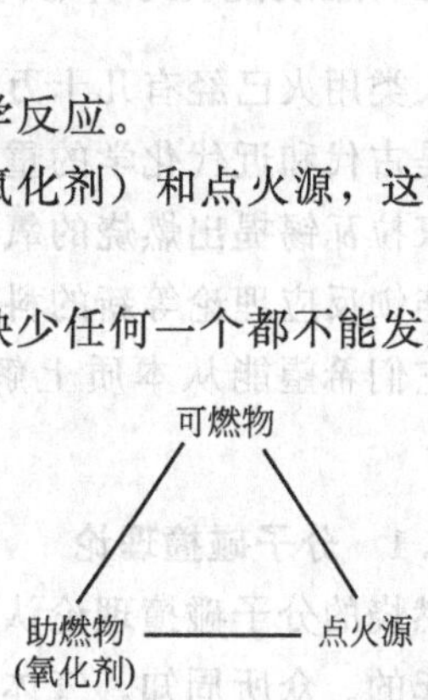

可燃物

助燃物（氧化剂） 点火源

图 2-1 燃烧三角形

所以，完成一个完整的燃烧过程，除了要具备燃烧的基本条件，还必须满足组分浓度、能量限制、温度影响和燃烧传播途径等多方面的要求。

燃烧反应属于放热的氧化反应，例如，氢气和氧气的燃烧反应 $2H_2+O_2 \longrightarrow 2H_2O+Q$。燃烧有时发生在一种物质分解反应的场合下，但大多数是发生在两种物质之间，此时一种物质称为助燃性物质，另一种物质称为可燃性物质。一般常见的燃烧现象，主要是可燃物与空气中的氧气之间发生的激烈的氧化反应。如烃类化合物在空气中的完全燃烧，最终生成二氧化碳和水就是氧化反应。

在燃烧化学反应中失去电子的物质被氧化，获得电子的物质被还原。如氢气在氯气中燃烧。氯原子得到一个电子被还原，而氢失去一个电子被氧化。因此，氯在这种情况下即为氧化剂。这就是说，氢被氯所氧化并放出热量和呈现出火焰，此时虽然没有氧气参与反应，但发生了燃烧。在这个反应中，虽然没有氧参与反应，但所发生的是一个激烈的氧化反应，并伴随有光和热的发生，这个反应也是燃烧。又如铁能在硫中燃烧，铜能在氯中燃烧等等。

电灯在照明时放出光和热，但未发生化学反应，不能称为燃烧。铁与稀硫酸反应虽有电子得失，但不存在光和热的释放，也不能称为燃烧。

综上所述，燃烧具有两个特征：一是有新的物质产生（即燃烧是化学反应）；二是伴随着发光放热现象。

许多物质在燃烧过程中都会冒出浓淡不同的黑色、灰色或其他颜色的烟，因而一些人见到冒烟，总以为是物质着火燃烧了，实际上很多冒烟并不是由燃烧引起的。在化学品生产、使用、储存和运输中，能够“冒烟”的物质是很多的，如浓盐酸、发烟硝酸、发烟硫酸、氯磺酸及氧氯化磷等。这些物质在包装不严密时，都会冒出烟雾。但是，它们产生的烟雾并不是燃烧所形成的，而且这些物质都是不能燃烧的。它们所冒的“烟”，实际上是由于物质的分子或蒸气逸散到空气中，形成的雾状物质。如浓盐酸包装破漏时出现的冒烟现象，实际上是从浓盐酸中分离出来的氯化氢气体，在空气中重新溶解于水，而形成烟雾状的盐酸雾珠，这种“冒烟”现象与物质燃烧时的冒烟现象有着本质区别。

烟是物质燃烧时产生的混有未完全燃烧微小颗粒的气体，而雾则是由细小液珠飘浮在空气中形成的。因此，千万不能把一切产生烟雾的现象都看成着火燃烧，以免给扑救工作带来后患。

2.1.2 燃烧的化学本质

人类用火已经有几十万年的历史，但人们对燃烧现象的本质认识得远远不够。物质燃烧现象是古代和近代化学的重要研究对象。从18世纪前欧洲盛行的燃素学说，到1877年法国科学家拉瓦锡提出燃烧的氧化学说，逐步发展到了分子碰撞理论、活化能理论、过氧化物理论和连锁反应理论等新的科学的燃烧理论学说，在研究燃烧现象的过程中形成了多种理论学说，它们希望能从本质上解释燃烧现象，其中连锁反应理论在更大程度上得到研究者的认可。

2.1.2.1 分子碰撞理论

燃烧的分子碰撞理论认为燃烧的氧化反应是由可燃物和助燃物两种气体分子的互相碰撞而引起的。众所周知，气体的分子都是处于急速运动的状态中，并且不断地彼此互相碰撞，当两个分子发生碰撞时，即有可能发生化学反应；但是用这种理论解释燃烧的氧化反应时，其可能性却非常微小。例如，氢与氯的混合物在常温下避光储存于容器中，它们的分子每秒钟彼此碰撞达10亿次之多，但觉察不到有任何反应。可是，若把这种混合物置于日光之下，虽不改变其温度和压力，氢与氯两者却可以极快的速度进行反应，而生成氯化氢，并显出燃烧爆炸现象。由此可见，气态下物质的反应速度，并不能仅以分子碰撞次数的多少来加以解释，这是因为在互相碰撞的分子间会产生一般的排斥力，只有在它们的动能极高时，才能在分子的组成部分产生显著的振动，引起键的变弱，使分子各部位的重排有可能发生，亦即有可能引起化学反应。这种动能，按其大小而言，接近于键的破坏能，因而至少是2.1～41.8kJ/mol。这就意味着一切反应必须在极高温度下才能发生，因为41.8kJ/mol的活化能相当于1200～1400℃的反应温度。假如同意这种观点，那么燃烧与氧化反应该是特别困难的，因为双键 O═O 的破坏能是49.0kJ/mol，而 C—H 键的破坏能为33.5～41.8kJ/mol。但是，实验证明最简单的碳氢化合物的氧化在300℃左右就进行了。上面的推证否定了这样一种见解，即可燃物质的燃烧是它们的分子与氧分子直接起作用而生成最终的氧化产物。分子碰撞理论并不能很好地解释燃烧现象。

2.1.2.2 活化能理论

如前所述，为使可燃物和助燃物两种气体分子间产生氧化反应，仅仅依靠两个分子发生碰撞作用还不够，这是因为在互相碰撞的分子间会产生一般的排斥力，这就是说在通常的条件下，这些分子没有足够的能量来发生氧化反应；只有当一定数量的分子获得足够的能量以后，才能在碰撞时引起分子的组成部分产生显著的振动，使分子中的原子或原子群之间的结合减弱，引起键的削弱，以便使分子各部分的重排有可能，亦即有可能引向化学反应。这些具有足够能量的，在互相碰撞时会发生化学反应的分子，称为活性分子。活性分子所具有的能量要比普通分子平均能量多出一定值。使普通分子变为活性分子所必需的能量，称为活化能。燃烧是一种化学反应，而分子间发生化学反应的首要条件是相互碰撞。相互碰撞的分子不一定都能产生反应，只有具有一定活化能的少数活化分子碰撞才能发生反应。

当火源接触到可燃物时，一部分分子获得能量而成为活化分子，使得有效碰撞次数增加而容易发生燃烧反应。例如，O_2与H_2反应的活化能为25.10kJ/mol，在27℃、0.1MPa时，有效碰撞仅为碰撞总数的十万分之一，不会引发燃烧反应。而当明火接触时，活化分子增多，有效碰撞次数大大增加而发生燃烧反应。

如图2-2所示，假设燃烧初态为Ⅰ，终态为Ⅱ，Ⅰ能级高于Ⅱ能级，所以燃烧反应为放热反应。K为发生燃烧反应所必须经过的能级，K能级高于Ⅰ能级，所以燃烧反应不能自发进行，反应前必须有点火源提供能量ΔE_1，达到K能态（活化态），之后反应才能自发进行。能量$\Delta E_2-\Delta E_1=Q_V$为反应的热效应。

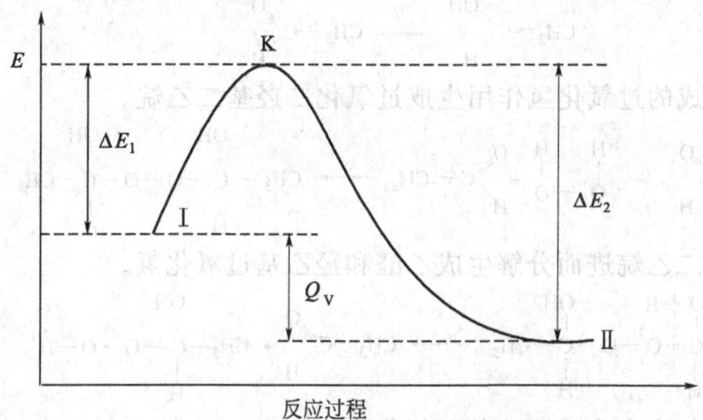

图2-2　燃烧过程能量变化示意图

活化能理论指出了可燃物和助燃物两种气体分子发生燃烧反应的可能性及其条件，同时也揭示了燃烧三要素之一——点火源在燃烧过程中的作用。

2.1.2.3　过氧化物理论

过氧化物理论认为，在燃烧反应中，首先是氧分子（O═O）在各种能量（如热能、辐射能、电能、化学能等）的作用下被活化，被活化的氧分子的双键之一断开而形成过氧基—O—O—，使可燃物变成过氧化物。

$$A+O_2 \longrightarrow AO_2$$

过氧化物中的过氧基氧原子比游离分子中的氧更为不稳定。因此，过氧化物是一种不稳定的强氧化剂，不仅能氧化形成过氧化物的物质A，还能氧化分子氧难以氧化的其他物质B：

$$AO_2+A \longrightarrow 2AO$$
$$AO_2+B \longrightarrow AO+BO$$

所以，在受热、撞击、摩擦等情况下，过氧化物会发生分解或氧化其他难氧化的物质，而发生燃烧、爆炸。例如，H_2与O_2反应生成H_2O的过程可以分解为两个步骤，首先是氢和氧作用生成过氧化氢，然后过氧化氢再氧化氢气生成水，其反应方程式如下：

$$H_2+O_2 \longrightarrow H_2O_2$$

$$H_2O_2+H_2 \longrightarrow H_2O$$

有机过氧化物可以看成是过氧化氢的衍生物R—O—O—H或R—O—O—R′。由于过氧化物不稳定，在处理一些有机物的过程中要控制过氧化物的生成以避免爆炸事故发生，如蒸馏乙醚的残渣中会形成过氧化乙醚（C_2H_5—O—O—C_2H_5）等极不稳定的过氧化物，从而引起自燃或爆炸。乙醚形成过氧化物引起爆炸的反应机理为：

（1）开始由一分子乙醚和一分子氧生成一分子乙烯基乙醚和一分子的过氧化氢。

$$CH_3-CH_2-O-CH_2-CH_3 + O_2 \longrightarrow CH_2=CH-O-CH_2-CH_3+H_2O_2$$

（2）生成的不饱和乙烯基乙醚和水作用发生水解反应生成乙醇和乙烯醇。

$$CH_2=CH-O-CH_2-CH_3 + H_2O \longrightarrow CH_2=CHOH+CH_3-CH_2-OH$$

（3）乙烯醇不稳定，立即重排生成乙醛。

$$CH_2=CH-OH \longrightarrow CH_3-CHO$$

（4）乙醛和前面生成的过氧化氢作用生成过氧化二羟基二乙烷。

$$CH_3-CHO + H-O-O-H + OHC-CH_3 \longrightarrow CH_3-CH(OH)-O-O-CH(OH)-CH_3$$

（5）过氧化二羟基二乙烷进而分解生成乙醛和羟乙基过氧化氢。

$$CH_3-CH(OH)-O-O-CH(OH)-CH_3 \longrightarrow CH_3-CHO + CH_3-CH(OH)-O-O-H$$

（6）羟乙基过氧化氢失水生成亚乙基过氧化物。

$$CH_3-CH(OH)-O-O-H \longrightarrow CH_3-CH\langle{}^{O}_{O}| + H_2O$$

亚乙基过氧化物分子中存在连接在α碳原子上的环状过氧键，是一种强氧化剂，而且十分不稳定，具有猛烈爆炸危险性。其沸点比乙醚高，不易被蒸出。所以，当蒸馏含有过氧化物的乙醚时，过氧化物会残留在容器内不断浓缩。当蒸馏到原来体积的1/10时，继续加热就会发生猛烈爆炸。

过氧化物理论在一定程度上解释了为何物质在气态条件下有被氧化的可能性。它假定氧分子只进行单键的破坏，这比双键的破坏要容易一些。因为破坏1mol氧的单键只需要29.3～33kJ的能量。因此，过氧化物理论反映了氧化燃烧过程中物质的参与形式，揭示了燃烧三要素中氧化剂（氧气）的作用。

2.1.2.4 连锁反应理论

链式反应的发现及其机理的研究，标志着现代化学动力学研究的重大进展。在这一领域起到开创性作用的是博登斯坦（M. Bodenstein，1871—1942年，德）。他通过卤素与氢反应生成卤化氢的机理的研究，于1913年提出了链反应的概念。但博登斯坦链反应的概念还是一个抽象的假说，很不具体。1916 年，能斯特以氢和氯反应为例提出了直链反应的模式。

链引发：　$Cl_2 \longrightarrow 2Cl\cdot$　产生链载体 Cl·

链传递：　$\cdot Cl + H_2 \longrightarrow HCl + H\cdot$　产生链载体 H·

$\cdot H + Cl_2 \longrightarrow HCl + Cl\cdot$　链载体 Cl·重复出现

链终止：　$2Cl\cdot + M \longrightarrow Cl_2 + M\cdot$　M·为激发态惰性分子

在 1927 年以前，链反应机理的研究还不够普遍，而且主要停留在直链反应阶段。1927～1928 年，苏联的谢苗诺夫（H. H. Cemenov）和英国的邢歇伍德（C. N. Hinshelwood）对 H_2 和 PH_3 在氧气中的燃烧反应做了深入研究，他们二人都得出燃烧反应是链反应的结论，并提出了支链反应的概念。1956 年，由于谢苗诺夫和邢歇伍德对链反应机理的研究成果，共同获得了诺贝尔化学奖。1934 年，谢苗诺夫在他的专著《链反应和化学动力学》中，系统地探讨了链反应的机制，并解决了燃烧和爆炸的关系。他认为：由于链反应的传递物都是价键不饱和的，所以，这类反应都是非常活泼的自由原子或自由基与分子之间的反应，它当然要比分子间直接反应快。自由原子或自由基在反应过程中，自由基并不消失，如 $Cl\cdot + H_2 \longrightarrow HCl + H\cdot$，所以链反应比分子间直接反应更利于进行。谢苗诺夫与邢歇伍德提出的支链反应理论是对链反应理论的一个发展。他们认为，氢、一氧化碳等物质的燃烧反应与氢和氯一起生成氯化氢的直链反应根本不同。前者在反应过程中会出现支链如：$H\cdot + O_2 \longrightarrow HO\cdot + O\cdot$。这些 HO·与 O·是增加了自由价的中间产物，不仅特别活泼，而且它们使反应发生树杈般的分枝，因而可以使反应雪崩式地往下进行。

链引发：　$H_2 + \cdot O_2 \longrightarrow 2HO\cdot$

链传递：　$HO\cdot + H_2 \longrightarrow H\cdot + H_2O$

链支化：　$H\cdot + O_2 \longrightarrow O\cdot + HO\cdot$　（慢）

$O\cdot + H_2 \longrightarrow HO\cdot + H\cdot$　（快）

链终止：　$2H\cdot \longrightarrow H_2$　（低压）

$H\cdot + O_2 + M \longrightarrow HO_2\cdot + M$

$\longrightarrow H_2O_2 + O_2$　（高压）

此时，链的数目随着反应的进行而呈指数函数增长。所以，链的中断如果小于链的支化，就会产生爆炸反应；链的中断如果大于链的支化，反应就会停止；二者相等反应就平稳地正常进行。由此，他得出结论：燃烧是缓慢的爆炸，爆炸是剧烈的燃烧。从而把二者统一起来了。

尽管连锁反应分直链反应和支链反应两种，但是任何链反应均由三个阶段构成，即链的引发、链的传递（包括链的支化）和链的终止。

上列反应式表明，最初的自由基（或称活性中心、作用中心等）是在某种能源的作用下生成的，产生自由基的能源可以是受热分解或受光线照射、氧化、还原、催化和射线照射等。自由基由于比普通分子平均动能具有更多的活比能，所以其活动能力非常强，在一般条件下是不稳定的，容易与其他物质分子进行反应而生成新的自由基，或者自行结合成稳定的分子。因此，利用某种能源设法使反应物产生少量的活性中心——自由基时，这些最初的自由基即可引起连锁反应，因而使燃烧得以持续进行，直至反应物全部反应完毕。在连锁反应中，如果作用中心消失，就会使连锁反应中断，导致反应减弱直至燃烧停止。造成自由基消失的原因是多方面的，如自由基相互碰撞生成分子，与掺入混合物中的杂质起副反应，与非活性的同类分子或惰性分子互相碰撞而将能量分散，撞击器壁而被吸附等。

连锁反应学说还可以用于解释燃烧（爆炸）极限问题。假设，连锁反应速率可以用如下方程来表示：

$$W=F(c)/[f_s+f_c+A(1-a)] \tag{2-1}$$

式中 $F(c)$——反应物浓度函数；

f_s——链在反应器上的销毁因素；

f_c——链在气相中的销毁因素；

A——与反应物浓度有关的函数；

a——链的分支数。直链 $a=1$，支链 $a>1$。

当 $f_s+f_c+A(1-a)$ 趋近于 0 时，W 趋近于无穷大，发生爆炸。

以最简单的分支链反应为例，建立分支链反应速率方程，说明分支链反应引起爆炸的机理。设有一容器中的反应物发生分支链反应的机理如下：

$$M \xrightarrow{k_1} R \quad \text{（链开始）}$$

$$R+M \xrightarrow{k_2} P+\alpha R \quad (\alpha>1)\text{（链分支）}$$

$$R \xrightarrow{k_3} \text{器壁破坏} \quad \text{（链终止）}$$

$$R \xrightarrow{k_4} \text{气相中破坏}$$

式中 M——反应物；

R——自由基；

P——反应产物；

α——生成自由基数目。

按照稳态法，由自由基生成速率方程得：

$$\frac{dC_R}{dt}=k_1C_M+k_2(\alpha-1)C_RC_M-(k_3+k_4)C_R=0 \tag{2-2}$$

则有：

$$C_R=\frac{k_1C_M}{k_3+k_4-k_2(\alpha-1)C_M} \tag{2-3}$$

分支链反应速率方程为：

$$\frac{dC_R}{dt}=k_2C_RC_M=\frac{k_1k_2C_M^2}{k_3+k_4+k_2(1-\alpha)C_M} \tag{2-4}$$

式中 k_i——反应速率常数；

C_i——组分 i 的浓度，mol/m³。

由此可以看出，对于分支链反应，当 α 达到一定程度，使 $k_2(\alpha-1)C_M$ 趋近于 k_3+k_4 时，即分母趋近于零时，反应速率趋于无限大，于是发生爆炸反应。说明自由基的数量控制着分支链反应的速率。当 $\alpha=1$ 时，上式变为直链反应，反应以有限速度进行。于是可把 α 的临界值表示为：

$$\alpha_{临界}=1+\frac{k_3+k_4}{k_2C_M} \tag{2-5}$$

当 $\alpha_{反应}>\alpha_{临界}$ 时，反应系统发生爆炸；当 $\alpha_{反应}<\alpha_{临界}$ 时，反应产物由缓慢反应生成。

2.2 燃烧过程

2.2.1 燃烧的一般过程

燃烧反应是一种特殊的反应状态，反应的结果会引起放热、发光、产生压力和电离等现象。但宏观上讲，无论是燃烧还是爆炸都要经过下面两个过程才能进行：局部的急剧反应带产生（发火过程）；上述反应带向未反应部分传播（传播过程）。

可燃性物质状态不同，燃烧过程也有所不同，如图 2-3 所示。从图中我们可以看出：

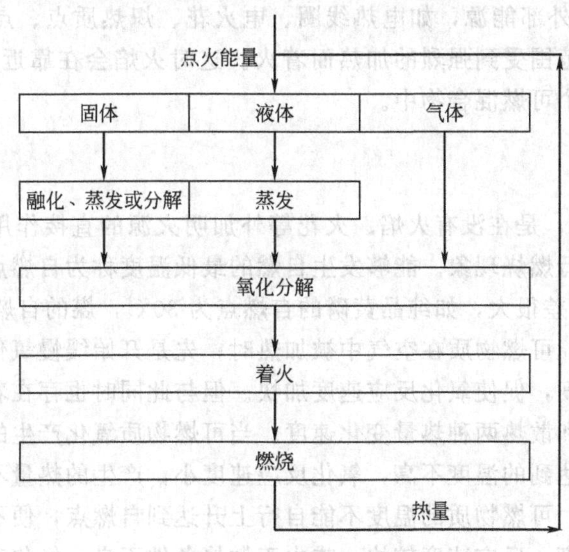

图 2-3 物质燃烧过程

① 气体最容易发生燃烧，燃烧所需要的热量只用于气体分子本身的氧化分解，并使其达到燃烧温度；气体的燃烧速度最快。

② 可燃液体的燃烧不是液体本身与空气直接发生氧化反应而产生燃烧。液体在点火源的作用下，先蒸发成蒸气，然后与气体一样氧化分解并燃烧；这种燃烧称为蒸发燃烧。金属熔化形成熔体表面，是熔融金属与氧直接发生氧化反应而进行的无焰燃烧。

③ 固体燃烧分两种情况：对于硫、磷、萘、沥青、热塑性高分子材料等可燃固体物质，其燃烧过程要经过受热→融化→蒸发→燃烧等多个步骤，属于是蒸发燃烧；对于某些复杂物质，燃烧过程是受热→分解→气或液体产物→燃烧，例如，木材、纸张、丝质棉麻物品和煤等，大多是由分解产生可燃气体再行燃烧，因此是分解燃烧的一种。

上述过程说明，物质的燃烧大多要经过气态形式，进行气相燃烧，我们看到的火焰就是气体在燃烧的现象。如木材在火源的作用下，低于 110℃时为失水干燥过程，130℃开始分解，到 150℃后变色，150～200℃分解出产物水和 CO_2，但不能燃烧；200℃以上分解出 CO 和碳氢化合物，木材的燃烧实际从此开始；温度 300℃以上分解出的气体产物最多，此时的燃烧也最为激烈。而当木材燃烧到只剩下碳时（如焦炭的燃烧），燃烧是在固体碳的表面进行，看不出扩散火焰，这种燃烧称为无焰燃烧，也称表面燃烧。所以，木材的燃烧是分解燃烧与表面燃烧交替进行的。而对某些活泼金属而言，其燃烧过程没有金属蒸气产生，只是单纯的表面燃烧，如铝、镁的燃烧就是表面燃烧。

燃烧过程首先从发火开始，并最终因各种原因而熄灭。可燃物的发火过程也称为着火，一般分为以下几类：

① 化学自燃。例如，火柴受到摩擦而着火；炸药受到撞击而爆炸；金属钠在空气中的自燃；烟煤因堆积过高而自燃等。这类着火现象通常不需要外界加热，而是在常温下根据自身的化学反应而发生，因此，习惯上称为化学自燃。

② 热自燃。如果将可燃物和氧化剂的混合物预先均匀地加热，随着温度的升高，当混合物加热到某一温度时便会自动着火（此时的着火发生在混合物的整个容积中），这种着火方式称为热自燃。

③ 点燃。点燃是指由外部能源，如电热线圈、电火花、炽热质点、点火火焰等得到能量，使可燃混合物的局部范围受到强烈的加热而着火。这时火焰会在靠近点火源处被引发，然后依靠燃烧波传播到整个可燃混合物中。

2.2.2 自燃

自燃全称“自燃着火”，是在没有火焰、火花等外加明火源的直接作用下，因受热或自身发热并蓄热所产生的自行燃烧现象。能够发生自燃的最低温度称为自燃点，又称“发火温度”。不同物质的自燃点相差很大，如纯品黄磷的自燃点为30℃，煤的自燃点为320℃。

自燃的过程比较复杂。可燃物质在空气中被加热时，先是开始缓慢氧化并放出热量，该热量可提高可燃物质的温度，促使氧化反应速度加快。但与此同时也存在着向周围的散热损失，亦即同时存在着产热和散热两种热量变化速度。当可燃物质氧化产生的热量小于散失的热量时，比如物质受热而达到的温度不高，氧化反应速度小，产生的热量不多，而且周围的散热条件又较好的情况下，可燃物质的温度不能自行上升达到自燃点，便不能自行燃烧；如果可燃物被加热到较高温度，反应速度较快，或由于散热条件不良，氧化产生的热量不断聚积，温度升高而加快氧化速度，在此情况下，当热的产生量超过散失量时，反应速度的不断加快使温度不断升高，直至达到可燃物的自燃点而发生自燃现象。

自燃按照其引起燃烧的热量来源可以分为受热自燃和自热自燃两种形式。

2.2.2.1 受热自燃

可燃物质由于外界加热，温度升高至自燃点而发生自行燃烧的现象，称为受热自燃，如火焰隔锅加热引起锅里油的自燃。受热自燃是引起火灾事故的重要原因之一，在火灾案例中，有不少是因受热自燃引起的。生产过程中发生受热自燃的原因主要有：

① 可燃物质靠近或接触热量大和温度高的物体时，通过热传导、对流和辐射作用，有可能将可燃物质加热升温到自燃点而引起自燃。例如，可燃物质靠近或接触加热炉、暖气片、电热器或烟囱等灼热物体。所以，保存和放置可燃物质时，一定要远离热源。同样，在布置可能产生热量的设备时，如燃油炉、焙烧炉等，也要考虑合理的安全间距。

② 在熬炼（如熬油、熬沥青等）或热处理过程中，温度过高达到可燃物质的自燃点而引起着火。家庭烹饪过程中，国内的食用油有时也会因温度过高而发生自燃。

③ 由于机器的轴承或加工可燃物质机器设备的相对运动部件缺乏润滑或缠绕纤维物质，增大摩擦力，产生大量热量，造成局部过热，引起可燃物质受热自燃。在纺织工业、棉花加工厂等由此原因引起的火灾较多。另外，在煤炭行业，输煤系统的传送带与辊子之间长时间运转摩擦会达到较高的温度，而皮带一旦沾染煤粉就可能引发煤粉的自燃。

④ 放热的化学反应会释放出大量的热量，有可能引起周围的可燃物质受热自燃，例如，

在建筑工地上由于生石灰遇水放热，引起可燃材料的着火事故等。

⑤ 气体在很高压力下突然压缩时，释放出的热量来不及导出，温度会骤然增高，能使可燃物质受热自燃。可燃气体与空气的混合气受绝热压缩时，高温会引起混合气的自燃和爆炸。因此，在使用往复式压缩机过程中，在保持活塞与筒体良好润滑的同时，还要注意润滑油不要挥发，甚至形成雾滴或积炭进入到压缩系统，以防爆炸。

此外，高温的可燃物质（温度已超过自燃点）与空气接触也能引起着火。例如，二硫化碳的自燃点只有 90℃，一旦泄漏很容易发生自燃。

2.2.2.2 自热自燃

可燃物在无外部热源作用时，其内部发生物理的、化学的或者生化过程而产生热量，并经长时间积累而达到该物质的自燃点而自行燃烧的现象称为自热自燃（也有人称为本身自燃）。

引起物质自热自燃的热源形式有：

(1) 分解热

常温下能分解放热的物质，如硝化棉、赛璐珞及硝化甘油等，由于分子结构中含有氧，所以在分解放热过程中不需要外界氧参与反应，在良好的蓄热条件下，温度逐渐上升，最后发生自燃。硝化棉类化学稳定性较低，在常温下也可缓慢分解产生微量的 NO 气体。NO 在空气中被很容易被氧化成 NO_2，NO_2 对硝化棉则有着促进自然分解的催化作用。干燥状态储存的硝化棉，由于其为多孔性物质，有绝热保温作用和自催化作用，所以，伴有放热的分解反应速率越来越快，温度越升越高，达到硝化棉的自燃点（180℃）时，就会发生特有的剧烈燃烧，甚至爆炸。

(2) 氧化热

分子内含有双键的不饱和有机化合物，如浸油脂物质、褐煤等，具有能吸收空气中的氧而发生部分氧化的特性，产生的大量氧化热如果得以蓄积，反应体系内的温度就会上升，达到自燃点而发生自燃。一些自燃点低的物质，如黄磷、烷基铝、磷化氢、还原铁等，在常温下与空气中的氧气能快速反应，发生燃烧。如果植物油、润滑油等不饱和油脂浸附在棉纱、破布、纸张或其他纤维类物质上面，由于其与空气的接触面积增大，会加速氧化放热反应，且这些物质的蓄热能力较强，很容易内部蓄热达到油脂的自燃点而发生自燃。

(3) 吸附热

碳粉之类物质，如活性炭、木炭等，在研磨、风送、粉碎时表面活性大，暴露在空气中会对空气中的各种气体成分产生物理或化学吸附，其中吸附氧时，除产生吸附热外，吸附的氧还会与碳发生氧化反应，进一步发热，如果蓄热条件好，吸附热和氧化热共同作用时物质的温度升高到自燃点而发生自燃。在化工生产中，为了达到除杂净化和分离提取等目的，经常采取各种形式的吸附操作，而采用的吸附剂大多是多孔性物质，导热性又比较差，吸附槽内的蓄热效应就会非常明显，可能造成可燃性吸附剂（如活性炭）或其他可燃物质的燃烧。

(4) 聚合热

化工生产中使用的一些单体，如乙酸乙烯酯、丙烯腈、液体氰化氢等具有很强的化学活性，在聚合成高分子聚合物的反应过程中大都伴随着放热，在生产过程中要严格控制温度，如聚合热不能散发到体系外，就会使聚合速度剧增，发生冲料或自燃爆炸。骇人听闻的印度博帕尔毒气泄漏事件就是由于异氰酸酯的聚合反应大量放热，致使压力升高而引起的。

(5) 发酵热

许多植物如稻草、树叶、棉籽及粮食等，一般都附着大量微生物，而且能自燃的植物都含有一定的水分，当大量堆积时，就可能因发热而导致自燃。总体来说，影响植物自燃的因素主要是必须具有微生物生存的湿度，其次是散热条件。因此预防植物自燃的基本措施是使植物处于干燥状态并存放在干燥的地方，堆垛不宜过高过大，注意通风，加强检测，控制温度，防雨防潮等。

2.2.2.3 自燃点

不同物质具有不同的自燃危险，同种物质具有不同存在状态时其自燃性质也会发生变化。物质的自燃点与其化学组成和化学结构有密切关系，并受多种因素的影响。

（1）压力

处在不同压力环境下，物质的自燃点会发生明显的变化。通常，压力越高，物质的自燃点越低，越容易发生自燃，如表 2-1 所示。

表 2-1 自燃点随压力的变化

物质	自燃点/℃					
	0.1MPa	0.5MPa	1.0MPa	1.5MPa	2.0MPa	2.5MPa
汽油	480	350	310	290	280	250
苯	659	620	590	520	500	490
煤油	460	330	250	220	210	200

（2）组成

可燃混合物系中可燃物的浓度不同，表现出来的自燃点也不相同，处于化学计量比时的自燃点最低，也就是最容易发生自燃。甲烷不同浓度时的自燃点见表 2-2。

表 2-2 甲烷不同浓度时的自燃点

甲烷含量/%	2.0	3.0	3.95	5.85	7.0	8.0	8.8	10.0	11.75	14.35
自燃点/℃	710	700	695	695	697	701	707	714	724	742

（3）催化剂

可燃物中存在有杂质或与其他容器接触时，这些物质也会改变物质的自燃特性，起到催化剂的作用。催化剂的存在会降低自燃点，而某些钝化剂却能够提高物质自燃点，如汽油中加入四乙基铅可以降低其自燃危险性。容器也有催化作用，如汽油在铁管中的自燃点为685℃，石英管中为 585℃，坩埚中为 390℃。另外，有报道称羧酸盐可以使润滑油的自燃点降低至 140℃以下，在压缩过程中很容易引起油蒸气自燃进而转化为爆炸。

（4）分子结构

有机物的自燃点与分子结构形成规律的对应变化关系如下所述。

① 同系物随分子量的增加而降低，如表 2-3 所示。

表 2-3 同系物自燃点随分子量的变化

烷烃	分子量	自燃点/℃	醇类	分子量	自燃点/℃
甲烷	16	537	甲醇	32	470
乙烷	30	472	乙醇	46	414

续表

烷烃	分子量	自燃点/℃	醇类	分子量	自燃点/℃
丙烷	44	446	丙醇	60	404
丁烷	58	430	丁醇	74	345

② 同系物中的同分异构体，正构体的自燃点比异构体的自燃点低，如表 2-4 所示。

表 2-4 同分异构体的自燃点比较

正构物	自燃点/℃	异构物	自燃点/℃
正丁烷	430	异丁烷	462
正丁烯	384	异丁烯	465
正丁醇	345	异丁醇	418
正丙醇	404	异丙醇	431
正戊醇	306	异戊醇	336
正戊醛	206	异戊醛	228
甲酸丙酯	400	甲酸异丙酯	460
乙酸丙酯	450	乙酸异丙酯	460
乙酸丁酯	371	乙酸异丁酯	421
乙酸戊酯	378.50	乙酸异戊酯	379

③ 饱和烃比对应的不饱和烃自燃点高，如表 2-5 所示。

表 2-5 饱和烃与不饱和烃自燃点比较

烷烃	自燃点/℃	烯烃	自燃点/℃
乙烷	472	乙烯	426
丙烷	446	丙烯	410
丁烷	430	丁烯	384
戊烷	309	戊烯	275

④ 烃的含氧衍生物的自燃点低于同碳数烃的自燃点，且不饱和程度越高，自燃点越低，如表 2-6 所示。

表 2-6 烷烃与醇、醛衍生物的自燃点比较

烷烃	自燃点/℃	醇类	自燃点/℃	醛类	自燃点/℃
甲烷	537	甲醇	470	甲醛	430
乙烷	472	乙醇	414	乙醛	185
丙烷	446	丙醇	404	丙醛	221
丁烷	430	丁醇	345	丁醛	230
戊烷	309	戊醇	306	戊醛	206

⑤ 芳烃高于同碳数的脂肪烃，这是芳烃相比脂肪烃的结构更稳定，难以发生氧化反应的缘故，如表 2-7 所示。

表 2-7 芳烃与脂肪烃自燃点比较

芳烃	自燃点/℃	脂肪烃	自燃点/℃
苯	659	正己烷	234
甲苯	622	正庚烷	223
二甲苯	496	正辛烷	220

⑥ 同系物比重越低，闪点越低，自燃点越高，如表 2-8 所示。

表 2-8 油品的闪点、自燃点

物系	闪点/℃	自燃点/℃
汽油	<28	510～530
煤油	28～45	380～425
轻柴油	45～120	350～380
重柴油	>120	300～330
蜡油	>120	300～380
渣油	>120	230～240

（5）粒度

各种固体粉碎得愈细，自燃点也愈低。硫化亚铁自燃点随粒度变化情况列于表 2-9 中。

表 2-9 不同粒径硫化亚铁的热自燃特性参数

样品粒度/目	起始自热温度/℃	最大温升速率/(℃/min)	最大温升时的温度/℃
40～80	250.85	0.857	431.73
160～200	232.06	2.954	415.42
240～280	140.95	5.496	401.21
280～325	129.56	7.658	371.40
325～360	115.89	7.695	361.90

在特定情况下，物质能否发生自燃不仅与其自燃点的高低有关，还与其所处的环境及处理方式有关。所有有利于物质温度升高和反应性增强的因素都会有利于物质发生自燃。这些因素包括：

① 热量积累。

热导率：当环境温度相对较低时，热导率大，导热能力强的物质不易发生自热自燃，这是因为自身产生的热量会快速向环境散失，温度不易达到其自燃点；反之，物质的热导率越小，热量越易积累，更容易达到自燃点而发生自燃。

堆积状态：木料、柴草的薄片、粉末，浸油的纤维、棉纱破布等紧密堆积时，由于这些物质本身具有良好的蓄热能力，很容易造成热量的积累，特别是堆积体积较大时，中心温度会升高而发生自燃。

空气流通：空气流动过程中会带走热量，所以在相对封闭或通风不利的场所容易造成热量累积，长时间没有通风可能造成存储空间的温度升高而发生自燃。值得注意的是，当物质容易发生氧化放热时，空气的流通反而会加剧氧化反应的发生而引起燃烧，例如，硫化亚铁粉末中有空气流通就容易发生自燃。

② 发热速率。有些物质的性质比较活泼，在适宜的条件下会快速反应，反应过程中放热速度远大于向外界散发热量的速度，造成体系温度升高而自燃。有些催化性物质的存在会引起物质发热速率升高，其自燃危险性会加大。如水分对干性油脂的氧化，酸或碱对赛璐珞的水解，某些金属成分往往也具有催化作用。

③ 水分。水分的比热容相对较大，一些物质可以通过增湿操作避免温度升高引起的自燃。但有时水分的存在会引起发酵作用，例如，堆积的柴草、锯末等物质在含水量超过20%时微生物繁殖比较迅速而引起发酵蓄热升温。另外，少数情况下水分还会起到催化剂的作用或与一些活泼性物质发生反应而引起化学放热。有研究表明，硫化亚铁在水的影响下，其起始自热温度会有明显下降，如表 2-10 所示。

表 2-10　不同粒径硫化亚铁加水前后起始自热温度

项目	40～80 目	160～200 目	240～280 目	280～325 目
不含 H_2O	250.85℃	232.15℃	140.93℃	129.56℃
含 10%H_2O	31.7℃	36.44℃	41.29℃	31.62℃

④ 表面积。一方面，表面积大的物质有较多的孔道，内含大量空气，具有充足的氧化剂；另一方面，单位质量物质的反应界面面积大，可发生氧化反应的活性位也会增多。如油脂，粘在纱布上易自燃，而放在容器内则不自燃（这里说的是自热自燃方式，而非受热自燃）。这是因为每根油棉纤维几乎都与空气接触，造成油脂与空气接触的面积比在容器中大万倍以上，油脂更容易被氧化而放热。

2.2.3　点燃

点燃也称作强制着火，是指在某种火源的作用下，一部分可燃物温度升高而在热源附近形成局部火焰，局部火焰又引燃临近可燃物质，形成火焰向冷的未反应物质传播的过程。可燃物在空气充足条件下，达到某一温度时，点燃过程在移去火源后仍能继续燃烧。点燃与自燃有着明显的区别。

第一，对气体而言，点燃仅仅发生在混合气局部（点火源附近），而自燃则能在整个混合气体空间进行。

第二，自燃时，全部混合气体都处于环境温度 T_0 包围下，反应自动加速，使全部可燃物的温度逐步提高到自燃温度；点燃则是在混合气开始处于较低的温度状态下，为了保证火焰能够向较冷的混合气体中传播，点火温度要比自燃温度高得多。

点燃和自燃过程一样，都具有依靠热反应和/或链式反应推动的自身加热和自动催化的特征，都需要外部能量的初始激发，也有点火温度、点火延迟和点火可燃界限问题。但它们的影响因素却不尽相同。除了可燃物质的化学性质、浓度、温度和压力外，还与点火方法、点火能量和混合气体的流动性质有关。

工程中强制点火最常用的方法有外部能源炽热物体点火、火焰点火、电火花引燃等。其中，火焰点火最大的优点是点火能量大，可以引起很多难燃物质或环境下的燃烧，因此常被应用于各种工程燃烧设备中。如氯化氢石墨合成炉的点火方式就是采用火焰点火的方式（如图 2-4 所示），点燃过程首先将软管中的氢气在合成炉外接头处点燃，然后将接头快速插入合成炉底部，然后通入氯气进行燃烧反应。需要注意的是，点火前需要进行氢气试漏，并进行严格的氮气置换以确保进炉氢气管道中不会形成爆炸性气体，保证合成炉灯头和操作人员

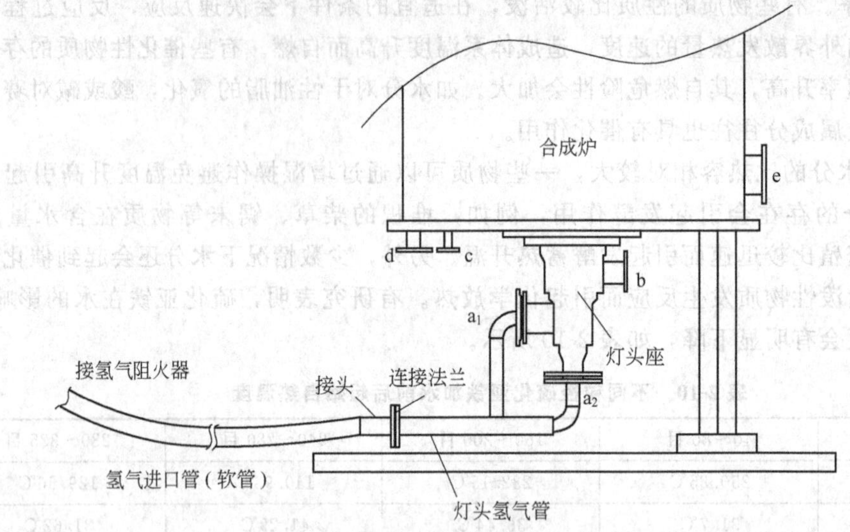

图 2-4　氯化氢石墨合成炉点火方式示意图

a_1, a_2—灯头氢气进口；b—灯头氯气进口；c—合成炉排酸口；

d—合成炉夹套排污口；e—合成炉循环水进口

的安全。

火焰点火的可能性取决于燃气组成、点火火焰与混合物间的接触时间、火焰大小、温度及混合强烈程度等因素。

假设有一无限大扁平火焰，温度为 T_w，厚度为 $2r$。实际点火火焰的尺寸是有限的，且为三维。这里假定为扁平火焰，目的是可将火焰作为一维火焰来分析。将火焰放入无限大充满可燃混合物的容器中，起始时间（$\tau=0$）的混合物温度为 T_0。随着时间的增长，火焰在混合物中的温度场会逐渐扩展并衰减，如图 2-5 所示。此时可能出现两种情况：第一种情况是当扁平火焰厚度小于某一临界尺寸时，温度就不断衰减，最终使点火火焰熄灭。这是因为火焰厚度太小，燃烧过程所产生热量的速度小于向外界（可燃混合物）散失热量的速度。第二种情况是当火焰厚度大于某一临界尺寸时，火焰温度会升高，并形成稳定温度分布向可燃物中传播，火焰就能持续下去。实验表明，扁平点火火焰的临界厚度 $2r_c$ 是火焰传播时火焰厚度的两倍，即

$$2y=2r_c=2\delta_f \tag{2-6}$$

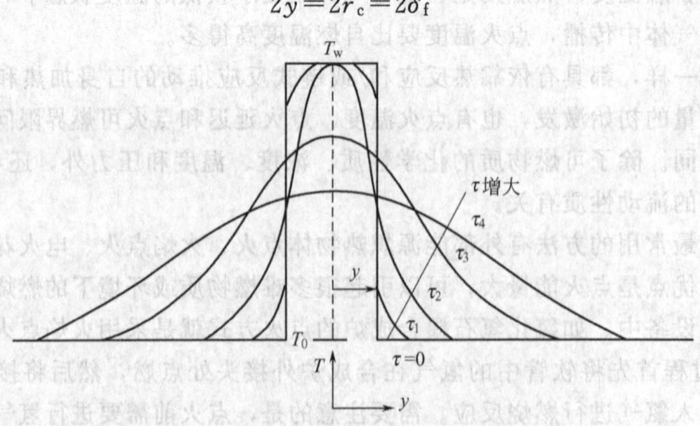

图 2-5　扁平火焰温度场随时间的变化

$$r_c \approx \delta_f \tag{2-7}$$

δ_f为火焰稳定传播时的燃烧反应层厚度。

如果假定火焰面积为 A，则反应放出的热量 $Q_1 = \Delta H w \delta_f A$，燃烧火焰向可燃混合气传播的热量 $Q_2 = \lambda A(T_f - T_0)/\delta_f$，其中 ΔH 为燃烧热，w 为点火火焰的燃烧反应速率，λ 为可燃气热导率，T_f和 T_0分别为点燃火焰温度和环境（未燃混合气）温度。由于火焰稳定传播时反应放热和火焰散热速率是相等的，即 $Q_1 = Q_2$，所以

$$r_c \approx \delta_f = \left[\frac{\lambda(T_f - T_0)}{\Delta H w}\right]^{\frac{1}{2}} \tag{2-8}$$

2.2.4　着火延滞期

着火延滞期又称着火诱导期或诱导期，是指可燃性物质和助燃性气体的混合物体在高温下从开始暴露到起火的时间，或混合气着火前自动加热的时间，单位常用毫秒表示。其含义可用图 2-6 表示。

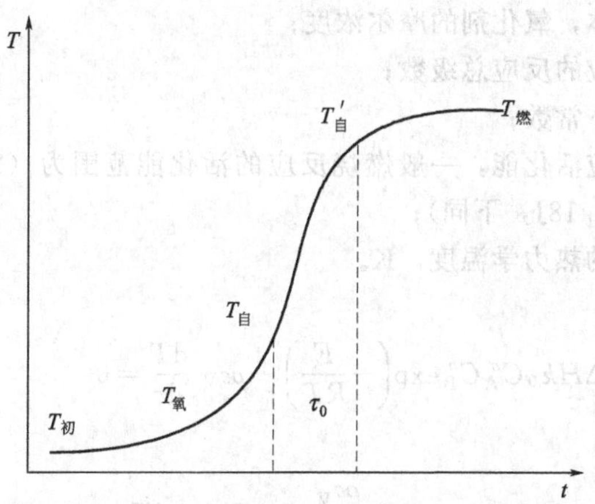

图 2-6　物质着火延滞期

$T_{初}$为可燃物开始加热的温度，加热到 $T_{氧}$时可燃物开始氧化，到 $T_{自}$时氧化产生的热量和体系向外界散失的热量相等。若温度再稍升高，超过这种平衡状态，即使停止加热，温度也能自行升高，温度上升至 $T'_{自}$就出现火焰并燃烧起来，$T_{自}$ 到 $T'_{自}$这段时间就称为着火延滞期。$T_{自}$为理论上的自燃点，$T'_{自}$ 为开始出现火焰的温度，也就是通常测得的自燃点。$T_{燃}$为物质的燃烧温度。混合气体的着火延滞期一般只有几到十几毫秒，占整个燃烧时间的1‰～1%。

混合气的着火延滞期 τ_0等于混合气中可燃物由最初浓度 n_0至着火时的浓度 n_B所需的时间，即

$$\tau_0 = \frac{n_0 - n_B}{w_0} \tag{2-9}$$

式中，w_0为单位时间内可燃物浓度的变化，也就是反应速率。

着火延滞期的数学表达推导过程为：设一个容积为 V、表面积为 S 的反应器中充满了可燃混合气，可燃混合气的初始温度为 T_0。假定在以后的任何时间可燃混合气的温度和浓度在空间中是均匀的，反应是在完全绝热的条件下进行的，那么根据能量守恒定律，化学反应的热量将完全用于导致反应混合物的温度升高，即有

$$V\Delta H r_A - V\rho c_V \frac{dT}{d\tau} = 0 \tag{2-10}$$

式中 r_A——反应物的反应速率，mol/(s·m³)；

ΔH——反应物的摩尔生成焓，J/kg；

ρ——可燃混合气的密度，kg/m³；

c_V——可燃混合气的定容比热容，J/(kg·K)；

τ——时间，s；

T——温度，K。

设反应服从于阿累尼乌斯定律，则反应速率可以表示为

$$-\frac{dC_A}{d\tau} = k_0 C_A^a C_B^b \exp\left(-\frac{E}{RT}\right) \tag{2-11}$$

式中 $-\frac{dC_A}{d\tau}$——可燃气体燃烧反应速率，它表示单位时间内燃气浓度的减小；

k_0——可燃气体燃烧反应的频率因子；

C_A，C_B——可燃气体，氧化剂的摩尔浓度；

$a+b$——燃烧反应的反应总级数；

R——摩尔气体常数；

E——燃烧反应活化能，一般燃烧反应的活化能范围为 (2～6)×10⁴ kcal/mol (1cal=4.18J，下同)；

T——τ 时刻的热力学温度，K。

那么式(2-11) 可写成

$$\Delta H k_0 C_A^a C_B^b \exp\left(-\frac{E}{RT}\right) - \rho c_V \frac{dT}{d\tau} = 0 \tag{2-12}$$

整理式(2-12) 得

$$d\tau = \frac{\rho c_V}{\Delta H k_0 C_A^a C_B^b \exp\left(-\frac{E}{RT}\right)} dT \tag{2-13}$$

假定在自发着火延滞期内可燃气体的消耗可以忽略不计，则

$$Z \equiv \frac{\Delta H k_0 C_A^n}{\rho c} \tag{2-14}$$

所以式(2-13) 可以写成

$$-\frac{dT}{d\tau} = Z\exp\left(-\frac{E}{RT}\right) \tag{2-15}$$

边界条件为：

$$\begin{cases} \tau = 0 \text{ 时}, T = T_0 \\ \tau = \tau \text{ 时}, T = T \end{cases}$$

则积分上式得：

$$\int_0^\tau Z d\tau = \int_{T_0}^T \exp\left(\frac{E}{RT}\right) dT \tag{2-16}$$

$$\tau = \rho c_V \frac{RT_0^2}{E} \frac{\exp\left(\frac{E}{RT_0}\right)}{\Delta H k_0 C_A^a C_B^b} \tag{2-17}$$

式(2-17)表明初始放热速率和反应动力学参数对自发着火延滞期的影响。可以看出，比热容低、反应热高和初始反应速率高的可燃混合气，着火延滞期短。

着火延滞期随可燃物性质、外界温度、混合气压力以及可燃物含量不同而变化。根据连锁反应理论和阿累尼乌斯定律，谢苗诺夫首先提出并发展了着火延滞期的经验公式，并将混合气的着火延滞期与外界温度和压力的关系用式(2-18)表示。

$$\tau_0 = A p^{-n} k e^{[E/(RT)]} \tag{2-18}$$

式中 τ_0——着火延滞期，s；

p——混合气压力，MPa；

T——器壁温度，K；

E——最小点火能量，J；

R——气体常数，8.314J/(mol·K)；

A——常数。

对于同一可燃物质，环境温度越高，着火延滞期越短。煤油和空气的混合物从800℃升高到900℃时，延滞期从0.03s缩短到0.001s。着火温度和着火延滞期之间存在如式(2-19)所示的关系：

$$\ln\tau = A/T + B \tag{2-19}$$

式中 τ——着火延滞期，s；

T——着火温度，K；

A、B——常数。

着火延滞期也是衡量氧化反应速率倒数的尺度，从安全的角度出发，延滞期越长越安全。

2.2.5 熄火

燃烧过程失去了控制就转化成为火灾，扑灭火灾的过程就是阻止燃烧继续发展从而实现燃烧的终止，也就是熄火。熄火的方法是基于燃烧条件和机理制定的，常用的灭火方法有隔离、冷却、窒熄（隔绝空气）和抑制四种。

冷却法就是将燃烧物的温度降至着火点（燃点）以下，使燃烧停止。或者将邻近着火场的可燃物温度降低，避免扩大形成新的燃烧条件，如常用水或干冰进行降温灭火。

隔离方法就是消除燃烧的三要素之一——可燃物，将可燃物与着火源（火场）隔离开来，燃烧没有了可燃物自然就会停止。例如，装盛可燃气体、可燃液体的容器与管道发生着火事故，或容器管道周围着火时，应立即设法关闭容器与管道的阀门，使可燃物与火源隔离，阻止可燃物进入着火区；同时，将可燃物从着火区撤走，或在火场及其邻近的可燃物之间形成一道“水墙”加以隔离；另外，还要采取措施阻拦正在流散的可燃液体进入火场，拆除与火源毗连的易燃建筑物等，所以化工产品罐区常设围堰以避免泄漏液体流散。

窒熄法就是消除燃烧三要素中的另一个必要因素——助燃物（空气、氧气或其他氧化剂），使燃烧停止；主要是采取措施阻止助燃物进入燃烧区，或者用惰性介质和阻燃性物质冲淡稀释助燃物，使燃烧得不到足够的氧化剂而熄灭。例如，当空气中含氧量低于16%～14%时，木材燃烧即行停止。采取窒熄法的常用措施有：将灭火剂如四氯化碳、二氧化碳、泡沫灭火剂等不燃气体或液体喷洒覆盖在燃烧物表面上，使之不与助燃物接触；用惰性介质或水蒸气充满容器设备，将正在着火的容器设备封严密闭；用不燃或难燃材料捂盖燃烧物等等。再比如，阻止空气进入房间等燃烧空间可以起到灭火的作用，类似方法也可以应用于地下室、隧道、矿井、船舱等场合的火灾。这种情况只可以扑灭有焰的扩散燃烧（使氧浓度降到14%～15%），而无焰燃烧和阴燃在氧浓度更低（5%～6%）的条件下能继续燃烧。

前面三种方法是物理灭火方法，而抑制灭火法是使灭火剂参与燃烧反应，使燃烧过程中产生的自由基消失，而形成稳定分子或低活性的自由基，使燃烧反应停止。如使用1211（二氟一氯一溴甲烷）、1202（二氟二溴甲烷）、1301（三氟一溴甲烷）等灭火剂进行抑制灭火时，一定要将灭火剂准确地喷射在燃烧区内，使灭火药剂参与燃烧反应中去，否则，将起不到抑制反应的作用。

在灭火过程中还要特别注意防止形成新的燃烧条件，阻止火灾范围的扩大。在化工装置中设置阻火装置，如在乙炔发生器上设置水封阻火器，或水下气割时在割炬与胶管之间设置阻火器，一旦发生回火，可阻止火焰进入乙炔罐内，或阻止火焰在管道里蔓延。水封型阻火器利用水柱作为水封层，因为水封层可以吸收大量的热能熄灭火焰，防止回火。水柱的高度应能承受最大操作压力。水封型阻火器可分开式（低压）和闭式（中压）两种。开式直接通向大气，适用于压力不超过 1000mmH_2O（1mmH_2O＝9.80665Pa）。闭式水封阻火器适用压力不超过 1000～7000mmH_2O，在特殊情况下，不得超过 15000mmH_2O。水封型阻火器广泛应用于化学工业、火炬系统、天然气、城市煤气和焦炉煤气系统以及乙炔发生器上，图2-7 所示的工艺过程是乙炔发生系统中水封型阻火器。

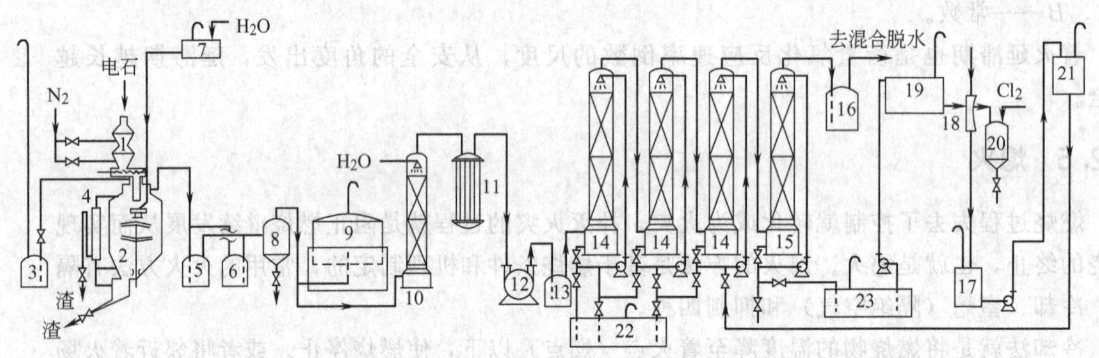

图 2-7　乙炔发生系统的水封型阻火器

1—电石贮斗；2—发生器；3,16—水封；4—溢流管；5—正水封；6—逆水封；7—水池；8—分水器；9—气柜；10—水洗塔；11—冷却器；12—水环压缩机；13—气液分离器；14—清净塔；15—中和塔；17—NaOCl 储槽；18—文氏管；19—碱高位槽；20—缓冲罐；21—NaOCl 液储槽；22—NaOCl 循环液储槽；23—配碱槽

在化工企业中，存在的化工原料性质不同，火灾形式多种多样，在选择灭火方法和灭火器材时也应区别对待。按照《火灾分类》GB 4968—2008，火灾分为六类。

A类火灾：指固体物质火灾，这种物质通常具有有机物性质，一般在燃烧时能产生灼热的余烬。如木材、棉、毛、麻、纸张及其制品的火灾等。

B类火灾：指液体或可熔化的固体火灾，如汽油、煤油、原油、乙醇、沥青、石蜡的火灾等。

C类火灾：指气体火灾，如煤气、天然气、甲烷、乙烷、丙烷、氢气的火灾等。

D类火灾：指金属火灾，如钾、钠、镁、钛、锆、锂、铝镁合金的火灾等。

E类火灾：指带电火灾，是物体带电燃烧的火灾。

F类火灾：烹饪器具内的烹饪物火灾，如动植物的油脂火灾。

火灾扑救过程中，必须根据物品性质，正确选用适当的消防器材和扑救方法，这样才能有效地防止火灾事故的扩大和蔓延。

水。水是一种氢氧化合物，在灭火时有显著的冷却和窒息作用。当水形成喷雾状时，能使每个细小水滴都起灭火作用，使某些物质的分解反应趋于缓和，并能降低某些爆炸物品的爆炸能力；当水形成柱状时，有一股冲击力，能破坏燃烧结构，把火扑灭。水还可以冷却附近其他易燃物质，防止火势蔓延。但是水能导电，电气设备发生火灾不能用水来灭火，更不能用和水发生剧烈化学反应的危险品，如电石、金属钾、保险粉等进行灭火，也不能用于比水轻、不溶于水的易燃液体，如汽油、苯类物品的灭火。

沙土。沙土能起窒息作用，覆盖在燃烧物上，可隔绝空气，从而使火熄灭；沙土可以扑救酸碱性物品的火灾和过氧化剂及遇水燃烧的液体和化学危险品的火灾。但要注意爆炸性物品（如硫酸铵）不可用沙土扑救，而要用冷却法，即用旧棉或旧麻袋用水浸湿覆盖在燃烧物上，可起到灭火作用和防止火势的蔓延。

泡沫灭火器。泡沫灭火器的灭火作用表现在：泡沫灭火器内装碳酸氢钠、发泡剂的混合溶液和硫酸铝溶液，产生泡沫比油类轻，在燃烧物表面形成的泡沫覆盖层，使燃烧物表面与空气隔绝，起到窒熄灭火的作用。由于泡沫层能阻止燃烧区的热量作用于燃烧物质的表面，因此可防止可燃物本身和附近可燃物的蒸发。泡沫析出的水对燃烧物表面进行冷却，泡沫受热蒸发产生的水蒸气可以降低燃烧物附近的氧气浓度。

泡沫灭火器的灭火范围：适用于扑救A类火灾，如木材、棉、麻、纸张等引起的火灾，也能扑救一般B类火灾，如石油制品、油脂等引起的火灾；但不能扑救B类火灾中的水溶性可燃、易燃液体的火灾，如醇、酯、醚、酮等物质的火灾。

酸碱灭火器。酸碱灭火器内装碳酸氢钠的水溶液和硫酸，用时将筒身颠倒，两种液体混合产生二氧化碳气体和水，喷射到燃烧物上，使温度降低，直至冷却而灭火。它适用于竹、木、纸张、棉花等普通可燃物的初起火灾。由于灭火液带有酸性，因此不宜用于忌酸、忌水的化学品以及油类的火灾。

二氧化碳灭火器。二氧化碳灭火器的灭火作用表现在：当燃烧区二氧化碳在空气的含量达到30%～50%时，能使燃烧熄灭，主要起窒熄作用，同时二氧化碳在喷射灭火过程中吸收一定的热能，也就有一定的冷却作用。它不导电，适用于扑救600V以下电气设备、精密仪器、图书、档案的火灾，以及范围不大的油类、气体和一些不能用水扑救的物质的火灾。但不宜用于金属钾、钠、镁等的灭火。

“1211”灭火器是一种轻便、高效的灭火器材。“1211”是卤化物二氟一氯一溴甲烷的代号，是卤代物灭火剂的一种。它与燃烧物接触后，受热产生溴离子，并立即与燃烧中产生的氢自由基化合，使燃烧连锁反应迅速中止，将火扑灭。同时，也有一定的冷却和窒息作用。它的绝缘性能好，灭火时不污损物品，灭火后不留痕迹，并有灭火效率高、速度快的优点。适用于扑救易燃、可燃液体、气体以及带电设备的火灾，也能对固体物质表面火灾进行扑救（如竹、纸、织物等），尤其适用于扑救精密仪表、计算机、珍贵文物以及贵重物资仓库的火灾，也能扑救飞机、汽车、轮船、宾馆等场所的初起火灾。

干粉灭火器。干粉灭火器的作用表现在：一是消除燃烧物产生的活性游离子，使燃烧的连锁反应中断；二是干粉遇到高温分解时吸收大量的热，并放出蒸气和二氧化碳，达到冷却和稀释燃烧区空气中氧的作用。具有无毒、无腐蚀、灭火速度快的优点。适用于扑救可燃液体、气体、电气设备火灾以及不宜用水扑救的火灾。ABC 干粉灭火器可以扑救带电物质火灾和 A、B、C、D 类物质燃烧的火灾。

2.3 气体的燃烧

2.3.1 气体的燃烧形式

可燃性气体的燃烧过程可分成混合燃烧和扩散燃烧两种形式。将可燃性气体预先同空气（或氧气）混合，在这种状况下发生的燃烧称为混合燃烧，也称作预混燃烧。可燃性气体由管道、喷嘴中喷出，同周围空气（或氧气）接触，可燃性气体分子与氧分子由于相互扩散，一边混合、一边燃烧，这种形式的燃烧叫做扩散燃烧。

2.3.1.1 扩散燃烧（diffusion combustion）

扩散燃烧是人们在实际生产和生活中所认识和应用最早的一种燃烧方式，如家用燃炉、工业用的锅炉和各种窑炉中的燃烧。扩散燃烧可以是单相的，也可以是多相的，如燃气、燃油、煤在空气中的燃烧都属于扩散燃烧，但只有燃气等气体燃料的燃烧是单相的。扩散燃烧的主要特征是：

① 混合扩散因素起着控制作用。燃料与空气中的氧进行化学反应所需要的时间 t_R 与通过混合扩散形成混合可燃气体所需要的时间 t_D 相比，可以忽略不计，即 $t_R \ll t_D$。由于这种扩散控制的燃烧比较稳定，人们在生产、生活中的正常用火常采用这种方式。

② 扩散火焰较长，且多呈红黄色。扩散燃烧过程中，气体扩散多少就烧掉多少，火焰稳定在相对固定的气体扩散空间，而由于扩散过程存在浓度和温度的梯度，所以火焰会比较长，且温度的不同造成火焰不同区域颜色上的差别。在扩散燃烧中，由于氧进入反应带只是部分参加反应，所以经常产生不完全燃烧的炭黑。

根据气体流动状态的不同，扩散燃烧又分为层流扩散燃烧和湍流扩散燃烧。扩散燃烧的气体可能是相对稳定不动的，如容器中或飘散在空气中的气体，这种燃烧主要受传热和分子扩散的控制。但扩散燃烧的气体也可能是在空间、管道、喷嘴或泄漏孔处流动的，那么气体的流动状态就会对燃烧形成严重影响。

在层流状态下，混合依靠分子扩散进行，其燃烧速度完全取决于气体扩散速度。在湍流状态下，由于大量气团的无规则运动，分子扩散得到强化，所以燃烧所需的时间会大大缩短，形成类似混合燃烧的状态。扩散火焰由层流状态过渡到湍流状态一般发生在雷诺数 Re 为 2000～10000 范围内，这主要受气体的黏度与温度的影响，绝热温度越高的火焰会在相对较高的 Re 下进入湍流状态；相反，绝热温度相对较低的火焰会在较低的 Re 下转变为湍流状态。另外，由于气体流经的空间粗糙度和流经的物体形状和大小不同，扩散燃烧的火焰状态也会发生变化。所以，为了提高气体的燃烧效率，在工业和民用炉具的使用过程中要进行炉具喷嘴的设计并合理调节燃气和风量。

日本学者采用不同尺寸的同心套管做成烧嘴，研究煤气和空气的燃烧现象时发现，当煤气流速增大时，火焰长度增大；空气喷出速度增大，则火焰长度变短。当煤气流速增大至 $Re=4500$ 时，空气的喷出速度对火焰长度的影响则比较小。这是因为此时已不再是层流扩散燃烧，而演变成湍流扩散燃烧。

2.3.1.2 预混燃烧（premixed combustion）

燃料与空气在进入燃烧设备之前已均匀混合为可燃混合体系的燃烧形式称作预混燃烧。这种火焰比较短，无明显轮廓，也常称作“无焰燃烧”。如氢气泄漏到空气中，长时间得不到疏散其浓度就会达到可以燃烧的范围，一旦遇到火源就会发生火灾，几乎看不到火焰就会把人烧伤。预混燃烧的燃烧速度快，温度高，火焰传播速度快，通常会伴随有压力的升高而产生爆炸效应。

预混燃烧也存在层流预混燃烧和湍流预混燃烧两种状态，而且两种燃烧状态也会相互转化。在开放空间以层流状态扩散燃烧的火焰遇到障碍物时，其湍动程度加强，更容易进入湍流燃烧。所以，当大型化工装置中弥散有大量可燃气体时，一旦遇到火源，燃烧很可能从初期的层流扩散燃烧转变为湍流扩散燃烧，燃烧速度加快引起更大程度上的破坏。

气体泄漏燃烧指的是可燃性气体或液体蒸气从生产、使用、储存、运输等装置、设备、管线中泄漏引起的燃烧，兼具扩散燃烧和预混燃烧的特征。若泄漏气体为单纯的可燃气，则可化归到扩散燃烧一类，否则可划归到预混燃烧。

如果气体在系统中已形成爆炸性混合系，则可能产生如图 2-8 所示的几种后果。

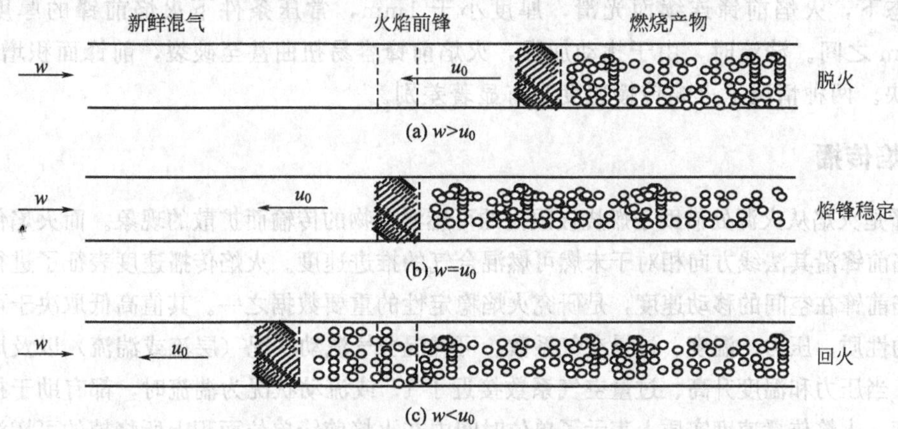

图 2-8 火焰发展过程示意图

① 气体泄漏速度大于气体燃烧速度时：脱火、吹熄。

② 气体泄漏速度等于气体燃烧速度时：稳定火焰。

③ 气体泄漏速度小于燃烧速度时：回火。

脱火、吹熄和回火都属于不稳定现象，是燃烧器工作过程中所不允许出现的情况。吹熄和脱火会造成燃气在燃烧室及其周围环境中累积，会有大量燃气与空气形成预混气体空间，在二次点燃时很可能发生快速的爆燃，严重时可能出现空间爆炸事故。回火则可能造成火焰进入燃气供应和储存设备引起爆炸。

回火临界速度与燃料种类、成分、温度及烧嘴口径等有关，可燃混合气的输送管道上必须设置防回火装置（火焰捕捉器）。

2.3.2 火焰的结构

火焰是燃烧反应放热产生高温气态产物而发光的空间，其实质是发生剧烈燃烧反应的反应区域。

以直管内的混合气燃烧为例：在管子一端点火，引燃可燃混合气，火焰沿管子向另一端传播，观察到的光亮区域即为火焰前锋。火焰的结构如图 2-9 所示。

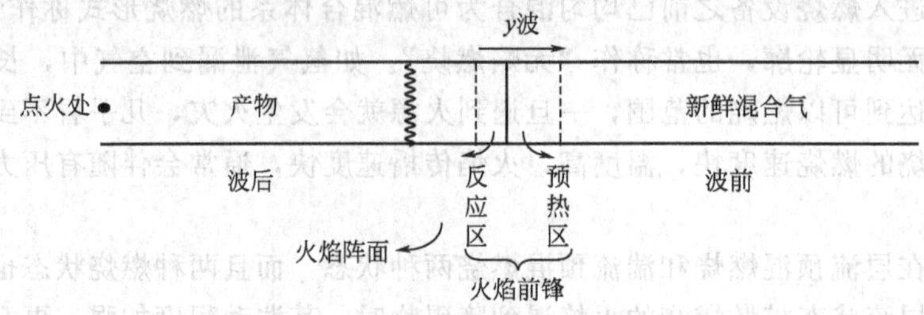

图 2-9　火焰结构示意图

火焰前锋亦称火焰波前、火焰前沿、火焰波，指的是在已点燃的预混可燃混合气中，将产物与未燃气相隔开的薄层。此薄层内有传质、传热和化学反应发生。在火焰前锋的前部相对较大的宽度内，化学反应速度很小，主要完成反应气体的预热工作，使气体达到燃烧反应所需的温度。紧随其后的区域内，可燃气体完成燃烧反应，使得该区域内的可燃气体浓度急剧下降，同时因反应放出热量而温度急剧升高，发出光和热。

层流状态下，火焰前锋连续而光滑，厚度小于 1mm，常压条件下火焰前锋的厚度在 0.01～0.1mm 之间。湍流时，由于扰动加强，火焰前锋容易扭曲甚至破裂，前锋面积增大，燃烧速度加快。两种情况下火焰传播速度具有显著差别。

2.3.3　火焰传播

火焰传播是火焰从火源处借助于燃烧极限内的可燃混合物的传输而扩散的现象。而火焰传播速度是指火焰前锋沿其法线方向相对于未燃可燃混合气的推进速度。火焰传播速度表征了进行燃烧过程的火焰前锋在空间的移动速度，是研究火焰稳定性的重要数据之一。其值高低取决于可燃混合气本身的性质、压力、温度、过量空气系数、可燃混合气流动状况（层流或湍流）以及周围散热条件等。当压力和温度升高、过量空气系数接近于 1，或流动状况为湍流时，都有助于提高火焰传播速度。火焰传播速度实质上表示了单位时间内在火焰前锋单位面积上所烧掉的可燃混合气数量。所以，影响燃烧速度的因素必然也影响火焰传播速度，这主要有：

（1）可燃气性质

烷烃、环烷烃和芳烃火焰传播速度相近，在 35～45cm/s 之间，烯烃高于相应烷烃，一般规律为：烷烃＜烯烃＜二烯烃＜炔烃＜H_2。对饱和烃而言，火焰传播速度几乎与碳原子数无关，但烯烃和炔烃分子中碳原子数越少，其燃烧速度就会越快，当碳原子数大于 3 时，这种差别表现得不再明显。表 2-11 为某些碳氢燃料与空气形成的混合气在层流状态下的火焰传播速度。

表 2-11　火焰传播速度

燃料种类	最高火焰传播速度/(cm/s)
氢气	315
乙炔	170
甲烷	33.8
乙烯	68.3
丙烯	43.8
苯	40.7

(2) 温度

一般地，环境温度越高，火焰传播速度也就越快，如图 2-10 所示。这是因为当环境温度较高时，未反应区域的可燃气体能够很容易地被加热到活化状态，且反应过程中的热量散失速度较慢，反应放出的热量更多地被用于加热预热区气体，反应速度加快。同样，火焰温度越高，火焰传播速度也会越快，如图 2-11 所示。这主要是因为高温火焰容易造成可燃气体分子的离解，离解反应所释放出的自由基数量就越多。这些自由基起着链载体的作用，促进反应与火焰的传播，因此燃烧速度增大。

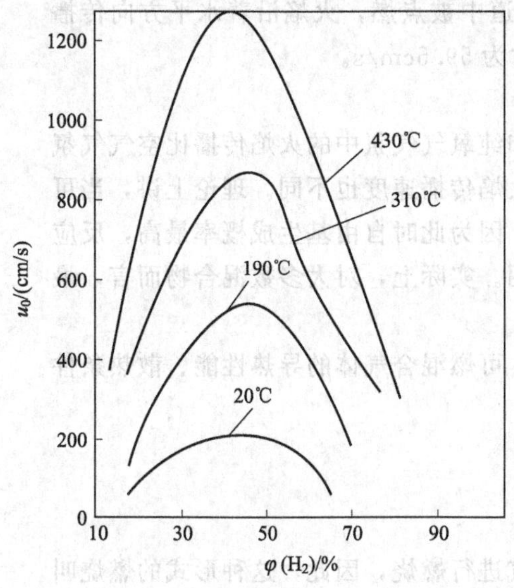

图 2-10 初始温度对氢气与空气混合物燃烧速度的影响

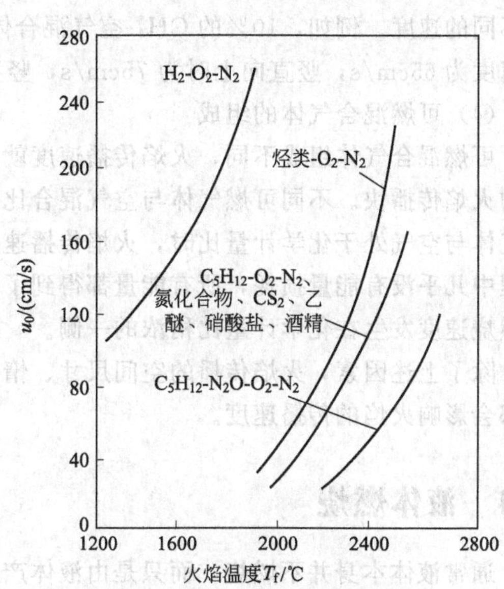

图 2-11 几种混合物的燃烧温度对燃烧速度的影响

(3) 压力

由于火焰传播速度与化学反应速率有关，而压力的改变会影响化学反应速率的大小，所以压力最终也会影响火焰的传播速度。根据层流火焰传播速度的马兰特简化分析结果，层流火焰的传播速度可以表示为：

$$u_0=\sqrt{\frac{\lambda(T_m-T_i)k'_{ns}\rho_0^{n-2}f_f^{n-1}\exp\left(-\frac{E}{RT_m}\right)}{c_p(T_i-T_0)}} \tag{2-20}$$

式中 u_0——火焰传播速度；

λ——热导率；

T_m——火焰温度；

T_i——着火温度；

T_0——初始温度（环境温度）；

k'_{ns}——反应速率常数；

ρ_0——燃气初始密度；

f_f——可燃气体初始相对浓度；

E——反应活化能；

R——气体摩尔常数；

c_p——气体比热容；

n——反应级数。

该式表明，对于二级反应，火焰传播速度与压力无关；反应级数 $n<2$ 时，压力增加，火焰传播速度下降；反应级数 $n>2$ 时，压力增加，火焰传播速度也随之增加。

火焰的传播过程实际上包含着新鲜气体的不断预热和反应过程。因此，除了影响反应速度的因素会影响火焰传播速度，影响气体预热的因素同样也会影响火焰传播速度。火焰传播方向不同，预热过程热传导方向也不同，造成在重力场的影响下，火焰向不同方向传播时会有不同的速度。例如，10％的 CH_4-空气混合体系在管道中被点燃，火焰沿着水平方向传播的速度为 65cm/s，竖直向上时为 75cm/s，竖直向下时为 59.5cm/s。

（4）可燃混合气体的组成

可燃混合气体组成不同，火焰传播速度就不同，如纯氧气气氛中的火焰传播比空气气氛中的火焰传播快。不同可燃气体与空气混合比例时，火焰传播速度也不同。理论上讲，当可燃气体与空气处于化学计量比时，火焰传播速度最快，因为此时自由基生成概率最高，反应过程中几乎没有能量损耗，所有能量都得到了有效利用。实际上，对大多数混合物而言，最大燃烧速度发生在化学计量比稍浓的一侧。

除了上述因素，火焰传播的空间尺寸、惰性组分、可燃混合气体的导热性能、散热条件等都会影响火焰的传播速度。

2.4 液体燃烧

通常液体本身并不燃烧，而只是由液体产生的蒸气进行燃烧，因此，这种形式的燃烧叫作蒸发燃烧，其实质是带有气化过程的气体扩散燃烧。一般液体燃料的着火点比沸点高，且气化能量比燃烧反应活化能要低，所以液体燃料不是直接以液态形式燃烧，而是需要先蒸发汽化为燃料蒸气，然后开始燃烧，这样被点燃的液体不断吸收燃烧所产生的热量，不断蒸发出气体，才能使燃烧维持下去。

液体在自由空间燃烧时，相对稳定一些，也就是说危险性相对较小；若在受限空间内燃烧，可能会出现两种截然不同的结果。

其一：由于缺氧而熄灭。由于液体燃烧实质上是带有汽化过程的气体燃烧，而混合气体的燃烧要在可燃浓度范围内才能发生。那么当液体受热蒸发过快，使受限空间内可燃气体浓度超过可燃浓度范围的上限时，火焰会因缺氧而自动窒熄。

其二：燃烧产物气体的压力升高造成爆炸。

2.4.1 液体的稳定燃烧

可燃液体被引燃后，其表面会因燃烧放出的热量而不断蒸发形成新的可燃环境，进入稳定燃烧状态，即简单的蒸发燃烧。液体的稳定燃烧一般在固定范围内、水平状态下燃烧，形成“池火”；如果液体在自由空间流动，则会造成火焰的蔓延扩散，产生更大范围的破坏。

对液体的稳定燃烧而言，通常研究的是其燃烧速度和火焰特征。这里我们只研究液体的燃烧速度，而火焰特征及其可能产生的危害将在第六章池火灾模型中再详细讨论。

液体燃烧速度有质量速度和线速度两种表示方法，质量速度应用较多。质量燃烧速度（G）的定义是单位时间内单位面积上燃烧掉的液体质量，可表示为：

$$G=\frac{m}{st} \tag{2-21}$$

式中 m——燃烧掉的液体质量，kg；

s——液体燃烧的表面积，m^2；

t——液体燃烧的时间，h。

液体的燃烧速度反映了液体火灾危险性的大小，燃烧速度慢的液体火灾危险性小，即使发生火灾也比较容易扑救。液体的燃烧速度受诸多因素的影响，主要包括：

（1）可燃液体种类

可燃液体的反应性、挥发性的差异直接影响其燃烧速度，且不同种类的可燃液体燃烧速度相差很大，挥发性强的液体燃烧速度更快，如表 2-12 所示。

表 2-12 几种液体的燃烧速度

液体名称	燃烧速度		液体名称	燃烧速度	
	直线速度/(cm/h)	质量速度/[kg/(m²·h)]		直线速度/(cm/h)	质量速度/[kg/(m²·h)]
苯	18.9	165.37	二硫化碳	10.47	132.97
乙醚	17.5	125.84	丙酮	8.4	66.36
甲苯	16.08	138.29	甲醇	7.2	57.6
航空汽油	12.6	91.98	煤油	6.6	55.11
车用汽油	10.5	80.85			

（2）液体的初始温度

液体的燃烧是带有蒸发过程的扩散燃烧，所以其燃烧速度由蒸发和扩散并达到反应状态的速度决定。从能量的角度考虑，燃烧速度取决于液面接收热量的速率，其值等于蒸发热量与使蒸气达到反应温度的热量之和，即

$$\dot{Q}=GL_v+G\bar{c}_p(T_2-T_1) \tag{2-22}$$

式中 G——液体燃烧的质量速度，kg/(m²·h)；

$\dot{Q}$——液面接收热量的速率，kJ/(m²·h)；

L_v——液体的蒸发热，kJ/kg；

$\bar{c}_p$——液体的平均定压热容，kJ/(kg·K)；

T_2——燃烧室的液面温度，K；

T_1——液体的初始温度，K。

所以液体燃烧的质量速度 G 可表示为：

$$G=\frac{\dot{Q}}{L_v+\bar{c}_p(T_2-T_1)} \tag{2-23}$$

由此式可见，液体的初始温度越高，其燃烧速度越快。

（3）容器直径大小

对立式圆柱形容器而言，其内的液体发生燃烧时，容器直径大小对燃烧速度影响很大。当容器直径很小时（<3cm），液体燃烧界面接受的热量以壁面传导为主，火焰为层流状态，随着直径的增大，液面接受的热量减小，蒸发速度减慢，液体燃烧速度减小；容器直径大于

100cm 时，火焰为湍流状态，液体接受的热量主要以火焰的热辐射为主，燃烧速度趋于稳定；容器直径在 3～100cm 时燃烧速度处于过渡期，燃烧速度先减小然后再增大，容器直径为 10cm 时燃烧速度最小，如图 2-12 所示。

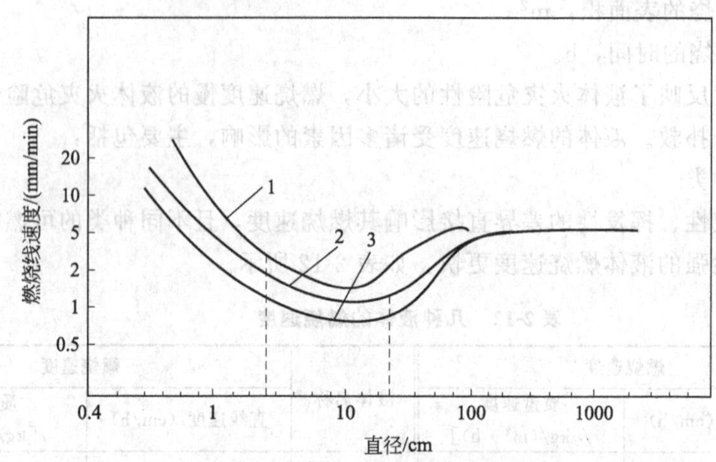

图 2-12　液体燃烧速度随容器直径的变化

1—汽油；2—煤油；3—轻油

（4）容器中的液体高度

随着容器内液体的燃烧消耗，液体液面会逐渐降低，离容器上口的距离越来越远，火焰向液面传热速度将会逐渐降低，所以燃烧速度随之下降。

（5）水含量

液体中含有水分时，在火焰传播过程中，燃烧区向未燃烧区传播的热量有一部分被水分吸收，造成液体可燃部分蒸发量减少，继续燃烧放出的热量也会减少，造成燃烧速度下降；另外，由于水分的蒸发使得可燃蒸汽与氧气浓度降低，燃烧速度也会下降。

（6）风速

风既能带来氧气加速可燃蒸汽与氧的混合，又能带走热量降低液体的蒸发速度，所以可以加快燃烧，也能是燃烧熄灭。这就是生活中蜡烛容易被吹灭，而燃烧的木材在风的作用下会更旺盛的原因。

2.4.2 沸溢和喷溅

由于液体的特性不同，燃烧时热量在液体中的传播也有不同特点。在一定条件下，热量在液体中传播促进液体蒸发形成新的可燃空间，但过多的热量也可能使被加热的液体厚度越来愈大，燃烧状态发生转变，从而出现稳定燃烧被破坏的情况。

液体燃烧稳定性的破坏是由液体中产生的涡流使火焰阵面发生变形的扰动（扭曲）造成的。液体燃烧的质量速度在一定极限范围内才会稳定燃烧，其临界速度：

$$U_m = (4\alpha_K g \rho_2 \rho_1)^{1/4} \tag{2-24}$$

式中　U_m——燃烧质量速度，g/(cm²·s)；

α_K——沸点时液体与其饱和蒸气间的表面张力，dyn/cm（$1dyn = 10^{-5}N$，下同）；

g——重力加速度，m/s²；

ρ_2——燃烧气体产物的密度，g/cm³；

ρ_1——液体密度，g/cm³。

有黏度影响的燃烧质量速度：

$$U_m = (3\sqrt{3}g\mu\rho_2^{3/2}\rho_1^{1/2})^{1/3} \tag{2-25}$$

式中 μ——黏度，P($1P=10^{-1}Pa \cdot s$，下同)；

其他同上。

对于某些重质油品，液体本身不易挥发，燃烧会使整个液体内部温度升高。当油品中含有乳化水分存在时，由于液体燃烧产生热波并向液体深层运动，热波温度远高于水的沸点，从而使乳化水气化，形成的大量水蒸气穿过油层向上浮，上浮过程中产生的泡沫会使液体体积膨胀，向外溢出，这种现象称为沸溢。如果燃烧过程产生的热量足够大、足够快，油品中的水分会被快速大量汽化，形成的水蒸气气泡连接成片，可以整体托举其上的液体层而抛向空中，向容器外喷射，产生喷溅现象。

一般情况下，沸溢要比喷溅容易发生。发生沸溢的时间与油品种类、水含量有关。沸溢的形成必须具备三个条件：

① 油品具有形成热波的特性，即沸程宽，密度相差较大；

② 油品中含有乳化水，水遇热波变成蒸汽；

③ 油品黏度较大，使水蒸气不容易从下向上穿过油层。如果油品黏度较低，水蒸气很容易通过油层，就不容易形成沸溢。

根据实验，含有1%水分的石油，经过45～60min的燃烧就会发生沸溢。喷溅的发生与油层厚度、热波移动速度以及油的燃烧线速度有关。可用下式计算：

$$\tau = \frac{H-h}{v+v'} - KH \tag{2-26}$$

式中 τ——预计发生喷溅的时间，h；

H——储罐中油面高度，m；

h——储罐中水垫层的高度，m；

v——原油燃烧线速度，m/h；

v'——原油热波传播速度，m/h；

K——提前系数，h/m，储油温度低于燃点取值为0h/m，温度高于燃点取值为0.1h/m。

油罐火灾在出现喷溅前，通常会出现油面蠕动、涌涨现象；火焰增大、发亮、变白；出现油沫2～4次；烟色由浓变淡，发出剧烈的“嘶嘶”声。金属油罐会发生罐壁颤抖，伴有强烈的噪声（液面剧烈沸腾和金属罐壁变形所引起），烟雾减少，火焰更加发亮，火舌尺寸更大，火舌形似火箭。

当油罐火灾发生喷溅时，能把燃油抛出70～120m。不仅使火灾猛烈发展，而且严重危及到扑救人员的生命安全，因此应及时组织撤退，减少人员伤亡。

2.5 固体燃烧

2.5.1 固体的燃烧形式

2.5.1.1 蒸发燃烧

某些固态可燃物在受到点火源加热时，首先熔融并蒸发出可燃气体。随后，蒸发出的可燃气体与氧气发生燃烧反应，这种燃烧方式一般称为蒸发燃烧。蒸发燃烧是在气相中进行，产生火焰，属于有焰燃烧。硫、磷等非金属和钾、钠、铝、镁、锌等金属以及蜡烛、沥青、松香、萘、樟脑等有机物质的燃烧都属于蒸发燃烧。

蒸发燃烧时有火焰形成，属于有焰燃烧。这种燃烧类似于液体的液面燃烧，但由丁固体通常不是盛装在容器中，所以，在火场上这种固体易熔化成液体（或黏流体），发生一边流动一边燃烧的现象，火势易蔓延，危害性较大。

2.5.1.2 分解燃烧

固态可燃物受到点火源的加热首先发生热分解反应，随后，分解出的可燃气体在气相中与氧气发生燃烧反应，这种燃烧方式一般称为分解燃烧。这类燃烧过程由于有可燃气体的参与，会形成火焰，因此属于火焰型燃烧。

发生分解燃烧的物质很多，有天然的高分子物质如木材、纸张、棉、麻、毛、丝、草等，合成的高分子物质如合成塑料、合成橡胶、合成纤维等，还有各种高分子物质与其他物质混合加工成的材料及制品，如玻璃纤维增强塑料、钙塑材料等等。

2.5.1.3 表面燃烧

表面燃烧是指空气中的氧扩散到固体可燃物表面而发生的呈炽热状态的燃烧。这种燃烧温度高，但没有气化过程，所以没有可见火焰，属无焰型燃烧，有时也称为异相燃烧或均热型燃烧。

木炭、焦炭、活性炭等的燃烧就是表面燃烧，碳与氧的燃烧反应在固体表面进行，燃烧反应包括初次反应和二次反应，初次反应为：

$$C+O_2 = CO_2+393.9kJ$$

$$2C+O_2 = 2CO+221.0kJ$$

二次反应为：

$$CO_2+C = 2CO-177.0kJ$$

$$2CO+O_2 = 2CO_2+566.6kJ$$

能够发生表面燃烧的金属有铁、铜、钨、钼、锆等。正常条件下，这些重金属是不能燃烧的，但当它们呈粉末或丝状等大比表面状态时，就很容易发生燃烧。在纯氧环境中燃烧的可能性会更大。

在金属燃烧过程中，由于燃烧热非常大，燃烧面处的金属也会呈现熔融状态。燃烧产生的金属氧化物会阻碍氧气向金属表面扩散，所以金属的燃烧速度会比较慢，但金属氧化物的沸点相比金属要低，所以金属氧化物会挥发，从而使燃烧得以持续进行。

2.5.1.4 阴燃

阴燃是一种很独特的燃烧过程。它与有焰燃烧不同，其只在气固相界面处燃烧，不产生火焰或火焰贴近可燃物表面的一种燃烧形式，燃烧过程中可燃物质成炽热状态，所以也称为无焰燃烧或表面炽热型燃烧。无焰燃烧的过程很缓慢，单位时间内释放的热量也比较小，反应机理为氧化反应，而不是游离基的连锁反应。

可燃性固体的阴燃反应机理通常分为两部分：一是无氧热解反应，通过吸热来释放可燃气体；二是有氧热解反应，通过放热来提供阴燃所需的能量。通过额外的加热，加强可燃性固体的热解反应，提高热解可燃气的产生率，会促使有焰火出现，可使热解和氧化产生的多孔碳发生燃烧，形成很高的温度，有利于产生有焰火。热解反应和燃烧反应都需要温度达到一定的值后发生，气相反应的速率取决于可燃气体的浓度、氧气的浓度、温度，一旦达到条件，阴燃就会转向有焰燃烧。

随着火焰的发生，阴燃向有焰火转化，使得占主导的固气异相反应的燃烧方式与气气同相反应的燃烧方式同存。微弱气气同相反应能使温度值升高一些；但固气的异相反应占主导地位。当阴燃传播方向与外加风速方向相同时，阴燃速度、温度都会随外加风速的增加而增大，有可能向有焰火发生转化。当阴燃传播方向与外加风速方向相反时，阴燃总是以大致不变的速度向前传播。不管外加风速如何变化，都不会出现有焰现象。在垂直阴燃中，浮力的作用有影响。在向上反向阴燃中，当向下的风速刚好与向上的浮力作用平衡时，会导致阴燃的滞止熄灭。

日本东京消防厅从实验中观察到，持续无焰燃烧的棉被，在风速 0～1.4m/s 的环境下，不会发展为有焰燃烧；在风速 1.4～1.6m/s 下发展为有焰燃烧。

持续无焰燃烧的棉被接触到可燃物时（如褶皱的报纸等），即使是在无风的环境下，依可燃物的种类、状态的不同，有些也会发展为有焰燃烧。从无焰燃烧转移为有焰燃烧的机理，是因某种扰乱（吸入空气等）而产生热点（高温点），然后热分解气、一氧化碳与空气混合后形成可燃性混合气，此时热点变成高温物体起作用，与热点接触的部分出现预混合火焰，发展为有焰燃烧。

阴燃与爆燃起火是常见的明燃起火的两个极端，在起火的初始阶段，在火场中留下截然不同的燃烧特征，例如：

① 大部分阴燃物是有机的，并全部是固体，而且除了碳本身以外，没有一样是纯化合物，而是复杂的天然聚合物或合成的聚合物。阴燃时既能产生可燃性气体，又能产生刚性多孔的碳结构。

② 在加热强度比较小的条件下，如遗留烟头发生阴燃；氧化反应速度很低，相应的最高温度及传播速度都很低，起火点处留下“V”形燃烧痕。

③ 在其析出可燃气体的过程中，部分组分由于低蒸气压而凝结成为微小的液相颗粒，形成白色烟雾。

④ 反应区（起火点）的厚度同有焰燃烧相比较大。

⑤ 输运过程控制的化学反应，氧化反应仅发生在固体的表面。

⑥ 在较低的氧气体积分数环境中传播。

⑦ 散热条件差、热量比较容易积累，对阴燃的发生和传播有利。

2.5.2 固体着火燃烧理论

受热时能释放出可燃气体的固体能否被引燃，取决于其释放出的可燃气体能否保持一定的浓度，这也可应用平衡方程进行判定，即

$$(\varphi \Delta H_c - L_v)G_{cr} + \dot{Q}_E - \dot{Q}_1 = S \tag{2-27}$$

式中 φ——固体在燃点时的燃烧热（ΔH_c）传递到其表面的分数；

L_v——固体释放可燃气体所需的热量；

G_{cr}——固体释放的可燃气体在燃点时的临界质量流率；

$\dot{Q}_E$，$\dot{Q}_1$——单位固体表面上火源的加热速率和热损失速率；

S——单位固体表面上净获热速率。

$\dot{Q}_E$ 可通过计算确定，ΔH_c和 L_v可在有关文献中查得。对于一定厚度的无限大固体，$\dot{Q}_1$

可用下式估算：

$$\dot{Q}_1 = \varepsilon\sigma T_i^4 + k\frac{T_s - T_0}{\sqrt{\alpha t}} \tag{2-28}$$

式中 ε——固体的辐射率；

σ——斯忒藩-玻尔兹曼常数；

T_i，T_s，T_0——固体的燃点、燃点时的表面温度和环境温度；

k，α——固体的热导率和扩散系数；

t——固体受热源加热的时间。

G_{cr}与φ有如下关系：

$$G_{cr} = \frac{h}{c}\left(1 + \frac{3000}{\varphi \Delta H_c}\right) \tag{2-29}$$

式中 h——火焰与固体表面之间的对流换热系数；

c——空气的比热容。

一些高聚物的G_{cr}和φ值见表2-13。

表2-13 一些高聚物的G_{cr}和φ值

物质名称	G_{cr}/[g/(m²·s)]	φ	物质名称	G_{cr}/[g/(m²·s)]	φ
聚甲醛	3.9	0.45	酚醛泡沫(GM-57)	4.4	0.17
聚甲基丙烯酸甲酯	3.2	0.27	聚乙烯-42%Cl	6.5	0.12
聚乙烯	1.0	0.27	聚氨酯泡沫	5.6	0.11
聚丙烯	2.2	0.26	聚异氰酸酯泡沫	5.4	0.11
聚苯乙烯	3.0	0.21	聚乙烯-25%Cl	6.0	0.19

式(2-27)中，如果$S<0$，固体不能被引燃，或只能发生闪燃；如果$S>0$，固体表面接受的热量除了能维持持续燃烧，还有多余部分，这部分热量可以使可燃气体的释放速率进一步提高，为固体维持燃烧创造更好的条件；$S=0$是固体能被引燃的临近条件。

【例2-1】 有一用50mm厚有机玻璃板隔开的空间内发生火灾，火焰温度1300℃，如果在火焰烘烤下玻璃板温度达到燃点，6s后快速移除火焰，若该有机玻璃板的燃点为270℃，玻璃板辐射率为0.8，判断该玻璃板是否能被引燃。已知：$\alpha=1.1\times10^{-7}\,m^2/s$，$k=0.19W/(m\cdot K)$，$\Delta H_c=26.2kJ/g$，$L_v=1.62kJ/g$，$G_{cr}=3.2g/(m^2\cdot s)$，$\varphi=0.27$。

【解】 假定室温为$T_0=20℃=293K$，$T_i=270℃=543K$，则由式(2-28)得：

$$\dot{Q}_1 = \varepsilon\sigma T_i^4 + k\frac{T_s - T_0}{\sqrt{\alpha t}} = \left(0.8\times5.67\times10^{-8}\times543^4 + 0.19\times\frac{543-293}{\sqrt{1.1\times10^{-7}\times6}}\right)W/m^2$$

$$=6.24\times10^4\,W/m^2=62.4kW/m^2$$

由于表面温度达到燃点时仅持续6s就移除火焰，所以$\dot{Q}_E\to0$。由式(2-27)得

$$S=[(0.27\times26.2-1.62)\times3.2-62.4]kW/m^2=-44.93kW/m^2<0$$

所以，有机玻璃板不能被引燃。

在火源的持续作用下，可燃固体能否被引燃还与引燃时间、可燃物种类、形状尺寸、火

源强度、加热方式等因素有关。窗帘、幕布之类的薄物体的引燃时间可以用集总热熔分析法来估算。

假设一薄物体的厚度、密度、比热容、它与周围环境间的对流换热系数分别为 τ、ρ、c 和 h；薄物体的燃点和环境温度分别为 T_i 和 T_0。当薄物体两边同时受温度为 T_∞ 的热气流加热时，在时间间隔 dt 内，能量平衡方程可写成

$$2Ah(T_\infty - T)dt = (\tau A)\rho c dT \tag{2-30}$$

式中 A——薄物体受热面积；

T——薄物体在时刻 T 的温度；

dT——薄物体经时间 dt 后的温度变化。

把式(2-30) 整理可得

$$dt = \frac{\tau\rho c}{2h} \times \frac{dT}{T_\infty - T_0} \tag{2-31}$$

把式(2-31) 从 T_0 到 T_i 积分，得到引燃时间 t_i 为

$$t_i = \frac{\tau\rho c}{2h}\ln\left(\frac{T_\infty - T_0}{T_\infty - T_i}\right) \tag{2-32}$$

同理可得，如果物体单面受热，另一面绝热，则引燃时间为：

$$t_i = \frac{\tau\rho c}{h}\ln\left(\frac{T_\infty - T_0}{T_\infty - T_i}\right) \tag{2-33}$$

如果物体单面受热，另一面不绝热，则引燃时间为：

$$t_i = \frac{\tau\rho c}{2h}\ln\left(\frac{T_\infty - T_0}{T_\infty + T - 2T_i}\right) \tag{2-34}$$

当物体一侧受通量为 Q_r 的热辐射加热，另一侧绝热时，假设物体对热辐射的吸收率为 a，则其能量平衡方程为：

$$A(aQ_r)dt - hA(T - T_0) = \tau A\rho c dT \tag{2-35}$$

或者

$$dt = \frac{\tau\rho c}{aQ_r - h(T - T_0)}dT \tag{2-36}$$

积分式(2-36) 得到：

$$t_i = \frac{\tau\rho c}{h}\ln\left[\frac{aQ_r}{aQ_r - h(T_i - T_0)}\right] \tag{2-37}$$

当物体一侧受通量为 Q_r 的热辐射加热，另一侧不绝热时，则有：

$$t_i = \frac{\tau\rho c}{2h}\ln\left[\frac{aQ_r}{aQ_r - 2h(T_i - T_0)}\right] \tag{2-38}$$

2.5.3 高分子物质的燃烧

高分子物质的分解燃烧非常复杂，通常可用图 2-13 来表示其燃烧历程。高分子物质受到火焰的加热便发生热分解，产生氢气、一氧化碳、醛、醇、羧酸、烃等可燃气体和水蒸气、二氧化碳等不燃气体，还形成主要含碳元素的残渣。分解出的可燃气体被火焰点燃，发生扩散燃烧。在燃烧后期，空气扩散到碳渣的表面发生表面燃烧。燃烧过程中释放出的热量有一部分传递给未燃烧的固体物质，重复进行上述的热分解过程。由于物质的不同，热分解速度和分解气体的种类会大不相同。

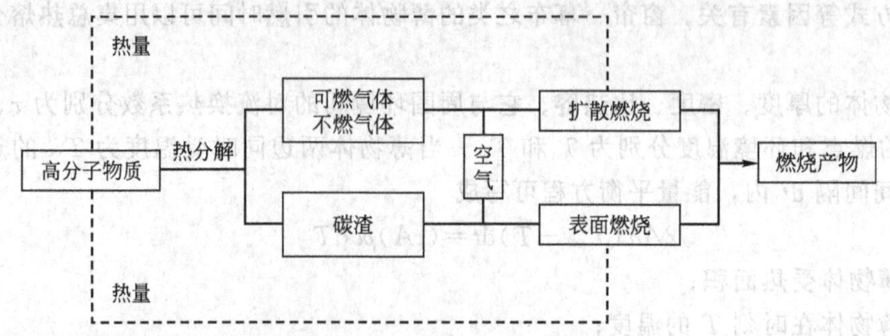

图 2-13　高分子物质的分解燃烧历程

高分子物质的燃烧速率问题还没有成熟的理论进行定量计算，通常需要由实验来确定，也可以采用经验公式来估算。一定数量的固体可燃物在火灾条件下的燃烧时间可用下列公式来估算：

$$\tau=\frac{QW\beta}{K} \tag{2-39}$$

式中　τ——预计的燃烧时间，h；

Q——可燃物的燃烧热，kJ/kg；

W——每平方米地面上可燃物的质量，kg；

β——系数，见表 2-14；

K——系数，对燃烧热约为 20930kJ/kg 的固体来说，$K=837200\text{kJ}/(\text{m}^2\cdot\text{h})$；对可燃液体来说，$K=1255800\text{kJ}/(\text{m}^2\cdot\text{h})$。

表 2-14　系数 β 的取值

物质名称其存放情况	β
所有放在敞开处且接近火源和空气的材料	1
用金属板或防火涂料保护的材料	0.5
储存在金属容器中的可燃材料(易燃液体、赛璐珞除外)	0.5
圆木和圆木构件	0.5
木地板(只计算一层楼可燃材料的质量)：	
铺设在非燃烧底层上的	0.15
铺设在非燃烧底层上但涂有油漆层的	0.30
铺设在可燃底层上的	0.50
铺设在燃烧底层上且涂有油漆层的	0.75
木地板(计算数层楼可燃材料的质量)	1.0
成卷、成捆或成垛的纸张、棉花、纺织品和胶合板等：	
材料的平均质量≥2000kg/m²	0.1
材料的平均质量≥1000kg/m²	0.15
材料的平均质量≥700kg/m²	0.2
材料的平均质量≥500kg/m²	0.25
材料的平均质量≥300kg/m²	0.4
材料的平均质量≥100kg/m²	1.0

【例 2-2】 有一棉花仓库，其每平方米地板上平均堆放棉花的质量为 500kg，试求该仓库一旦发生火灾，燃烧可能持续多长时间？（已知：棉花的燃烧热为 16744kJ/kg）

【解】 从表 2-14 中查得，$\beta=0.25$，$K=837200\text{kJ}/(\text{m}^2\cdot\text{h})$，由式(2-39) 得燃烧预计持续时间为

$$\tau=\frac{QW\beta}{K}=\frac{16744\times500\times0.25}{837200}=2.5\text{h}$$

2.5.4 煤的燃烧

煤是一种结构非常复杂的固体燃料，在燃烧过程中会发生复杂的变化。根据燃烧过程中质量和温度的变化，煤的整个燃烧过程可以分成水分蒸发、挥发分析出和燃烧、焦炭燃烧和燃尽四个阶段。

(1) 水分的蒸发

煤在燃烧的初始阶段首先表现为升温加热和水分蒸发。在 105℃以前释放的水分主要是吸附状态的游离水，在 200～300℃时析出的水分称为热解水，此时也开始释放气态反应产物，如 CO 和 CO_2 等等，同时有微量的焦油产生，水分完全释放要到 300℃左右才能完成。

(2) 煤的热解与挥发分的燃烧

煤的温度达到 300℃以上，其结构中的部分化学键会发生断裂，生成自由基，并得到气态小分子烃类。温度继续升高，就会产生二次裂解反应，主要包括裂解反应、脱羟反应、加氢反应、缩合反应和桥键分解反应。在热解后期，胶质体会缩聚产生半焦或焦炭。

挥发分的燃烧与可燃气体的燃烧在本质上是相同的，但不同煤挥发分含量差别巨大，从而严重影响煤的着火和燃烧稳定性，普遍认为挥发分含量高的煤比挥发分低的煤着火和燃烧性能要好。

(3) 焦炭的燃烧

实际上，煤的燃烧不能简单看作是挥发分燃烧与焦炭燃烧的简单叠加，两者是相互影响、互有交叉的。挥发分燃烧时，煤粒直径几乎不变，煤粒表面局部时有挥发物喷流，这表明挥发分的释放是不均匀的。挥发分烧完，焦炭的预热到着火经历时间为 τ，根据实验得到经验公式有：

$$\tau=5.36\times10^7T^{-1.2}d_0^{\,1.5} \tag{2-40}$$

式中 T——燃烧环境温度，K；

d_0——煤的初始直径，m。

在碳粒比较大，温度比较高时，焦炭燃烧近似于扩散燃烧的情况，燃烧的失重遵守缩球规律，即

$$D^2=d_0^{\,2}(1-t/\tau'^4) \tag{2-41}$$

式中 D——燃烧过程中的焦炭粒径，m；

t——燃烧经历的时间，h；

τ'——焦炭燃烧到燃尽所需的时间，h，且 $\tau'=1.11\times10^8T^{-0.9}d_0^{\,2}c_\infty^{-1}$；

c_∞——氧气的质量浓度，kg/m^3。

1. 如何用燃烧理论解释燃烧三要素的重要作用？

2. 燃烧的一般过程是什么？通过对燃烧过程的理解，说明火灾发生后灭火方式有哪些？

3. 如何通过实验的方法确定物质的着火延滞期为5s时的着火温度？

4. 根据物质状态判断物质的易燃程度和燃烧时间的规律是怎样的。

5. 物质的自燃方式有哪些？如何预防物质的自燃？

6. 怎样通过物质的分子结构预测不同物质间自燃危险的差异？

7. 试分析气体燃烧的形式、条件和后果是怎样的。

8. 液体稳定燃烧的速度受哪些因素影响？

9. 某立式拱顶油罐体积为10000m^3，储存有原油6000t，储罐直径为30m，原油密度为890kg/m^3，含水量为1%，原油的燃烧速度为0.12m/h，热波传播速度为0.68m/h。试估算该储罐着火后何时会发生喷溅情况。

10. 固体的阴燃特征是什么？其危险性怎样？

11. 一块厚度为0.8mm的幕布，密度、比热容、热导率和它与周围空气之间的对流换热系数分别为0.3g/cm^3、1.2kJ/(kg·K)、0.15J/(m·K)和15W/(m^2·K)，初始温度为20℃，燃点为260℃。求下列情况下的幕布引燃时间。

(1) 幕布垂直悬挂在发生火灾的环境中，且火场空气温度达到350℃时。

(2) 幕布一侧受强大热源辐射作用，辐射热通量为22kJ/(m^2·s)，另一面绝热（假定幕布对热的吸收率为0.8)。

第3章　爆炸理论

典型案例：　羟胺蒸馏装置爆炸事故

1999年2月19日，美国宾夕法尼亚州某公司羟胺装置发生爆炸，造成5人死亡，多人受伤。事故发生时，公司员工正在对羟胺和硫酸钾的混合物进行蒸馏操作。当时，蒸馏塔进料罐内液相中的羟胺浓度为57%（质量分数）。此后浓度持续增加，19时15分前后，进料罐内的羟胺浓度达到86%，操作人员凭肉眼观察来控制结晶，于19时45分停用加料罐，然后用30%的羟胺溶液冲洗进料罐内的羟胺结晶；在20时14分突然发生爆炸。

事故原因：浓度较高时，羟胺晶体及溶液可能发生爆炸性的分解，热源或污染杂质会促进分解。事故发生前，蒸馏塔回到进料罐的物料中，羟胺浓度较高，而且在工艺过程中存在某些促进分解的因素，如蒸馏时的过度加热、无意间混入工艺系统的杂质、循环泵输送时的摩擦等。当羟胺浓度较高时，这些因素都可以导致进料罐和进料管道内的羟胺分解，乃至发生爆炸。

3.1　爆炸现象概述

3.1.1　爆炸的定义

爆炸是物质的一种非常剧烈的物理化学变化。在变化过程中，伴有物质能量快速释放，变成该物质本身、变化产物或周围介质的压缩能或运动能。爆炸发生时，物系压力急剧升高，常伴有发光、发热、巨响等现象。例如：炸药化学能量的高速释放会产生爆炸；高速碰撞时，弹体动能急剧变化，也能产生爆炸；高速粒子束（加强激光束、相对论电子束、重离子束）作用于物质上，同样能形成爆炸；工业技术上的高压放电，大型铸件在水中剧冷清沙，高压容器受热，乙炔管道回火，都会产生爆炸；煤粉或面粉悬浮于空气中、天然气与空气的混合物，在一定条件下也会产生爆炸；自然界中的雷电、地震、火山爆发，也都是爆炸现象。

爆炸是一种以系统压力快速升高、产生破坏性压力为特征的气体动力学现象。这种定义方式是一种宏观的描述，适用于物理的、化学的爆炸过程。所说的“气体动力学现象”是指爆炸是通过气体的膨胀来实现的。根据爆炸过程的动态描述，爆炸还可以定义为物质从一种状态经物理或化学变化突变为另一种状态，伴随着巨大的能量快速释放，产生声、光、热或机械功等，使爆炸点周围介质中的压力发生骤增的过程。

3.1.2 爆炸的特征

一般地说，爆炸是一种极其迅速的物理或化学的能量释放过程，在此过程中，系统的潜能转变为运动的机械能，然后对外做功。总的来看，爆炸过程可以分为两个阶段：

① 某种形式的能量以一定方式转变为爆炸物或产物的压缩能；

② 压缩态急剧膨胀，在膨胀过程中做机械功，进而引起附近介质的变形、移动和破坏。

整个爆炸过程体现出两方面的基本特征。

内部特征：物系爆炸大量能量在有限体积内突然释放或急剧转化，并在极短时间内、有限体积中积聚，对邻近介质形成急剧的压力突跃和随后的复杂运动。这个突然上升的压力是产生破坏作用的直接原因。

外部特征：爆炸介质在压力作用下表现出不同寻常的移动或机械破坏作用，以及介质受振动而产生的声响效应。

3.1.3 爆炸发生的条件

由于爆炸性质不同，其爆炸机理、原因也不同。就其本质原因来讲，爆炸现象的发生是由物质系统的能量、速度和气体三种要素的变化而引起的。

物理爆炸是一种因体系中物理能量失控而导致物质以极快的速度释放能量，转变为光、热、机械功等能量形式的爆炸现象。从锅炉爆炸、压力容器爆炸、大量水急剧气化等常见物理爆炸角度看，物理爆炸发生的条件可归结为：爆炸体系内存有高压气体或在爆炸瞬间生成高温高压气体或蒸气急剧膨胀，以及爆炸体系与周围介质之间发生急剧的压力突变。

从爆炸反应特征看，化学反应要成为爆炸反应必须同时具备反应过程的放热性、反应过程高速度和反应过程产生大量气体产物等三个条件，常被称为“化学爆炸三要素”。

(1) 反应的放热性

热是爆炸能量的源泉，爆炸反应只有在炸药自身提供能量的条件下才能自动进行。没有这个条件，爆炸过程就根本不能发生；没有这个条件，反应也就不能自行延续，因而也不可能出现爆炸过程的反应传播。显然，依靠外界供给能量来维持其分解的物质，不可能具有爆炸的性质。以不同条件下硝酸铵分解反应为例，反应式如下：

$$NH_4NO_3 \longrightarrow NH_3 + HNO_3 - 170.7\text{kJ}$$

$$NH_4NO_3 \longrightarrow N_2 + 2H_2O + 0.5O_2 + 126.4\text{kJ}$$

从以上两个反应可以看出，硝酸铵在低温加热条件下只会发生缓慢分解反应，反应过程需要吸收能量，所以根本不会发生爆炸；但在雷管引爆条件下，则会发生快速放热分解反应和猛烈爆炸。

值得注意的是，氮和溴的混合物在较低的温度下就会发生爆炸，虽然此反应的热效应只有 35.2J/mol；氮和氢的反应热效应虽然很高，但在无催化剂时通常不发生反应生产氨。所以，反应的放热不完全在乎放热量的多少，还取决于放热速度的快慢。

(2) 反应的快速性

只有在发生快速的反应时，释放的有限能量才能高度聚积，最终形成压力的突然变化。由于过程的高速度，炸药内所具有的能量在极短时间内放出，达到极高能量密度，所以炸药爆炸具有巨大做功功率和强烈的破坏作用，而一般的燃料燃烧虽然能够放出大量的热，但未必发生爆炸。例如，1kg 木材完全燃烧放热量约为 16700kJ，约需要 10min，而 1kg TNT 炸药完全爆炸所释放出的热量仅为 4200kJ，但爆炸过程只需几十微秒。正是由于爆炸反应过程极短，速度极快，导致反应热来不及移出而全部集中在爆炸物原有体积内，从而造成一般化学反应无法达到的极高能量密度，产生巨大的功率和强烈的破坏力。

(3) 生成或存在气体物质

爆炸瞬间炸药定容地转化为气体产物，其密度要比正常条件下气体的密度大几百倍到几千倍，也就是说正常情况下这样多体积的气体被强烈压缩在炸药爆炸前所占据的体积内，从而造成 $10^9 \sim 10^{10}$Pa 以上的高压。同时由于反应的放热性，这样处于高温、高压下的气体产物必然急剧地膨胀，把炸药的位能变成气体运动的动能，对周围介质做功，在这个过程中，气体产物既是造成高压的原因，又是对外界介质做功的工作介质。爆炸反应的这一必要条件可以用铝热剂反应来说明，反应式如下：

$$8Al + 3Fe_3O_4 =\!=\!= 4Al_2O_3 + 9Fe + 3168kJ$$

从上述反应可以看出，铝热剂反应热效应很大，而且反应速度也相当快，通常其反应热效应足以将产物加热到 2500℃左右的高温，但铝热剂并不具备爆炸作用，只是一种高热燃烧剂，根本原因是反应过程不能产生气体产物。

在某些情况下，有足够的放热性和快速性，虽不生成气体，但也会发生爆炸过程。例如，研细的大量铝热剂在空气中燃烧时，由于铝热剂及周围空气受热膨胀，也会发生爆炸。但是，这种爆炸是空气受热后产生的，并不是铝热剂本身发生的。又如，气体物质在爆炸时气体量有时不会增加，往往还可能减少，氢气和氧气混合形成的爆鸣气就是如此。虽然反应过程体积减小了三分之一，但由于在高温下气体体积会增加，在短时间内达到 1MPa 以上，从而具有一定的爆炸性。

3.2 爆炸分类

典型案例：氧气充装的物理爆炸与化学爆炸之争

1999 年 12 月 9 日，湖南省某双氧水厂刚刚完成生产系统检修，11 时 40 分开车生产。12 时 10 分，双氧水车间氢气过滤器忽然冒出黑烟。经查是氢化釜内的催化剂发生燃烧，当即停车待修。15 时 25 分检修尚未开始，30m 之外的氧气充装站突然爆炸。正在作业的两名工人全部烧伤，其中许某的胸腹烧伤面积达 49%以上。

出事后，1 号压氧机分离瓶炸开；从分离瓶出口到 1 号充氧线左、右操作阀、压力表、安全放空阀等全部炸烂；长 21m 的高压铜管炸开 7 处，断口呈高温熔化状；现场的墙上有火焰喷烧的痕迹；距压氧机分离瓶爆炸处 6m 的正面白墙下方还有一大滩“来历不明”的水迹……现场人员听到两次爆炸声，看到爆炸时的红火光，出事后的室内弥漫着“白雾”。

事故发生后，两个事故调查组同时展开调查，但面对同一个事故和完全相同的现场，却得出两个完全相反的结论。

A 组一致认定，事故是“违章超压运行”造成“物理性爆炸”。理由是爆炸部位正是工人操作部位，也是系统压力最高，承压能力较薄弱处。这里操作人员曾有过超压充装，提高装瓶速度的“习惯性违章”。他们要求工厂迅速恢复生产，“考虑到设备陈旧，工厂应适当降低系统压力”。

B 组却提出：这很可能是一次“化学性爆炸”。理由是纯氧爆炸不会起火，而且一旦有了排放口，压力得到释放，爆炸就会停止，不可能像这样在一根完全相通的高压铜管上一连炸出七个独立的大洞。所以工厂必须立即停止一切开车准备工作，着手查清事故的真正原因，排除隐患。

后经工厂对系统各个部位气体重新取样分析发现，气体纯度存在严重问题，生产区4个$300m^3$的储气柜，数十支高压气瓶等全充满了十分危险的爆炸性混合气体。一下敲打、一点火花、一次快速的阀门开闭……都会引起一串串惊天动地的大爆炸！爆炸就发生在他们打开阀门的那瞬间。爆炸后室内的“白雾”，白墙下方“来历不明”的大滩水迹，都是氢、氧混合大爆炸的产物！

经排查，事故发生的根源在电解水车间的电解槽上。经拆开检查发现，3、4号槽内所有的电极板两面全部发黑。正常情况下，电极板只有负极一面发黑，是它吸附了钠离子的原因。而现在正极板也黑了，说明正极变成了负极。由此推断，电极板正、负极接反了。经现场检查证明，推断完全正确。原来检修后两台新改装的电解槽正负电极装反了。这样本该出氧的，出了氢；本该出氢的，来了氧。这才是系统氢氧大混合的真正原因。

3.2.1 按能量来源分类

(1) 物理爆炸

由物理变化引起的爆炸，物质因状态或压力发生突变而形成的爆炸现象。高压蒸汽锅炉当过热蒸汽压力超过锅炉能承受的程度时，锅炉破裂，高压蒸汽骤然释放出来，形成爆炸。陨石落地对目标的撞击等物体高速碰撞时，物体高速运动产生的动能，在碰撞点的局部区域内迅速转化为热能，使受碰撞部位的压力和温度急剧升高，碰撞部位发生急剧变形，伴随巨大响声，形成爆炸现象。自然界中的雷电也属于物理爆炸，它是由带有不同电荷的云块间发生强烈的放电现象，使能量在10^{-6}～10^{-7}s内释放出来，放电区达到极大的能量密度和高温，导致放电区空气压力急剧升高并迅速膨胀，对周围空气产生强烈扰动，从而形成闪电雷鸣般的爆炸现象。高压电流通过细金属丝时，温度可达到2×10^4℃，使金属丝瞬间化为气态而引起爆炸现象。

(2) 化学爆炸

由化学变化引起的爆炸，包括可燃气体与助燃气体混合引起的爆炸、气体分解爆炸（如C_2H_2）、炸药爆炸（复杂分解爆炸）、化学反应过程引起的爆炸、粉尘爆炸、可燃雾滴爆炸、混合危险物质的爆炸等。化学爆炸一般经历两个阶段：一是爆炸源的化学反应在瞬间完成，并产生大量气体和热量，由于时间很短，气体产物来不及扩散而占据爆炸源原始空间，而热量也来不及传递，而全部用来加热气体，因而产生高压气体，这一阶段取决于化学反应；二是高压气体急剧向周围扩散，挤压周围空气，产生压力冲击波，并引起空气的震荡而产生声响，同时造成周围人、物的破坏，化学能转变为热能和机械能。这属于物理过程。

化学爆炸本质上也是一种燃烧过程，只不过速度要快得多。

(3) 核爆炸

核爆炸是核裂变、核聚变反应所放出的巨大核能引起的。核爆炸反应释放的能量比炸药爆炸时放出的化学能大得多，核爆炸中心温度可达10^7K数量级以上，压力可达10^{15}Pa以上，同时产生极强的冲击波、光辐射和粒子的贯穿辐射等，比炸药爆炸具有更大的破坏力。化学爆炸和核爆炸反应都是在微秒量级的时间内完成的。

3.2.2 按爆炸传播速度分类

不同种类和性质的炸药，或同种炸药所受到的外力作用不同时，爆炸速度会具有很大差距。爆炸速度是指炸药爆炸波在炸药中的传播速度。根据爆炸传播速度的不同，爆炸通常可以分为三类。

(1) 轻爆

每秒数十厘米到数米，如无烟火药在空气中的快速燃烧，可燃气体混合物在接近爆炸上、下限时的燃烧等。这种爆炸没有多大的威力，产生的响声也不大。

(2) 爆炸

爆炸传播速度为每秒 10m 至数百米。爆炸有较大的破坏力，有震耳的响声。可燃性气体混合物爆炸以及火药遇火源引起的爆炸大多属此类。

(3) 爆轰

爆轰传播速度为每秒 1000m 以上。爆轰的特点是突然引起极高压力，并产生超声速的“冲击波”。由于在极短时间内发生的燃烧产物急剧膨胀，向活塞一样挤压周围气体，所产生的能量有一部分传给被压缩的气体层，于是形成的冲击波由它本身能量所支持，迅速传播并能远离爆轰源而独立存在，从而引起该处其他爆炸性气体混合物或炸药发生爆炸，这就是“殉爆”现象，即二次爆炸。部分或全部封闭状态的炸药的爆炸、气体爆炸性混合物在特定浓度或高压下爆炸属此类。

对于由可燃气体混合物引起的爆轰，气体浓度有一定的要求，如乙炔的爆炸极限为 2.5%～80%，而发生爆轰的浓度范围为

$$\left.\begin{matrix} C_2H_2\text{-空气} & 4.1\%\sim50\% \\ C_2H_2\text{-氧气} & 3.5\%\sim92\% \end{matrix}\right\}\text{发生爆轰}$$

浓度不同，其爆轰速度也不同，例如：

$$C_2H_2\text{-}O_2 \begin{matrix} 40\% & 2716\text{m/s} \\ 66.7\% & 2812\text{m/s} \end{matrix}$$

另外，爆轰速度还与压力有关，如：

$98\%C_2H_2$	0.5MPa	1050m/s
分解爆炸	2.0MPa	1500m/s

某些凝聚相物质爆轰时，速度更快，威力更大。

苦味酸：7620m/s　　梯恩梯：6870m/s　　硝化甘油：8625m/s

$$\begin{matrix} CH_2O—NO_2 \\ | \\ CHO—NO_2 \\ | \\ CH_2O—NO_2 \end{matrix}$$

燃烧过程也可以产生爆炸，燃烧导致的爆炸可以按照燃烧速度分为两类：

① 爆炸性混合气体的火焰波以低于声速传播的燃烧过程称为爆燃；

② 爆炸性混合气体的火焰波在管道内以高于声速传播的燃烧过程称为爆轰[1]。

3.2.3 按爆炸反应的相态分类

爆炸物可以是气体、液体和固体状态，甚至是气液混合物、气固混合物等，根据爆炸反应相态不同，爆炸通常可以分为两大类。

---

[1] 声速的绝对数值取决于介质，如空气中的声速和氢气中的声速当然是不一样的。

3.2.3.1 气相爆炸

气相爆炸根据混合物组成的差别又可以分为：

(1) 可燃气体混合物爆炸

可燃气体或蒸气与助燃性气体按一定比例混合，在着火源作用下引起的爆炸。可燃性气体除氢气、天然气、乙炔、LPG外，还有汽油、苯类、醇类、醚类等可燃液体蒸发出来的蒸气。大范围内形成爆炸气体环境会造成“气云爆炸”。

(2) 单一气体热分解爆炸

单一气体由于分解反应产生大量反应热而引起的爆炸。如C_2H_2、C_2H_4、$CH_2{=}CHCl$、EO（环氧乙烷）、丙二烯、甲基乙炔、乙烯基乙炔、二氧化氯、肼（NH_2NH_2）、叠氮化氢等分解时引起的爆炸。

(3) 可燃粉尘爆炸

可燃固体的细微粉尘在一定浓度呈悬浮状态分散在空气等助燃性气体中时，由着火源作用而引起的爆炸，如分散在空气中的Mg、Al、Ti、Si、Ca以及硫黄、面粉、化纤等粉尘引起的爆炸。

(4) 可燃液体雾滴爆炸（喷雾爆炸）

空气中的可燃液体被喷成雾状物剧烈燃烧时引起的爆炸。如油压机喷出的油雾引起的爆炸。

3.2.3.2 凝聚相爆炸

凝聚相爆炸包括两类：

(1) 液相爆炸

液相爆炸是指物质在爆炸前主要以液体状态存在，在爆炸瞬间产生大量气体的爆炸过程。这种爆炸形式主要有聚合爆炸（如在液相中进行悬浮聚合、乳液聚合等反应）、过热液体爆炸（如蒸汽爆炸）、不同液体混合发生的爆炸（如硝酸和油脂，液氧和煤粉，熔融的钢水与水接触，催化性物质加入液相反应物）等。

(2) 固相爆炸

固相爆炸是指固体状态的物质发生的爆炸。固相爆炸主要有爆炸性物质（如固体炸药，乙炔铜等）分解爆炸，固体物质混合、熔融引起的爆炸，导线因电流过载造成过热导致金属发生迅速气化而爆炸等。

3.3 可燃气体爆炸

典型案例：天津某化工厂氯化氢合成炉爆炸事故

1993年3月，天津某化工厂盐酸车间开车点火时，原料氢气压力控制在73.32kPa，氯气压力控制在大于98.07kPa，氢气纯度大于98%，氯气纯度大于60%（正常操作时大于90%），氯气中含氢量小于1%（正常操作时小于0.4%），氢氯分子比为1.05∶1.0，调节氢气点火棒火焰后，经点火口放入炉内炉头套筒上即可。但当合成炉操作人员点火操作时，通过合成炉视镜观察到灯头上氢与氯燃烧火焰呈红色异常现象，随即联系有关部门协调处理，此时炉内发生了氢气爆炸，造成该炉顶部防爆膜破裂，合成炉系统紧急停车。

经调查分析认为，造成此次氢气喷爆事故的原因，主要是合成炉氢气进口管调节阀门处空气进入炉内，而操作者技术不熟练，对氢气调节操作与点火操作配合不协调，致使合成炉内存在的氢气与空气混合达到爆炸极限，被点火时的火焰引爆，发生事故。

3.3.1 单一气体分解爆炸

有分解爆炸特性的气体一般是指该气体分解可以产生相当数量的热量。当分解热达到84～126kJ/mol的物质在一定条件下点火后，火焰就能传播开来。分解热在这个范围以上的气体，其爆炸是很激烈的。

(1) 乙炔热分解爆炸

$$C_2H_2 \longrightarrow 2C(s) + H_2 + 226.7kJ/mol$$

若无热量损失，火焰温度可达3100℃。在1.2L的容器中测定其爆炸压力为初始压力的9～10倍。初始压力影响达到最大爆炸压力的时间和诱导距离。这里，“诱导距离”指从爆炸源到最大爆炸压力处的距离，即爆炸波成长为爆轰波的距离。压力对气体分解爆炸的影响见表3-1。

表 3-1 压力对气体分解爆炸的影响

初始压力/MPa	0.2		1.0	
时间/s	0.18		0.03	
初始压力/MPa	0.35	0.38	0.5	2.0
诱导距离/m	9.1	6.7	3.7	0.9～1.0

压缩乙炔有爆炸危险，压力越高，爆炸威力越大。但压力降到临界压力（0.137MPa，表压）以下就不会发生爆炸。另外，乙炔类化合物也具有分解爆炸性能。乙烯基乙炔分解爆炸的临界压力为0.11～0.14MPa，甲基乙炔20℃为0.43MPa，120℃为0.30MPa。

(2) 乙烯分解爆炸

$$C_2H_4 \longrightarrow C(s) + CH_4 + 127.24kJ/mol$$

分解爆炸所需要的能量随着压力的升高而降低。如有 $AlCl_3$ 存在时，分解爆炸更易发生。乙烯在0℃下分解爆炸的临界压力约为3.9MPa。

(3) 氮氧化合物分解爆炸

	临界压力
$N_2O \longrightarrow N_2 + 1/2O_2 + 85.51kJ/mol$	
$NO \longrightarrow 1/2N_2 + 1/2O_2 + 90.29kJ/mol$	0.26MPa
$NO_2 \longrightarrow 1/2N_2 + O_2 + 33.44kJ/mol$	0.15MPa

(4) 环氧乙烷（EO）分解爆炸

$$\underset{\diagdown O \diagup}{CH_2-CH_2} \longrightarrow CH_4 + CO + 134.22kJ/mol$$

$$2\underset{\diagdown O \diagup}{CH_2-CH_2} \longrightarrow C_2H_4 + 2CO + 2H_2 + 8.28kJ/mol$$

环氧乙烷分解爆炸的临界压力为0.039MPa（说明很容易发生）。125℃时，初压为0.26MPa，分解爆炸的最大爆压是初压的2倍；初压为1.18MPa时，最大爆压是初压的

5.6 倍。

3.3.2 混合气体爆炸

混合气体爆炸是指可燃气体或蒸气与助燃性气体混合时发生的爆炸。助燃性气体除了空气和氧气外，还包括氧化亚氮、氧化氮、二氧化氮、氯气、氟等氧化性气体。

(1) 可燃气体（蒸气）/空气混合气

可燃气体或蒸气与空气按一定比例混合均匀，一经点燃，化学反应瞬间完成并发生爆炸。火焰以一层层同心球面的形式向各个方向传播。在距着火点 0.5～1m 处的火焰速度为每秒几米或更少，以后逐渐加速到每秒几百米到数千米。火焰传播途中遇到障碍物则产生巨大的破坏作用。

(2) 可燃气体（蒸气）/氧气混合气

本质上与前者相同，但爆炸上限明显提高。例如，氢与空气混合的爆炸极限为 4%～75%，而氢与纯氧混合的爆炸极限为 4%～95%。乙烯在空气中的爆炸极限是 3.1%～32%，在纯氧中的爆炸极限则是 3.0%～80%。丙烷在空气中的爆炸极限是 2.2%～9.5%，在纯氧中的爆炸极限则是 2.3%～55%。常见可燃性气体在氧气中的爆炸极限见表 3-2。

表 3-2　可燃性气体在氧气中的爆炸极限

物质	爆炸极限(体积分数)/%		物质	爆炸极限(体积分数)/%	
	下限	上限		下限	上限
甲烷	5.1	61	二乙醚	2.0	82
乙烷	3.0	66	乙基丙基醚	2.0	78
丙烷		55	二异丙醚	—	69
正丁烷	1.8	49	二乙烯基醚	1.8	85
异丁烷	1.8	48	乙醛	4.0	93
丁烯	3.0	80	甲基氯	8.0	66
丙烯	2.1	53	亚乙基氯	15.5	66
1-丁烯	1.8	58	乙基氯	4.0	67
2-丁烯	1.7	55	氯乙烯	4.0	70
环丙烷	2.5	60	1,2-二氯乙烯	10.0	—
二甲醚	3.9	61	三氯乙烯	7.5	91
2-氯丙烯	4.5	54	氢	4.0	94
1-氯异丙烯	4.2	66	1-溴异丙烯	6.4	50
甲基溴	14.0	19	一氧化碳	15.5	94
乙基溴	6.7	44	氨气	15.0	79

(3) 可燃气体（蒸气）/其他助燃性气体混合气

一些具有氧化性的气体与可燃气体混合后也可能发生剧烈的爆炸反应，如 Cl_2 与 H_2 混合气在光照条件下就可能发生爆炸。当两种气体的体积各占 50%（化学计量比）时，爆炸作用最强烈。氢气在氯气中的爆炸下限为 5%，爆炸上限为 85%，最大爆压可达 0.86MPa。

3.3.3 气云爆炸

3.3.3.1 气云爆炸的条件

在一些综合性石油天然气及石油化工企业中，输气管道很可能发生可燃气体的泄漏。泄漏之后可能发生下列情况：在遇到火源前就分散掉，不形成爆炸危险；也可能一泄漏即遇到火源而被点燃，这种情况仅引起燃烧，一般不会发生爆炸；还有一种情况就是本节要讨论的蒸气云爆炸，当泄漏物扩散到广阔的区域，形成弥漫相当大空间的云状可燃性气体混合物时，经过一段延迟时间后，可燃蒸气云被点燃，接着发生火灾，由于存在某些特殊原因和条件，火焰传播被加速，产生危险的爆炸冲击波超压。一般要发生带破坏性超压的蒸气云爆炸应具备以下几个条件：

① 泄漏物必须可燃且具备适当的温度和压力条件（保证能气化而形成蒸气云团）。如非加压的可燃性气体（氢气、甲烷、乙烯、乙炔），加压后的液化气（丙烷、丁烷）和易挥发的可燃液体（环己胺、石脑油等）。

② 必须在点燃之前即扩散阶段形成一个足够大的云团。如果在一个工艺区域内发生泄漏，经过一段延迟时间形成云团后再点燃，则往往会产生剧烈的爆炸，在实际发生的事故中多数的延迟时间在十几秒到几十秒的范围内。

③ 产生的足够数量的云团处于该物质的爆炸极限范围内才能产生显著的超压。蒸气云团可分为三个区域：泄漏点周围是富集区，云团边缘是贫集区，介于二者之间的区域内的云团处于爆炸极限范围内。这部分蒸气云所占的比例取决于多个因素，包括泄漏物的种类和数量、泄漏时的压力、泄漏孔径的大小、云团受约束程度以及风速、湿度和其他环境条件。

3.3.3.2 气云爆炸物理机制

可燃气体遇火源被点燃后，若发生层流或近似层流燃烧，对普通碳氢化合物而言，其火焰速度为5～30m/s。这种速度太低，不足以产生显著的爆炸超压，在这种条件下蒸气云仅仅是燃烧。所以，讨论蒸气云爆炸的发生机制就是考察蒸气云如何从低速燃烧转变为具有较高速度的燃爆。

实验表明，紊流是其中的关键因素。在燃烧传播过程中，由于遇到障碍物或受到局部约束，引起局部紊流，火焰与火焰相互作用产生更高的体积燃烧速率，使膨胀流加剧，而这又使紊流更强烈，从而又能导致更高的体积燃烧速率，结果火焰传播速度不断提高，可达层流燃烧的十几倍乃至几十倍，发生爆炸反应。

其中，紊流发生的方式主要有以下三种：

① 源激发产生的紊流。比如，喷射型泄漏或灾难性的容器爆裂导致的剧烈扩散中，云团与周围的空气产生强烈的紊流。

② 火焰在受约束的空间传播产生的紊流。如隧道、桥梁、设备装置密集的厂房，拥挤的停车场等。正因为如此，工艺设备布局密集的化工厂、炼油厂、铁路机车调度站等是蒸气云爆炸的多发地点，历史上发生的事故也充分证明了这一点。

③ 初始点火能量产生的紊流。实际上，强点火源不仅能引起爆燃，甚至可以直接导致爆轰，而爆轰时的燃烧速度是每秒几千米。由于爆燃需要的点火能量约为10^{-4}J，而爆轰则需10^{6}J，所以在实际工业事故中爆轰是极为罕见的。

3.3.4 爆炸极限

燃烧和爆炸有着密切的关系，特别是化学爆炸，其化学实质是相同的，都属于氧化还原反应。两者最大的差异是反应速度不同。另外，燃烧与爆炸在一定条件下转化。例如，物理爆炸可以间接引起火灾，而化学爆炸可以直接引起爆炸；而燃烧也会由于特定空间的限制而发展成为爆炸。

严格地讲，燃烧极限和爆炸极限是存在差别的。燃烧极限又称火焰传播极限，是在某一给定的温度和压力下，不同混合比的可燃混合物火焰能否传播的临界曲线。而爆炸极限是指按照某一特定比例混合燃料和氧化剂的压力-温度边界曲线，该曲线可以把缓慢反应和快速反应区分开。为了保障火焰正常传播，必须有快速化学反应。在反应初期，点火源首先使点火源附近的混合物形成火焰，然后该火焰又加热新鲜混合物使它达到可以出现爆炸的足够高的温度。因此，在初期的火焰中，混合物进行的是定常态化学反应，而在后期的火焰中，混合物发生的是爆炸反应。通常所讲的爆炸极限忽略了不同浓度时爆炸速度的差异，将燃烧极限等同于爆炸极限。

3.3.4.1 爆炸极限理论

可燃物质（可燃气体、蒸气和粉尘）与空气（氧气）必须在一定浓度范围内均匀混合，形成预混气，遇到火源才会发生爆炸。这个浓度范围称为爆炸极限（或爆炸浓度极限）。最低浓度叫爆炸下限，最高浓度叫爆炸上限。低于爆炸下限或高于爆炸上限时，既不爆炸也不着火。前者是由于可燃物浓度不够，过量空气的冷却作用阻止火焰的蔓延；后者则是由于空气不足，燃烧缺氧致使火焰不能蔓延。所以，可燃混合气在接近爆炸上限或下限时，爆炸产生的压力不大，温度不高，威力也小；而处于反应当量浓度时，具有最大爆炸威力。

可燃混合物的爆炸极限范围越宽，其爆炸危险性越大，因为此时出现爆炸条件的机会越多。乙炔、环氧乙烷、肼、硝酸丙酯的爆炸极限上限是100%。爆炸极限越低，少量可燃物（如少量泄漏）就会形成爆炸条件；爆炸上限越高，少量空气渗入容器就能与器内可燃物混合形成爆炸条件。应当指出，可燃物浓度高于爆炸上限时，虽然不会着火和爆炸，但当它从容器或管道中逸出时，重新接触空气就能燃烧，因此仍有着火危险。

从化学反应角度上来看，燃烧和化学性爆炸是没有区别的，当混合气在进行燃烧时，在其波面上的反应如下式：

$$\mathrm{A}+\mathrm{B} \longrightarrow \mathrm{C}+\mathrm{D}+Q$$

式中　A，B——反应物；

C，D——生成物；

Q——反应热（燃烧热），kJ/mol。

A、B、C、D不一定是稳定分子，有时是原子或自由基。

根据活化能理论，反应前后的能量变化如图 2-2 所示。图中Ⅰ是反应物 A+B 的初始状态，当给予活化能 $\Delta E_1=E$ kJ/mol 能量时成为活化态 K，反应最终结果变为生成物 C+D，此时放出的能量为 $\Delta E=W$ kJ/mol，整个过程的反应热 $Q=W-E$。

如果将燃烧的基本反应浓度记为 n（单位体积内的物质的量），则单位体积分子由活化态变成产物放出的能量为 nW。如果燃烧波连续不断，放出的能量作为新反应中的活化能，将 α 作为活化概率（$\alpha \leqslant 1$），则第二批单位体积内的分子得到活化的基本反应数为 $\alpha nW/E$。

第二批再放出能量为 $\alpha nW^2/E$，前后两批分子反应时放出的能量之比为：

$$\beta=\frac{\alpha nW^2/E}{nW}=\alpha\frac{W}{E}=\alpha\left(1+\frac{Q}{E}\right) \tag{3-1}$$

当 $\beta<1$ 时，表示反应系统在受能源激发后，放热越来越少，也就是说，引起反应的分子数越来越少，最后停止反应，当然不能形成燃烧或爆炸。当 $\beta=1$ 时，表示反应系统在受能源激发后能均衡放热，就是保持有一定量的分子在持续引起反应，这是决定爆炸极限的条件（严格说稍微超过一些才能爆炸）。当 $\beta>1$ 时，表示放热越来越多，反应分子越来越多，形成持续燃烧甚至爆炸。

在临界状态下，也就是处于爆炸极限时，$\beta=1$，则 $\alpha\left(1+\frac{Q}{E}\right)=1$。设爆炸下限 LFL（体积分数）与反应概率 α 成正比，即 $\alpha=K\cdot \mathrm{LFL}$。

式中，K 为比例常数，因此：

$$\frac{1}{\mathrm{LFL}}=K\left(1+\frac{Q}{E}\right) \tag{3-2}$$

当 Q_V 与 E 相比较大时，上式可近似写作：

$$\frac{1}{\mathrm{LFL}}=K\frac{Q}{E} \tag{3-3}$$

式(3-3) 进一步表明爆炸下限 LFL 与可燃性气体的燃烧热 Q 和活化能 E 间的相互关系。

假设不同可燃气体间活化能大体上相等，则可得出：

$$\mathrm{LFL}\cdot Q=\text{常数} \tag{3-4}$$

这说明爆炸下限与可燃性气体的燃烧热近乎成反比。也就是说，分子燃烧热越大，爆炸下限越小。

实际上，在烃类的燃烧反应中，活化能值大体上是相等的，在分子燃烧热与爆炸下限的倒数之间存在着如图 3-1 所示的直线关系。

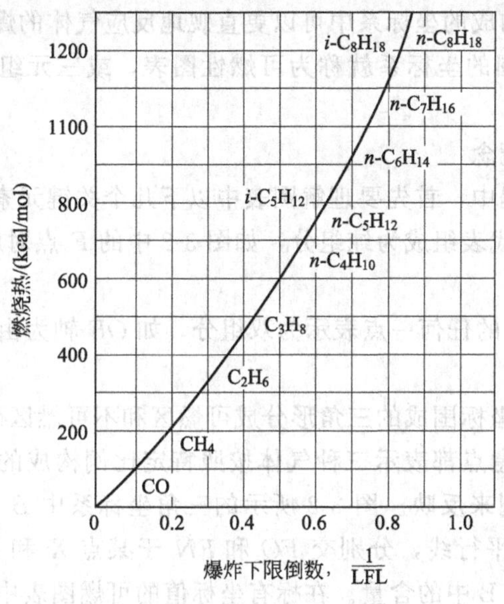

图 3-1　烷烃燃烧热与爆炸下限的关系

对烃类来讲，式(3-4) 所说的常数值 LFL·Q 相当于处在爆炸极限的爆炸性混合气体 22.4L（常温常压下）所具有的燃烧热。烷烃爆炸下限与燃烧热的乘积见表 3-3。

表 3-3 烷烃的爆炸下限及燃烧热

物质名称	分子式	爆炸下限 LFL/%	燃烧热 Q/(kJ/mol)	LFL·Q
甲烷	CH_4	5.0	889.5	4447.5
乙烷	C_2H_6	3.0	1558.3	4674.9
丙烷	C_3H_8	2.1	2217.8	4657.4
丁烷	C_4H_{10}	1.5	2653	3979.5
异丁烷	C_4H_{10}	1.8	2856.6	5141.9
戊烷	C_5H_{12}	1.7	3506.1	5960.4
异戊烷	C_5H_{12}	1.4	3504.1	4905.7
己烷	C_6H_{14}	1.2	4159.1	4990.9
庚烷	C_7H_{16}	1.1	4806.6	5287.3
辛烷	C_8H_{18}	0.8	5445.3	4356.2
壬烷	C_9H_{20}	0.7	6171.7	4320.2
癸烷	$C_{10}H_{22}$	0.6	6730.6	4038.4

对其他可燃性气体及蒸气也有此常数，如醇类、酮类、烯烃类，而氯代和溴代烷烃类值较高，这是由于引入了卤素原子，因而大大提高了爆炸下限的缘故。这种利用爆炸下限与燃烧热乘积成常数的关系来推算同系物的爆炸下限是可以的，但不能应用于氢、乙炔、二硫化碳等可燃气体上。

3.3.4.2 爆炸极限的表示方法——可燃性图表

严格来讲爆炸极限描述的是可燃气体能够发生爆炸的边界，可燃气体、氧气和惰性气体组成不同，其爆炸极限数值上也是不同的，把这些数值连接起来就构成一个区域范围。用三条坐标轴来表示三种气体，构成的坐标系中可以更直观地反应气体的爆炸极限情况。用来描述三组分气体混合物爆炸范围的坐标系就称为可燃性图表，或三元组分爆炸范围图，如图 3-2 所示。

(1) 可燃性图表的基本概念

在可燃性图表的应用过程中，首先要理解图表中以下几个关键元素的特定含义：

① 顶点：任何一个顶点代表组成为纯组分，如图 3-2 中的 F 点对应 100%的组分 F（通常用来代表可燃气体）。

② 边（即坐标轴）：边上的任何一点表示为双组分，如 OF 轴为由可燃气体 F 和氧气 O 组成的气体。

③ 区域：可燃性曲线将坐标围成的三角形分成可燃区和不可燃区两部分。

④ 任意点：坐标系中任意点都表示三种气体按照特定比例构成的混合气体，其含量的确定可以通过对应线段的比例来反映。图 3-2 所示的三角坐标系中 B 点处 F 含量的确定方法为：过 B 做 F 对边 ON 的平行线，分别交 FO 和 FN 于某点 X 和 X'处，则 OX 线段占 FO 的比例即为 F 在混合气体 B 中的含量。在标有坐标值的可燃图表中可以准确读出各个组分的含量。

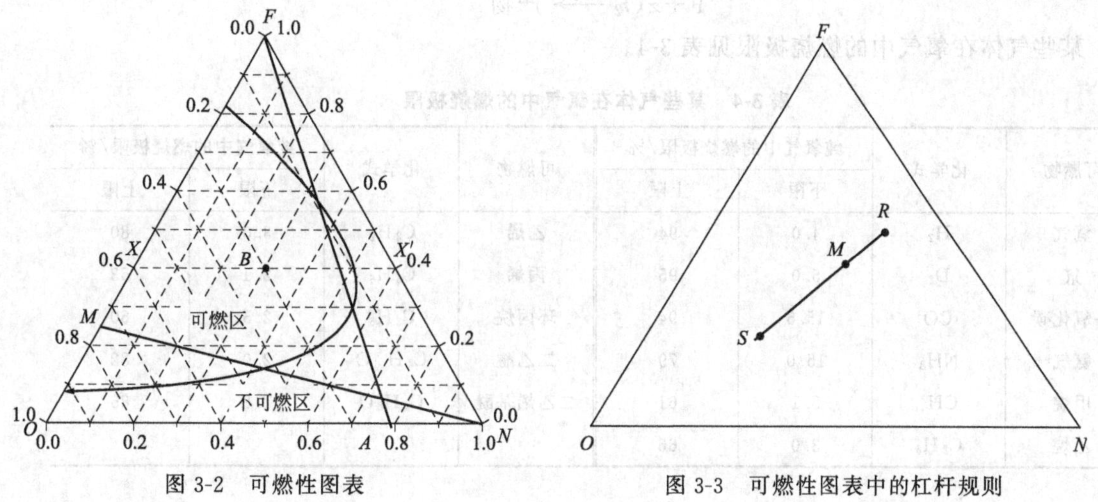

图 3-2 可燃性图表　　　　图 3-3 可燃性图表中的杠杆规则

(2) 空气线

若 F 为可燃组分，O 为氧气，N 为氮气。在图 3-2 三角坐标系的 *ON* 轴上确定空气组成点 *A*，联结 *FA* 的线段即为空气线。空气线上的任意点均表示可燃气体 F 与空气所组成的混合物。

(3) 化学计量组成线

在图 3-2 的三角坐体系 *OF* 轴上确定可燃气体与氧气按化学计量组成混合时的组成点 *C*，联结 *NC* 的线段即为化学计量组成线。该线段上的所有点对应的混合物中 F 和 O_2都处于化学计量配比。

(4) 几点规律

① 杠杆规则：如图 3-3 所示，混合气体 R 和 S 再次互混，形成的混合气体 M 组成点必定位于 *R*、*S* 连线上，且比例满足杠杆规则，即

$$n_S \cdot \overline{SM} = n_R \cdot \overline{RM}$$

② 稀释规则：若混合物 R 被大量 S 连续稀释，则混合气组成点沿着 *RS* 逐渐靠近 *S* 点。

③ 等比规则：三角形中任一点与某顶点连线，该直线上所有点中，顶点处纯组分外的其他两种组分配比不变。

(5) 燃烧区域的确定方法

对很多气体而言，我们没有现成的可燃性图表可直接利用，需要自己根据已有的数据绘制可燃图表以确定其燃烧区域。通常我们可以已知空气中的燃烧极限、极限氧浓度 LOC 和氧气中的燃烧极限。其中极限氧浓度是指可燃气体能够燃烧时，所需要的最低氧气浓度。估算确定燃烧区域的方法是：

① 在空气线上确定燃烧极限时的混合气体组成点 *A*、*B*。

② 在 *OF* 轴上确定氧气中的燃烧极限时的混合气体组成点 *C*、*D*。

③ 根据可燃气体完全燃烧的化学反应方程式，计算得到化学计量组成，在 *OF* 轴上确定化学计量组成点，画出化学计量组成线。

④ *OF* 轴上确定 LOC 点，做 *FN* 的平行线，交化学计量组成线于 *E* 点。

⑤ 如果可燃气体的极限氧浓度 LOC 未知，可以通过其爆炸下限来近似计算。方法是：经过爆炸下限 LFL 的水平线与化学计量组成线的交点处的氧气浓度可以近似看作是极限氧浓度 LOC，且 LOC=z · LFL（可证明）。

$$F + zO_2 \longrightarrow 产物$$

某些气体在氧气中的燃烧极限见表 3-4。

表 3-4 某些气体在氧气中的燃烧极限

可燃物	化学式	纯氧气中的燃烧极限/%		可燃物	化学式	纯氧气中的燃烧极限/%	
		下限	上限			下限	上限
氢气	H_2	4.0	94	乙烯	C_2H_2	3.0	80
氘	D_2	5.0	95	丙烯	C_3H_6	2.1	53
一氧化碳	CO	15.5	94	环丙烷	C_3H_6	2.5	60
氨气	NH_3	15.0	79	二乙醚	$C_4H_{10}O$	2.0	82
甲烷	CH_4	5.1	61	二乙烯基醚	C_4H_8O	1.8	85
乙烷	C_2H_6	3.0	66				

⑥ 顺次联结上述 5 点围成的区域即为燃烧区，如图 3-4 所示。

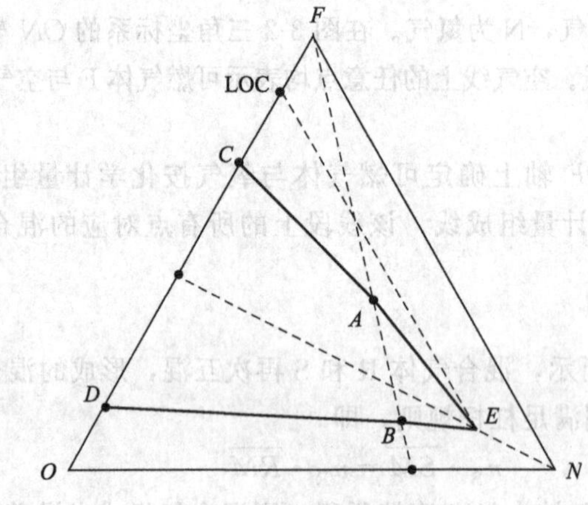

图 3-4 燃烧区域的确定

3.3.4.3 爆炸极限的影响因素

研究结果表明，爆炸极限不是一个固定值，它受多种因素影响，工业生产中很难确定可燃、可爆气体的安全浓度范围。但是，掌握外界条件变化对爆炸极限的影响规律对工业生产仍有一定的指导意义。

(1) 初始温度

一般情况下，燃料-空气混合物的初始温度越高，爆炸下限越低，爆炸上限越高，如表 3-5 所示。这是因为温度升高，分子运动速度加快，反应混合物中活化分子百分比增大，反应速度加快，反应时间缩短，反应放热速率增加，导致燃烧和爆炸反应容易发生。根据 Burgess-Wheeler 法则，Zabetakis 等人给出爆炸极限随温度变化的修正关系式为：

$$L_t = L_{25} \pm \frac{0.75}{\Delta H_c}(T - 25) \tag{3-5}$$

式中 L_t，L_{25}——温度 t 和 25℃时的爆炸极限，当取上限时则为+，当取下限时则为－；

ΔH_c——燃烧热，单位 kcal/mol；

T——温度，℃。

表 3-5　温度对气体爆炸极限的影响

可燃物	初温/℃	下限/%	上限/%	可燃物	初温/℃	下限/%	上限/%
丙酮	0	4.2	8.0	煤气	300	4.40	14.25
	50	4.0	9.8		400	4.00	14.70
	100	3.2	10.0		500	3.65	15.35
煤气	20	6.00	13.4		600	3.35	16.40
	100	5.45	13.5		700	3.25	18.75
	200	5.05	13.8				

（2）初始压力

混合气体的原始压力对爆炸极限有很大的影响，在增压的情况下，其爆炸极限的变化也很复杂。一般情况下，压力增大，爆炸极限扩大。这是因为系统压力增高，其分子间距更为接近，碰撞概率增大，因此使燃烧的最初反应和反应的进行更为容易。实验表明，压力增高时，爆炸下限降低不很明显，爆炸上限增高较多。Zabetakis 等人将压力对爆炸极限上限的影响定量化表示为：

$$UFL_p = UFL + 20.6(\lg p + 1) \tag{3-6}$$

式中　p——绝对压力，MPa。

压力降低，则爆炸极限范围缩小。待压力降至某值时，其下限与上限重合，将此时的最低压力称为爆炸的临界压力。若压力降至临界压力以下，系统就不爆炸。例如，一氧化碳的爆炸范围与压力的关系如表 3-6 所示。但也有例外，H_3P 与 O_2 混合一般不反应，但压力降到一定值时会突然爆炸。含硅烷混合物的设备内真空也爆炸。在大多数情况下，在密闭容器内进行减压（负压）操作对安全生产有利。

表 3-6　一氧化碳的爆炸范围和压力的关系

混合气体压力/kPa	爆炸范围(体积分数)/%	备注
101	15.5～68.0	正常压力
80	16.0～65.0	压力降低，爆炸范围缩小
53	14.5～55.7	
40	22.5～51.5	
31	37.4	临界压力下，爆炸上下限相等
27	不爆炸	低于临界压力不发生爆炸

据 Jones 的研究结果，天然气-空气混合的爆炸界限与压力的依存关系可表示为：

$$LFL = 4.9 - 0.71\ln p \tag{3-7a}$$

$$UFL = 14.1 - 20.4\ln p \tag{3-7b}$$

式中，p 为初始压力，Pa。

在 1～100atm 内，几种物质爆炸极限的实验计算式

CH_4：$$UFL = 56.0(p - 0.9)^{0.040} \tag{3-8a}$$

C_2H_6：$$UFL = 52.5(p - 0.9)^{0.045} \tag{3-8b}$$

C_3H_8：$$UFL = 47.5(p - 0.9)^{0.042} \tag{3-8c}$$

C_2H_4：$$UFL = 64.0(p - 0.2)^{0.083} \tag{3-8d}$$

C_3H_6：$$UFL = 43.5(p - 0.2)^{0.095} \tag{3-8e}$$

(3) 氧含量

燃料-空气混合物中氧含量增加，一般对爆炸下限影响不大，但会使爆炸上限显著增高。这是因为在下限浓度时，氧气相对燃料是过量的，而在上限浓度时，氧气含量相对不足。例如，甲烷在空气中的爆炸范围为5.0%～15.0%，而在氧气中的爆炸范围为5.0%～61.0%。

当氧含量低于某一值时，燃烧反应就不能再发生，更不会产生爆炸，这一浓度值称为极限氧浓度（LOC），或最小氧浓度（MOC）、最大安全氧浓度（MSOC）。表3-7列出了部分物质的在不同气氛中的LOC值。

表3-7　极限氧浓度　　单位：%

气体或蒸气	N_2/空气	CO_2/空气	气体或蒸气	N_2/空气	CO_2/空气
甲烷	12	14.5	煤油	10(150℃)	13(150℃)
乙烷	11	13.5	JP-1燃料	10.5(150℃)	14(150℃)
丙烷	11.5	14.5	JP-3燃料	12	14.5
正丁烷	12	14.5	JP-4燃料	11.5	14.5
异丁烷	12	15	天然气	12	14.5
正戊烷	12	14.5	*n*-丁基氯	14	—
异戊烷	12	14.5		12(100℃)	—
正己烷	12	14.5	二氯甲烷	19(30℃)	—
正庚烷	11.5	14.5		17(100℃)	—
乙烯	10	11.5	1,2-二氯乙烷	13	—
丙烯	11.5	14		11.5(100℃)	—
1-丁烯	11.5	14	三氯乙烷	14	—
异丁烯	12	15	三氯乙烯	9(100℃)	—
丁二烯	10.5	13	丙酮	11.5	14
3-甲基-1-丁烯	11.5	14	*t*-丁醇	NA	16.5(150℃)
苯	11.4	14	二硫化碳	5	7.5
甲苯	9.5	—	一氧化碳	5.5	5.5
苯乙烯	9.0	—	乙醇	10.5	13
乙苯	9.0	—	2-乙基丁醇	9.5(150℃)	—
乙烯基甲苯	9.0	—	乙醚	10.5	13
二乙基苯	8.5	—	氢气	5	5.2
环丙烷	11.5	14	硫化氢	7.5	11.5
汽油 73/100	12	15	甲酸异丁酯	12.5	15
汽油 100/130	12	15	甲醇	10	12
汽油 115/145	12	14.5	乙酸甲酯	11	13.5

(4) 惰性介质及杂质

对于有气体参与的反应，杂质也有很大的影响，例如，干燥的氧气没有氧化性能，干燥的空气也不能氧化钠或磷，干燥的H_2和O_2混合物在1000℃下也不会爆炸；如果没有水，干燥的氯就没有氧化的性能，干燥的空气也完全不能氧化钠或磷。痕量的水会急剧加速溴、氯氧化物等物质的分解。少量的硫化氢会大大降低水煤气和混合气体的燃点，并因此促使其爆炸。

若混合气体中所含惰性气体的百分数增加，可使爆炸极限的范围缩小，直至不爆炸。这是因为加入惰性气体后，其分子会使可燃气体分子与氧分子分隔，形成一道屏障。当活化分子撞击到惰性分子时，活化分子的能量减少或失去，因而使反应链中断。对已经发生燃烧反应的情况，反应放出的热量会被惰性分子所吸收，热量不能积聚，使得没有反应的可燃气体分子和氧分子不能进一步活化，从而对燃烧起到抑制作用。随着混合气体中惰性气体量的增加，其对上限的影响较之对下限的影响更为显著。因为惰性气体浓度加大，表示氧的浓度相对减少，而在上限中氧的浓度本来已经很小，故惰性气体浓度稍微增加一点，即产生很大影响，而使爆炸上限剧烈下降。图 3-5 所示为甲烷混合物中加入惰性气体对爆炸极限的影响。

通过向反应体系加入惰性气体作为致稳剂（稀释剂），使反应脱离爆炸危险区进行，同时及时带走反应放出的热量，对安全生产极为有利。例如，乙烯氧化生产环氧乙烷工艺，采用了 N_2 或 CH_4 作致稳剂。体系中存在 Ar 是不利的，因为其比热容小。

惰性介质对两种以上混合气爆炸极限的影响可以用可燃性图表来表示，如 NH_3-N_2-O_2 三元体系。图 3-6 中，*A*、*D*、*E* 三点处于爆炸区范围内，能够发生爆炸（*D* 点没有 N_2 存在）；*B* 点在爆炸区边缘，处于临界状态，有足够能量的点火源时会发生爆炸；*C* 点处于爆炸区范围外，不能发生爆炸（没有 O_2 存在）。*A*、*B* 两点 NH_3 浓度相同，但 *A* 点的爆炸危险性要更高；*A*、*E* 两点 N_2 浓度相同，NH_3 浓度差别很大，*A* 点浓度高得多；*D*、*E* 两点 O_2 浓度相同，但两者爆炸极限范围相差较多，*E* 点有惰性气体 N_2 存在，使得爆炸上限下降很多，而下限变化不大；*D*、*C* 两点 NH_3 浓度相同，但由于 *C* 点 N_2 浓度很高，且无 O_2 的存在，爆炸不能发生。

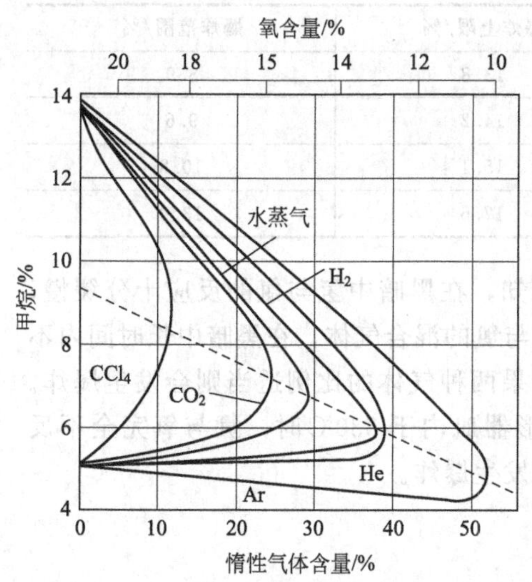

图 3-5　惰性气体对甲烷爆炸极限的影响

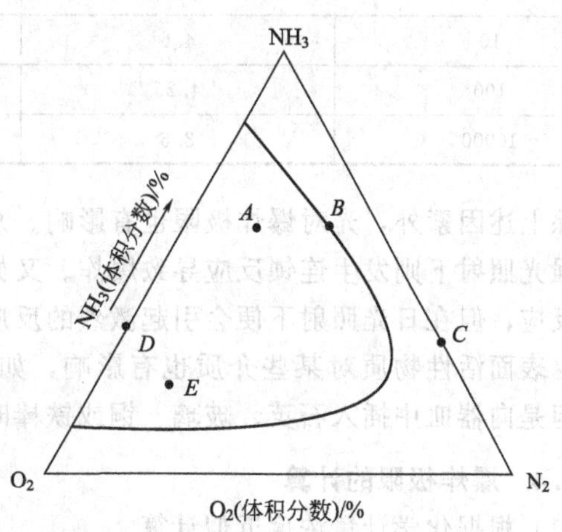

图 3-6　NH_3-N_2-O_2 三元体系爆炸极限图

（5）容器的材质与结构

充装容器的材质、尺寸等，对物质爆炸极限均有影响。实验证明，容器管子直径越小，爆炸极限范围越小。同一可燃物质，管径越小，其火焰蔓延速度亦越小。当管径（或火焰通道）小到一定程度时，火焰即不能通过。这一间距称为最大灭火间距，亦称为临界直径。燃烧与爆炸是由自由基产生一系列连锁反应的结果，只有当新生自由基大于消失的自由基时，燃烧才能继续。但随着管道直径（尺寸）的减小，自由基与管道壁的碰撞概率相应增大。当尺寸减少到一定程度时，即因自由基（与器壁碰撞）销毁大于自由基产生速度，燃烧反应便不能继续进行。

容器材料也有很大的影响，例如，氢和氟在玻璃器皿中混合，甚至放在液态空气温度下于黑暗中也会发生爆炸，而在银制器皿中，一般温度下才能发生反应。

表 3-8 说明了管径对氢气-空气混合物爆炸极限的影响。

表 3-8　不同管径的氢气-空气混合物爆炸极限

管径/mm	爆炸下限(体积分数)/%	爆炸上限(体积分数)/%
75	4.15	75
50	4.15	74.5
25	4.15	73

（6）能源

火花的能量、热表面的面积、火源与混合气体的接触时间等，对爆炸极限均有影响。如甲烷对电压为 100V、电流强度为 1A 的电火花，无论在何种比例下都不爆炸；电流强度为 2A 时其爆炸极限为 5.9%～13.6%；3A 时为 5.85%～14.8%。当点火能量高到一定程度时，爆炸极限就趋于稳定值。所以，各种爆炸混合气体都有一个最低引爆能量（一般在接近于化学理论量时出现），而在测定混合物爆炸极限时，一般采用较高的点火能量。表 3-9 是甲烷在不同点火源作用下的爆炸极限。

表 3-9　标准大气压下点燃能量对甲烷空气混合物爆炸极限的影响（7L 容器）

点燃能量/J	爆炸下限/%	爆炸上限/%	爆炸范围/%
1	4.9	13.8	8.9
10	4.6	14.2	9.6
100	4.25	15.1	10.8
10000	3.6	17.5	13.9

除上述因素外，光对爆炸极限也有影响。众所周知，在黑暗中氢与氯的反应十分缓慢，但在强光照射下则发生连锁反应导致爆炸。又如甲烷与氯的混合气体，在黑暗中长时间内不发生反应，但在日光照射下便会引起激烈的反应，如果两种气体的比例适当则会发生爆炸。另外，表面活性物质对某些介质也有影响，如在球形器皿内于 530℃时，氢与氧完全不反应，但是向器皿中插入石英、玻璃、铜或铁棒时，则发生爆炸。

3.3.4.4　爆炸极限的计算

（1）根据化学计量浓度近似计算

$$\mathrm{LFL} \approx 0.55 C_0 \tag{3-9}$$

$$\mathrm{UFL} \approx 3.50 C_0 \tag{3-10}$$

式中　C_0——燃料在空气中的体积分数，%。

大多数有机化合物的化学计量浓度可用通常的燃烧反应来确定：

$$\mathrm{C}_m\mathrm{H}_x\mathrm{O}_y + z\mathrm{O}_2 \longrightarrow m\mathrm{CO}_2 + \frac{x}{2}\mathrm{H}_2\mathrm{O}$$

所以，燃料在空气中的体积分数可以表示为：

$$C_0=\frac{\text{燃料的物质的量}}{\text{燃料的物质的量}+\text{空气的物质的量}}\times 100=\frac{100}{1+\dfrac{\text{空气的物质的量}}{\text{燃料的物质的量}}}$$

$$=\frac{100}{1+\dfrac{1}{0.21}\dfrac{\text{氧气的物质的量}}{\text{燃料的物质的量}}}=\frac{100}{1+\dfrac{z}{0.21}}$$

【例 3-1】 计算 CH_4 的爆炸下限。

【解】 写出甲烷的燃烧反应方程式：

$$CH_4+2O_2 = CO_2+2H_2O$$

计算化学计量浓度：

$$C_0=\frac{100}{1+\dfrac{2}{0.21}}=9.5$$

那么：LFL＝0.55×9.5＝5.225　　　　(实验值 5%)

适用范围：链烷烃，烯烃稍差。也可用来估算链烃以外其他有机可燃气体。不适用于 H_2、C_2H_2 及含有 N_2、Cl_2、S 等的有机可燃气体。

(2) 用爆炸下限计算爆炸上限

① 派克夫斯基（Spakowski）公式。

$$\text{UFL}=7.1\times \text{LFL}^{0.56} \tag{3-11}$$

适用条件：常压，25℃空气中，链烷烃。单位：%，即当爆炸下限为 5%时，LFL 代入值为 5。

② 柴倍太堪司（Zabetakis）公式。

$$\text{UFL}=6.5\times\sqrt{\text{LFL}} \tag{3-12}$$

适用条件：上限附近，不伴随冷火焰。

把式(3-9) 代入式(3-12) 可得：

$$\text{UFL}=4.8\sqrt{C_0} \tag{3-13}$$

(3) 由碳原子数计算爆炸极限

$$1/\text{LFL}=0.1347n_c+0.04343 \tag{3-14}$$

$$1/\text{LFL}=0.01337n_c+0.05151 \tag{3-15}$$

适用条件：链烃。

(4) 根据闪点计算

$$\text{LFL}=\frac{p_{\text{闪}}}{p_{\text{总}}}\times 100\% \tag{3-16}$$

式中　$p_{\text{闪}}$——闪点下液体饱和蒸气压，mmHg（1mmHg＝133.322Pa）；

$p_{\text{总}}$——混合气体总压力，一般取 760mmHg。

(5) 两种以上可燃气体或蒸气混合物的爆炸极限

吕·查德里法则认为，复杂组成的可燃气体或蒸气混合物爆炸极限可根据各组分已知的爆炸极限来求。

已知$\frac{1}{L}=K(1+\frac{Q}{E})$

则 $\frac{1}{L_1}=K_1(1+\frac{Q_1}{E_1})$，$\frac{1}{L_2}=K_2(1+\frac{Q_2}{E_2})$

所以 $\sum \frac{1}{L_i}=\sum K_i(1+\frac{Q_i}{E_i})$

同样 $\sum \frac{V_i}{L_i}=\sum V_i K_i(1+\frac{Q_i}{E_i})$

当 $K_1=K_2=\cdots=K_m$，$Q_1=Q_2=\cdots=Q_m$，$E_1=E_2=\cdots=E_m$，即概率、燃烧热、活化能都很接近时，可以得出：

$$\sum \frac{V_i}{L_i}=K_m(1+\frac{Q_m}{E_m})\sum V_i=K_m(1+\frac{Q_m}{E_m})=\frac{1}{L_m}$$

所以可以推出混合气体爆炸极限的计算公式为：

$$L_m=\frac{100}{\frac{V_1}{L_1}+\frac{V_2}{L_2}+\cdots+\frac{V_n}{L_n}} \tag{3-17}$$

式中 L_m——混合气体的爆炸极限，%；

L_1，L_2，L_n——混合气中各组分的爆炸极限（上限或下限），%；

V_1，V_2，V_n——各组分在混合气中的浓度，%。

该计算适用于各组分间不反应且燃烧时无催化作用的可燃气体混合物。由于假设了活化能 E、燃烧热 Q 和反应概率 K 相当接近，所以此类气体或蒸气的爆炸性混合物的爆炸极限计算比较准确，如碳氢化合物。对其他大多数可燃性气体计算时会出现一些偏差，当然也有一定的参考价值。

【例 3-2】 天然气组成及爆炸极限如下表，试计算其爆炸下限。

组分	CH_4	C_2H_6	C_3H_8	C_4H_{10}
组成	80	15	4	1
LFL/%	5.0	3.22	2.37	1.86

【解】 $LFL_m=\frac{100}{\frac{80}{5.0}+\frac{15}{3.22}+\frac{4}{2.37}+\frac{1}{1.86}}=4.369$

即爆炸下限为4.369%。

上式同样适用于爆炸上限的计算。某些混合气体的爆炸极限见下表。

类别	组成(体积分数)/%							实测值(体积分数)/%		计算值(体积分数)/%	
	CO_2	C_mO_n	O_2	CO	H_2	CH_4	N_2	下限	上限	下限	上限
焦炉气	1.9	3.9	0.4	6.3	54.4	31.5	1.6	5.0	28.4	4.5	28.1
城市煤气	2.5	3.2	0.5	10.5	17.0	25.8	10.5	5.6	31.7	5.4	31.6
水煤气	6.2	0.0	0.3	39.2	49.0	23	3.5	6.9	69.5	6.1	65.4
发生炉煤气	6.2	—	0.0	27.3	12.4	0.7	53.0	20.7	73.7	18.0	70.5

(6) 可燃气体与惰性气体混合物的爆炸极限

① 利用图表计算。

a. 分组：将一种可燃气体和一种惰性气体分成一组；

b. 查表：求出每组的爆炸极限；

c. 按式(3-17) 求算总混合系统的爆炸极限。

【例 3-3】 某回收煤气平均组成如下：

组分名称	CO	CO_2	N_2	O_2	H_2
体积组成/%	58	19.4	20.7	0.4	1.5

【解】 分组 1：CO，CO_2

该组比例：58+19.4=77.4

据 $CO_2/CO=19.4/58=0.33$ 查图 3-7 得 UFL=70%，LFL=17%。

分组 2：N_2，H_2

该组比例：1.5+20.7=22.2

据 $N_2/H_2=20.7/1.5=13.8$。

查图 3-7 得，UFL=76%，LFL=64%。

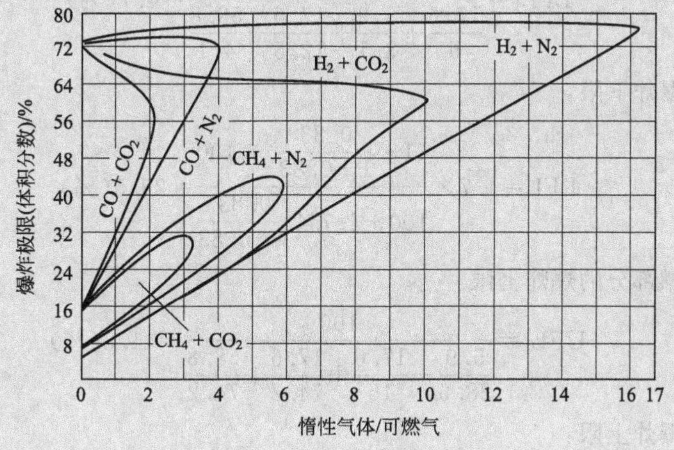

图 3-7 氢气、一氧化碳、甲烷和氮气、二氧化碳混合气的爆炸极限

由式(3-17) 计算该天然气的爆炸极限为：

$$\mathrm{UFL}=\frac{77.4+22.2}{\frac{77.4}{70}+\frac{22.2}{76}}=71.25(\%)$$

$$\mathrm{LFL}=\frac{77.4+22.2}{\frac{77.4}{14}+\frac{22.2}{64}}=17.0(\%)$$

② 用公式计算。

含有惰性气体的可燃混合气体的爆炸极限可以用下式表示：

$$L_{\mathrm{m}}=L_{\mathrm{f}}\frac{\left(1+\frac{B}{1-B}\right)\times 100}{100+L_{\mathrm{f}}\frac{B}{1-B}} \tag{3-18}$$

式中 L_m——含惰性气体混合物的爆炸极限，%；

L_f——混合物中可燃部分的爆炸极限，%；

B——惰性气体含量。

【例 3-4】 某干馏气体成分如下，求爆炸极限。

C_mH_n 1%，CH_4 3%，CO 3%，H_2 10%——可燃气体 17%

CO_2 18%，N_2 65%——惰性气体 83%

【解】 可燃部分中：

C_mH_n 1%占(1/100)/(17/100)=5.9%

CH_4 3%占(3/100)/(17/100)=17.6%

CO 3%占(3/100)/(17/100)=17.6%

H_2 10%占(10/100)/(17/100)=58.8%

混合物可燃部分的爆炸下限：

$$\mathrm{LFL_f}=\frac{100}{\frac{17.6}{5}+\frac{5.9}{3.1}+\frac{17.6}{12.5}+\frac{58.8}{4.1}}=4.7(\%)$$

混合物的爆炸下限：

$$\mathrm{LFL}=4.7\times\frac{\left(1+\frac{0.83}{1-0.83}\right)\times 100}{100+4.7\times\frac{0.83}{1-0.83}}=22.5(\%)$$

混合物可燃部分的爆炸上限：

$$\mathrm{UFL_f}=\frac{100}{\frac{5.9}{28.6}+\frac{17.6}{15}+\frac{17.6}{74.2}+\frac{58.8}{74.2}}=41.5(\%)$$

混合物的爆炸上限：

$$\mathrm{UFL}=41.5\times\frac{\left(1+\frac{0.83}{1-0.83}\right)\times 100}{100+41.5\times\frac{0.83}{1-0.83}}=80.5(\%)$$

3.3.5 最小点火能量

最小点火能量是可燃气体与空气混合物引燃所必需的能量临界值，可用电火花法测量：

$$E=1/2CU^2 \tag{3-19}$$

式中 E——放电能量，J；

C——导体间等效电容，F；

U——导体间电位差，V。

最小点火能量反映介质危险性程度，与爆炸威力无关。最小点火能和爆炸极限一样，也受诸多因素的影响，主要包括：

(1) 可燃物质的性质

决定可燃物最小点火能大小的根本因素是可燃物的结构和性质。通常可燃物燃烧热越大，反应速率越快，熔点越低，热传导系数越小，最小点火能量越低，物质危险性越大。一般可燃物化学键键能越小，所需最小点火能越小。一些常见物质的点燃危险性数据见表 3-10。

表 3-10 一些气体、蒸气的点燃危险性数据（和空气混合）

物质名称	闪点/℃	爆炸极限体积分数/%		最小点燃能量/mJ
		下限	上限	
丙烯乙醛(丙烯醛)	<-17.8	2.8	31	0.13
丙烯腈	-1	3.0	17	0.16
乙炔	(气体)	1.5	100	0.017
乙醛	-37.8	4	60	0.37
丙酮	-19	2.5	13.0	1.15
氮杂环丙烯(氮丙环)	-11	3.6	46	0.48
异丁烷	(气体)	1.8	8.5	0.52
异丙胺	-37.2①	2.0	10.4	2.0
异丙硫醇	—	—	—	0.53
异戊烷(2-甲基丁烷)	-51	1.3	7.6	0.21
乙烷	(气体)	3.0	15.5	0.24
乙胺	<-17.8	3.5	14.0	2.4
乙烯	(气体)	2.7	36	0.07
环氧乙烷、氧丙环	-20①	3.0	100	0.06
烯丙基氯	-31.7	2.9	11.2	0.77
2-氯丙烷	-32.2	2.8	10.7	1.55
氯丁烷	-9.4	1.8	10.1	1.24
氯丙烷	<-17.8	2.6	11.1	1.08
甲酸甲酯	-18.9	5.0	23	0.4
乙酸乙酯	-4.4	2.1	11.5	1.42
乙酸乙烯	-7.8	2.6	13.4	0.7
二异丙醚	-27.8	1.4	21	1.14
二乙醚	-45	1.7	48	0.19
环丙烷	(气体)	2.4	10.4	0.17
环己烷	-20	1.2	8.3	0.22
环戊二烯	—	—	—	0.67
环戊烷	42.0	1.4	—	0.54
二氢吡喃	15.6	—	—	0.36
二甲基醚	—	2.0	27	0.29
二甲亚砜	95①	2.6	28.5	0.48
2,2-二甲基丁烷(新己烷)	47.8	1.2	7.0	0.25
氢	(气体)	4.0	75.6	0.011
噻吩	>1	—	—	0.39
四氢呋喃	14.4	1.5	12	0.54
四氢吡喃(氧己环)	20	—	—	0.22
三乙胺	6.7①	1.2	8.0	0.75
2,2,3-三甲基丁烷	—	1.0	—	1.0
2,2,4-三甲基戊烷(异辛烷)	-12.2	1.0	6.0	1.35
二硫化碳	-30	1.0	60	0.009

续表

物质名称	闪点/℃	爆炸极限体积分数/%		最小点燃能量/mJ
		下限	上限	
新戊烷(2,2-二甲基丙烷)	<-7	1.3	7.5	1.57
乙烯基乙炔	(气体)	2	100	0.082
1,3-丁二烯	(气体)	1.1	12.5	0.13
丁烷	(气体)	1.5	8.5	0.25
呋喃	-40①	2.3	14.3	0.22
2-丙醇(异丙醇)	11.7	2.0	12	0.65
丙烷	(气体)	2.1	9.5	0.25
丙烯	(气体)	2.0	11.7	0.28
氧化丙烯甲基氧丙环	-37.2	1.9	37	0.13
丙炔(甲基乙炔)	(气体)	1.7	—	0.11
己烷	-21.7	1.1	7.5	0.24
庚烷	-3.9	1.0	6.7	0.24
1-庚炔	—	—	—	0.56
苯	-11.1	1.2	8.0	0.2
戊烷	-49	1.4	7.8	0.22
2-戊烯	-18	1.4	8.7	0.18
甲醛二甲醇缩乙醛(二甲氧基甲烷、甲缩醛)	-17.8①	—		0.42
甲醇	11.1	5.5	36	0.14
甲烷	(气体)	5.0	15	0.28
甲基环己烷	-3.9	1.2	—	0.27
硫化氢	(气体)	4.0	45.5	0.068

① 闪点为开口闪点，其他为闭口闪点。

有些物质的最小点火能量非常低，只需要很小的一点能量就能引起物质的燃烧，例如，H_2和C_2H_2的最小点火能量只有0.018mJ。其他可燃气体的最小点火能在0.1～0.7mJ之间。可燃性气体与O_2混合，最小点火能量则可降至原来的1/200～1/100。例如，乙醚蒸气在空气中的最小点火能为0.198mJ，O_2中为0.00125mJ，静电火花足以使之引燃。

NH_3、C_3H_7Br的最小点火能量达到1000mJ，几乎不能被点燃。而且，卤代烃中卤原子数越多，点火能量越大。所以，这类物质在输送及储存过程中可以不用防静电。

粉尘的点火能量一般在10～80mJ，且与粒径有关。

一些物质的化学结构对最小点火能的影响规律如下：

① 点燃能量按链烷>链烯>链炔的顺序降低；

② 链长度增加，支链增多，点燃能量增加；

③ 共轭链结构使点火能量降低；

④ 有负取代基者，点火能量按SH<OH<Cl<NH_2递增；

⑤ 伯胺比仲胺、叔胺的点火能量高；

⑥ 醚、硫醚、酯、酮能增大点燃能量；

⑦ 过氧化物能降低点燃能量；

⑧ 芳烃点燃能量与同碳数脂肪烃有同样倾向。

(2) 可燃物的浓度

浓度对点火能的影响比较显著，其大致规律如图3-8所示：可燃物有一个爆炸下限（设此时浓度为C_1），当浓度低于C_1时，很大的能量也不能使可燃物爆炸；当浓度开始大于C_1时，所需能量逐渐降低，在当量浓度（C_2）附近，点火能最低，其后，点火能量又逐渐上升。浓度处于燃烧极限附近时的点火能最大，化学计量比时最小。100%的C_2H_2的最小点火能为100mJ，基本点不着。

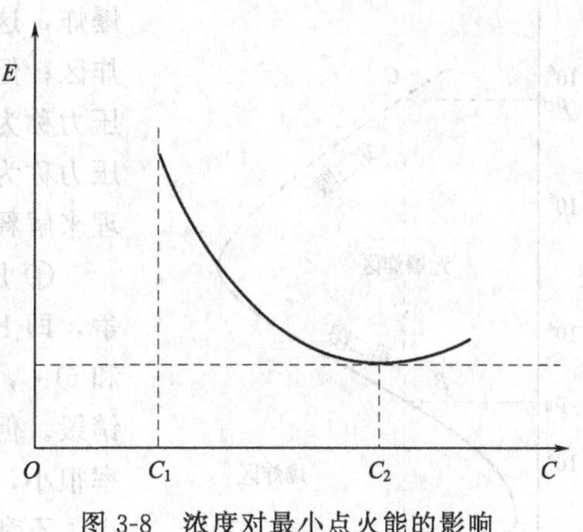

图 3-8　浓度对最小点火能的影响

(3) 压力

乙炔在加压下特别不稳定，在这种条件下将会发生剧烈的分解爆炸。这是因为低压下的点火能量非常大，所以难以点火。但随着压力的增加，点火能量就减小。

由于以上原因，乙炔的运输使用一般不使用直接加压的方法向气瓶充装，而是采用以硅酸钙为填料，以丙酮作溶剂的乙炔瓶，以溶解气体的形式充装，这样保证在运输、使用中的安全。

(4) 惰性介质的影响

对于可燃气体及液体蒸气，当加入惰性气体时，氧含量相对降低，点火能逐渐升高，直至氧浓度到达最低极限值，即最大允许氧含量。当氧浓度低于这一值时，便不会发生爆炸。而可燃粉尘，当加入惰性气体或惰性粉尘时，点火能也逐渐增加，并各有一相应的最大极限值，当惰性物质的加入量大于它时，能量再大也不再发生爆炸。

(5) 环境温度的影响

当环境温度升高时，便同时提供了一部分能量，点火能自然相对减小。W. Bartnecht 从可燃粉尘的最小点火能与温度关系的试验中得出：环境温度每上升 100℃，可燃粉尘的最小点火能大约降低一个数量级。对于含有挥发性成分的粉尘，当温度升高到一定程度时，由于挥发成分已全部挥发，若继续增加温度，点火能反而会增加。

(6) 湿度的影响

当湿度增大时，水蒸气一方面充当惰性气体的角色，另一方面，水分蒸发要吸收能量，使点火能增加。一般说来，当可燃物湿度大于 40%时，影响较为明显，而湿度小于 20%时，点火能影响相对较小。因此，在试验中要设法控制环境和可燃物的湿度。

3.3.6 着火临界压力

着火临界压力也称为“极限着火压力”，指的是在一定条件下使可燃混合气着火的最低压力。在此压力下，可燃气体的燃烧极限的上下限会重合。当可燃混合气的压力比着火临界压力更低时，在任何温度和过量空气的条件下都不可能着火。着火临界压力随可燃混合气温度的升高以及对周围散热损失的减少而降低，其值可由专门试验测定。着火临界压力的概念对某些需在低压下运行的燃烧设备（如在高空工作的航空发动机燃烧室）有重要意义。

图 3-9 为H_2和O_2按化学剂量比混合的混气的爆炸极限图（实验结果是在直径为 7.4cm、内表面涂有一层氧化钾的球形反应容器中试验所得的）。由图可以看出，H_2和O_2的混合气体在一定温度下，随着压力变化会出现三个爆炸压力极限。压力很低时，不能发生

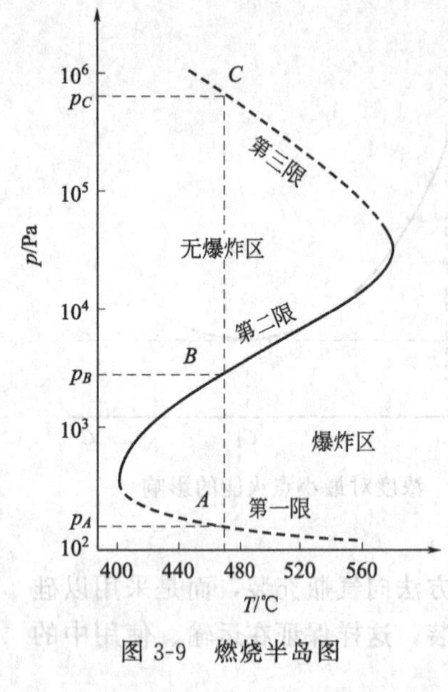

图 3-9 燃烧半岛图

爆炸，这一临界压力为爆炸下限。升高压力，进入爆炸区；但当升高至某高压值时，爆炸又不能发生，此压力称为爆炸上限；压力再升高，又会发生爆炸，此压力称为爆炸第三限。此现象可以通过分支链爆炸机理来解释。H_2和O_2的分支链爆炸机理可表示为：

① 压力很低时，存在反应 c 和 e 之间的相互竞争，即 H·既可以与O_2碰撞，生成两个自由基 OH·和 O·，形成分支链反应，同时又可以与器壁接触而销毁。但压力很低时，H·运动与其他分子的碰撞概率很小，有利于向器壁扩散，而且低压下O_2浓度很小，不利于反应 c 的进行，所以不发生爆炸。低于 *A* 点压力，反应 e 优先于反应 c。

② 压力升高后，反应 c 优势强于反应 e，发生爆炸。*A* 点压力为爆炸下限压力，受容器大小和表面性质的影响。

③ 继续升高压力，又存在反应 f 和反应 c 的竞争，但反应 f 是三级反应，而反应 c 为二级，所以高压有利于反应 f。此时 f 中的 M 为任一分子（O_2或 H_2），M 能带走反应中过剩的能量，以利于生成较不活泼的 HO_2·，它能扩散到器壁而变成 H_2O_2和 O_2，从而销毁 H·，导致链终止，爆炸不能发生。*B* 点压力为爆炸上限压力。另外，由 *B* 作等压线，可以看出高温利于爆炸，这是因为反应 c 的活化能较高，而反应 f 几乎不需要活化能，故升高温度对 c 有利。所以升温利于爆炸，即升温导致上限压力升高。

④ 在爆炸上限的基础上继续升高压力，HO_2·就会在扩散到器壁前发生如下反应：

$$HO_2 \cdot + H_2 \longrightarrow H_2O + HO \cdot$$

又有自由基的传递，爆炸又能发生。*C* 点压力为爆炸第三限。

3.3.7 临界直径

容器或管道的直径越小，火焰在其中越难蔓延，混合物的爆炸极限范围也越小。当容器直径小于某一数值时，火焰不能蔓延，可消除爆炸危险，这个直径称为临界直径。临界直径的产生可用链式反应理论来解释。燃烧是自由基产生的一系列连锁反应的结果，管径减小时，自由基与管径的碰撞概率相应增大，当管径减小到一定程度时，即因碰撞造成自由基的销毁反应速度大于自由基的产生的反应速度，燃烧反应便不能继续进行。CH_4的临界直径为 0.4～0.5mm，H_2、C_2H_2的临界直径为 0.1～0.2mm。工业上利用此原理制造阻火器。

有爆炸性混合气体的容器如果分为两部分，只是中间金属有缝隙，在其中一部分的混合气体上点燃时，是否在另一部分的混合气体也会点燃，这个问题是防爆电气设备设计必须考虑的问题。

一般地把缝隙用 *L* 表示，缝隙宽度用 *G* 表示。用间隙防止火焰蔓延时，用试验方法对一定 *L* 得出最大允许宽度 *G*，这就叫作火焰蔓延极限（宽度）。比如，*L*＝25mm 时，甲烷在 *G*＝1.2mm 以内不能点燃，但氢气在 *G*＝0.2mm 情况下仍能被点燃。同时 *L* 变大时，*G* 也取较大值。反映 *L* 和 *G* 关系的火焰蔓延曲线按下式可求得：

$$\ln\left(\frac{G+c}{L+b}-B\right)=a-KL \tag{3-20}$$

其中，a、b、c、B、K 取决于可燃气体种类。例如，测定氢气时，$a=-3.17$，$b=4$，$c=0.05$，$B=0.00953$，$K=0.1208$；测定甲烷时 $a=-3.17$，$b=13$，$c=0$，$B=0.011$，$K==0.286$。

大多数阻火器由能够通过气体的许多细小、均匀或不均匀的通道或孔隙的固体材质所组成，对这些通道或孔隙要求尽量的小，小到只要能够通过火焰就可以。这样，火焰进入阻火器后就分成许多细小的火焰流被熄灭。火焰能够被熄灭的机理是传热作用和器壁效应。

3.3.7.1 传热作用

阻火器能够阻止火焰继续传播并迫使火焰熄灭的因素之一是传热作用。我们知道，阻火器是由许多细小通道或孔隙组成的，当火焰进入这些细小通道后就形成许多细小的火焰流。由于通道或孔隙的传热面积很大，火焰通过通道壁进行热交换后，温度下降，到一定程度时火焰即被熄灭。

火焰在管道中能否稳定传播，取决于实际火焰传播过程中的热损失速率和维持稳定传播热损失速率的相对大小。如果实际火焰传播过程中的热损失速率大于维持稳定传播的热损失速率，那么火焰就可能熄灭。阻火器能够熄灭火焰的理论依据就是增大燃烧区向外散热速率以熄灭火焰。当火焰通过狭窄的缝隙时，火焰被分割成许多小火苗，热量通过器壁得以迅速散失。

在管道中设置的阻火器能否有效地阻止火焰传播关键就取决于阻火器中火焰通道的直径。如果火焰通道的直径小于临界熄火直径，燃烧就会被终止，因此阻火器临界熄火直径的计算问题在本质上也就是求解火焰传播的临界条件问题。

对于火焰在阻火器中的流动传热问题，可以用牛顿冷却定律来表达。单位时间单位面积传递的热量与气体和器壁的温度差成正比：

$$q=\alpha(T_1-T_2) \tag{3-21}$$

式中，α 为对流换热系数。

由于阻火器的气体通道很狭小，气体在其中的流动可视为层流，因此热流向器壁的传播为导热传热过程，对流换热系数可以近似取下值：

$$\alpha=8\lambda/d \tag{3-22}$$

式中，λ 为气体的热导率；d 为孔隙直径。

单位体积火焰锋面的热损失速率可表示为：

$$\Delta q=\alpha(T_{焰}-T_{壁})F_i/V_0 \tag{3-23}$$

假设火焰锋的厚度为 δ，则火焰锋面流经通道的横截面积为：

$$f_i=\pi d^2/4 \tag{3-24}$$

火焰锋的体积为：

$$V_0=\pi d^2\delta/4 \tag{3-25}$$

火焰与细管壁接触的面积为：

$$F_i=\pi d\delta \tag{3-26}$$

所以

$$\Delta q=(8\lambda/d)[(4\pi d\delta)/(\pi d^2\delta)](T_{焰}-T_{壁})=(32\lambda/d^2)(T_{焰}-T_{壁}) \tag{3-27}$$

因为 $T_{焰}$ 远大于 $T_{壁}$，所以：

$$\Delta q \approx 32\lambda T_{焰}/d^2 \tag{3-28}$$

因此，如果知道临界散热量 Δq、火焰温度 $T_{焰}$ 和火焰温度条件下的可燃物的混合热导率，阻火器的临界熄火直径就可用下式求得：

$$d_{临界} \approx (32\lambda_{混} T_{焰}/\Delta q_{临界})^{\frac{1}{2}} \tag{3-29}$$

如果热交换过程用贝克列数表示：

$$Pe = vd\rho c/\lambda \tag{3-30}$$

式中，v 为速度特性参数；ρ 为密度；c 为比热容；λ 为热导率；d 为直径。

对火焰传播过程来说，临界直径为：

$$d_{临界} = Pe_{临界}\lambda_{混}/(u_{法}c_p p_{混}) = Pe_{临界}\lambda_{混}RT_{焰}/(u_{法}c_p p_{混}) \tag{3-31}$$

分析计算和实验结果都表明，大多数烃类和空气混合物的贝克列数 $Pe_{临界}$ 数值在 40～100 之间，平均值为 60～70。因此，阻火器孔隙的临界直径值表示为：

$$d_{临界} = 60RT_{焰}\lambda_{混}/(u_{法}c_p p_{混}) \tag{3-32}$$

由此可知，熄灭临界直径受压力、火焰传播速度、可燃混合物浓度、可燃组分种类及大气压等因素影响。

不同条件下熄灭临界直径通常相差 50～100 倍。如缓燃型烃类甲烷，它与空气组成的混合体系的临界熄火直径约为 1mm，与氧的混合物临界熄火直径则降低至 0.1～0.2mm；对速燃型可燃混合体系（如氢和乙炔与氧的混合体系），接近化学当量浓度时的临界熄火直径约为 0.04mm。

3.3.7.2 器壁效应

根据燃烧与爆炸连锁反应理论，认为燃烧与爆炸现象不是分子间直接作用的结果，而是在外来能源（热能、辐射能、电能、化学反应能等）的激发下，使分子键受到破坏，产生具备反应能力的分子（称为活性分子），这些具有反应能力的分子发生化学反应时，首先分裂为十分活泼而寿命短促的自由基。化学反应是靠这些自由基进行的。自由基与另一分子作用，作用的结果除了生成物之外还能产生新的自由基。这些新的自由基迅速参与分子反应后又产生新的自由基。这样自由基即消耗又生成，如此不断地进行下去。可知易燃混合气体自行燃烧（在开始燃烧后，没有外界能源的作用）的条件是：新产生的自由基数等于或大于消失的自由基数。当然，自行燃烧与反应系统的条件有关，如温度、压力、气体浓度、容器的大小和材质等。

随着阻火器通道尺寸的减小，自由基与反应分子之间碰撞的概率随之减小，而自由基与通道壁的碰撞概率反而增加，这样就促使自由基反应减低。当通道尺寸减小到某一数值时，这种器壁效应就造成了火焰不能继续进行的条件，火焰即被阻止。临界直径可以按下式来计算

$$d_{临界} = \sqrt[2.48]{\frac{E_{min}}{2.35\times 10^{-2}}} \tag{3-33}$$

式中　$d_{临界}$——临界直径，cm；

E_{min}——可燃物的最小点火能，J。

工业阻火器的功能和形式繁多，按其结构形式来分，有如下几种。

(1) 金属网型阻火器

阻火器的阻火层是用单层或多层不锈钢丝网或钢丝网重叠起来组成的，如图 3-10 所示。随着金属网层的增加，阻火的效果也随之增加。但是达到一定层数之后再增加金属网的层数，效果并不显著。金属网的目数也直接关系到金属网的层数和阻火性能。一般说来，目数多的金属网与目数少的金属网相比较，在层数上前者比后者少。但是金属网的目数过多，即网上的孔眼过小，就增大了流体阻力，反而容易堵塞，降低阻火层的性能。

(2) 波纹型阻火器

阻火器内的阻火层常用不锈钢或铜镍合金压制成波纹状分层组装而成，如图 3-11 所示。波纹型阻火层有两种组成形式：一种是由两个方向折成的波纹形的薄板材料组成。波纹的作用是分隔成层并形成许多小的孔隙，这样就形成许多小的通道。另一种形式的波纹型阻火层是在两层波纹形薄板之间加一层厚度为 0.3～0.47mm 扁平的薄板，使之形成许多小的三角形的通道，更利于阻止火焰。

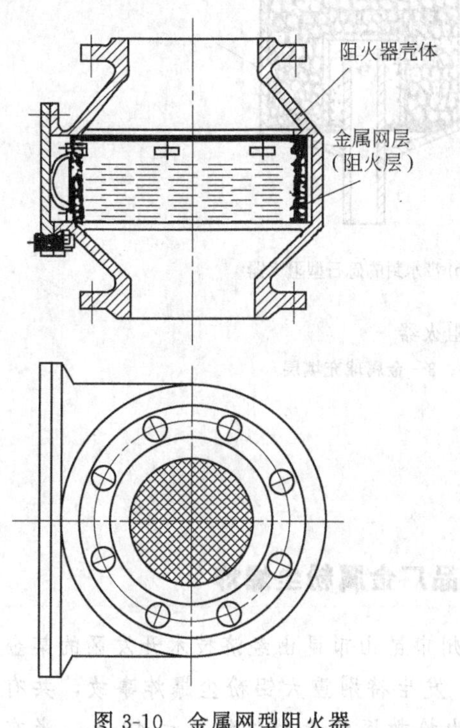

图 3-10 金属网型阻火器

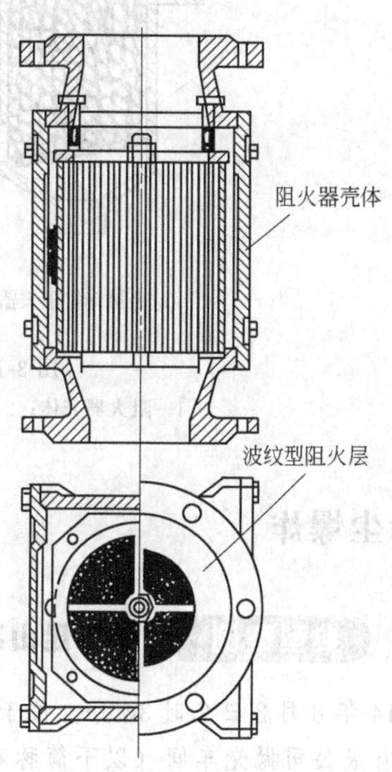

图 3-11 波纹型阻火器

(3) 泡沫金属阻火器

阻火器的阻火层用泡沫金属制成。泡沫金属是一种新材料，由多种金属组成，其中以镍、铬合金为主，其结构同多细孔的泡沫塑料相似。这种阻火器的优点是阻爆性能好，体积小重量轻，便于安装和置换。缺点是对于泡沫金属内部孔隙的检查比较困难。

(4) 平行板型阻火器

阻火器的阻火层由不锈钢薄板垂直平行排列而成，这样就形成许多细小的孔道。这种结构有利于承受较猛烈的爆炸。它易于制造和清扫，但体积较重，流阻较大，适用于煤矿和内燃机排气系统。

(5) 多孔板型阻火器

阻火器的阻火层用不锈钢箳板水平方向重叠而成，板上有许多细小的缝隙或许多细小的孔眼，这样就形成了有规律的通道。板与板之间有 0.6mm 的间隙，形成固定的间距。此种型式的阻火器比金属网型阻火器的阻力小，不能承受猛烈的爆炸。

(6) 充填型阻火器

阻火器的阻火层是充填堆积于壳体之内的金属颗粒或砾石颗粒，如图 3-12 所示。在一定长度的壳体内可充满直径为 5mm 的金属球。金属球层的上面和下面分别由孔眼为 2mm 的金属网作为支撑网架。利用充填层颗粒之间的孔隙作为阻止火焰的通道，吸收大量的热量。

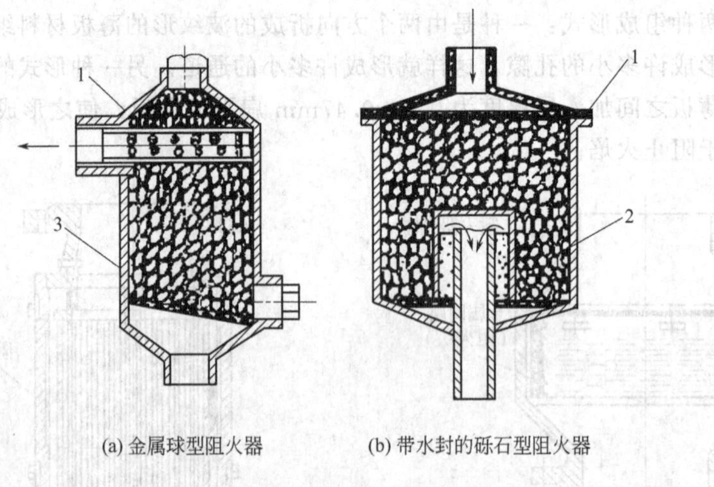

(a) 金属球型阻火器　　(b) 带水封的砾石型阻火器

图 3-12　充填型阻火器

1—阻火器壳体；2—砾石充填层；3—金属球充填层

3.4　粉尘爆炸

典型案例：江苏昆山某金属制品厂金属粉尘爆炸

2014 年 8 月 2 日 7 时 34 分，位于江苏省苏州市昆山市昆山经济技术开发区的某金属制品有限公司抛光车间（以下简称事故车间）发生特别重大铝粉尘爆炸事故，共有 97 人死亡，163 人受伤（事故报告期后，经全力抢救医治无效陆续死亡 49 人，尚有 95 名伤员在医院治疗，病情基本稳定），直接经济损失 3.51 亿元。

直接原因：事故车间除尘系统较长时间未按规定清理，铝粉尘集聚。除尘系统风机开启后，打磨过程产生的高温颗粒在集尘桶上方形成粉尘云。1 号除尘器集尘桶锈蚀破损，桶内铝粉受潮，发生氧化放热反应，达到粉尘云的引燃温度，引发除尘系统及车间的系列爆炸。

因没有泄爆装置，爆炸产生的高温气体和燃烧物瞬间经除尘管道从各吸尘口喷出，导致全车间所有工位操作人员直接受到爆炸冲击，造成群死群伤。

原因分析：由于一系列违法违规行为，整个环境具备了粉尘爆炸的五要素，引发爆炸。粉尘爆炸的五要素包括：可燃粉尘、粉尘云、引火源、助燃物、空间受限。

(1) 可燃粉尘

事故车间抛光轮毂产生的抛光铝粉主要成分为88.3%的铝和10.2%的硅，抛光铝粉的粒径中位值为19μm，经实验测试，该粉尘为爆炸性粉尘，粉尘云引燃温度为500℃。事故车间、除尘系统未按规定清理，铝粉尘沉积。

(2) 粉尘云

除尘系统风机启动后，每套除尘系统负责的4条生产线共48个工位抛光粉尘通过一条管道进入除尘器内，由滤袋捕集落入到集尘桶内，在除尘器灰斗和集尘桶上部空间形成爆炸性粉尘云。

(3) 引火源

集尘桶内超细的抛光铝粉在抛光过程中具有一定的初始温度，比表面积大，吸湿受潮，与水及铁锈发生放热反应。除尘风机开启后，在集尘桶上方形成一定的负压，加速了桶内铝粉的放热反应，温度升高达到粉尘云引燃温度。

① 铝粉沉积：1号除尘器集尘桶未及时清理，估算沉积铝粉约20kg。

② 吸湿受潮：事发前两天当地连续降雨；平均气温31℃，最高气温34℃，空气湿度最高达到97%；1号除尘器集尘桶底部锈蚀破损，桶内铝粉吸湿受潮。

③ 反应放热：根据现场条件，利用化学反应热力学理论，模拟计算集尘桶内抛光铝粉与水发生的放热反应，在抛光铝粉呈絮状堆积、散热条件差的条件下，可使集尘桶内的铝粉表层温度达到粉尘云引燃温度500℃。

桶底锈蚀产生的氧化铁和铝粉在前期放热反应触发下，可发生“铝热反应”，释放大量热量，使体系的温度进一步增加。

放热反应方程式：

$$2Al+6H_2O = 2Al(OH)_3+3H_2$$

$$4Al+3O_2 = 2Al_2O_3$$

$$2Al+Fe_2O_3 = Al_2O_3+2Fe$$

(4) 助燃物

在除尘器风机作用下，大量新鲜空气进入除尘器内，支持了爆炸发生。

(5) 空间受限

除尘器本体为倒锥体钢壳结构，内部是有限空间，容积约8m³。

可燃性粉状固体悬浮于空气中，在相对密闭的空间内达到一定浓度后，遭遇适当的点火作用就有可能发生粉尘爆炸。可燃性粉尘普遍存在于冶金、煤炭、粮食、轻工、化工、兵工等企业，如金属粉尘、煤粉尘、粮食粉尘、饲料粉尘、棉麻粉尘、烟草粉尘以及火炸药粉尘等，我国现有各类涉及粉尘爆炸危险性的企业有56000多家，粉尘爆炸已成为工业生产、加工领域的重要灾害之一，不仅爆炸危害大，而且难以治理。首先，粉尘爆炸超压和压力上升速度虽远不及火炸药大，但由于正压作用时间长，冲量大，更严重的是，初次粉尘爆炸（原爆）冲击波会扬起邻近的堆积粉尘，在新空间内形成处于可爆浓度范围的粉尘云，在原爆炸飞散火花和热辐射等强烈点火源作用下，会引起二次或多次粉尘爆炸，具有极强的破坏力；其次，粉尘爆炸是一个相当复杂的非定常气固两相动力学过程，涉及领域包括化学反应动力学、燃烧学、传热和传质学、冲击波作用以及两相流效应等，给理论研究造成了很大的困难，长期以来，粉尘爆炸研究一直以实验测试为主要手段；再有，粉尘爆炸特性参数影响因素很多，如粉尘种类、颗粒直径以及形状、点火源类型、点火能量及位置、爆炸空间形状及尺寸、初始温度、压力及湍流程度等，虽有小型实验室条件下测得的粉尘爆炸特性数据，但只是一种爆炸相对比较数据，而且不同国家测试结果差异很大，尚无法应用于现场环境。

3.4.1 粉尘爆炸机理

粉尘爆炸是一个相当复杂的非定常气固两相动力学过程，关于爆炸机理问题至今尚不十分清楚。从粉尘颗粒点火角度看，目前主要存在两种观点，即气相点火机理和表面非均相点火机理。一般认为，在弱点火源作用下，爆炸初期或小尺寸空间中的火焰传播主要受热辐射和湍流作用机理控制，火焰以爆燃波形式传播；在强点火源作用下，对于大尺寸空间或长管道火焰传播，则主要受对流换热和冲击波（激波）绝热压缩机理控制，火焰传播不断加速，最后甚至有可能从爆燃发展为爆轰。

3.4.1.1 气相点火机理

气相点火机理认为，粉尘点火过程为颗粒加热升温、颗粒热分解或蒸发汽化以及蒸发气体与空气混合形成爆炸性混合气体并发火燃烧三个阶段，即粉尘爆炸是粒子被点燃后表面快速氧化（燃烧）的结果，如图 3-13 所示。历程为：

① 粉尘颗粒通过热辐射、热对流和热传导等方式从外界获取能量，使颗粒表面温度迅速升高；

② 当温度升高到一定值时，颗粒迅速发生热分解或气化产生气体，排放在粒子周围；

③ 分解或蒸发的气体与周围空气混合形成爆炸性混合气体混合物，发生气相反应，释放化学反应热，产生火焰；

④ 火焰热量进一步促进粉尘分解和气化，释放气体，维持燃烧并传播。

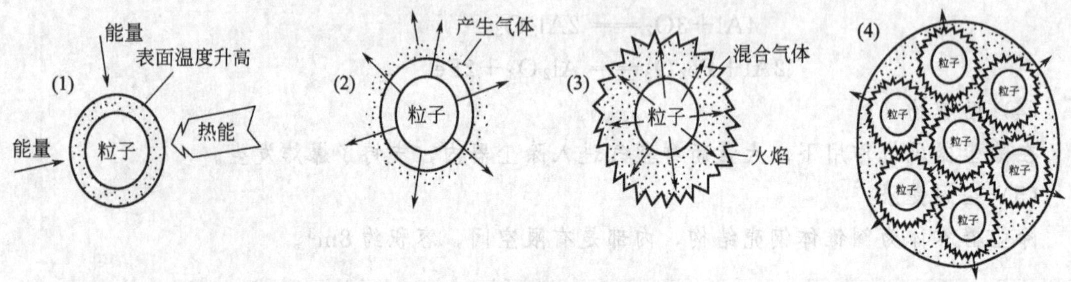

图 3-13 粉尘爆炸机理

3.4.1.2 表面非均相点火机理

表面非均相点火机理认为粉尘点火过程分为三个阶段，首先氧气与颗粒表面直接发生反应，使颗粒表面发生表面点火；然后，挥发分在粉尘颗粒周围形成气相层，阻止氧气向颗粒表面扩散；最后，挥发分点火，并促使粉尘颗粒重新燃烧。因此，对于表面非均相点火过程，氧分子必须先通过扩散作用到达颗粒表面，并吸附在颗粒表面发生氧化反应，然后反应产物离开颗粒表面扩散到周围环境中去。关于表面反应产物问题，目前主要存在两种观点，一种认为碳与氧反应直接生成二氧化碳；另一种认为，在一般燃烧温度范围内（1000～2000K），碳首先与氧气发生反应生成一氧化碳，然后扩散到周围环境再被氧化成二氧化碳。

对粉尘/空气混合物来说，爆炸机理一直没有统一的理论判据。一般认为，大颗粒粉尘由于加热速率较慢，以气相反应为主；而加热速率较快的小颗粒粉尘，则以表面非均相反应为主。加热速率快慢以 100℃/s 为界，颗粒大小则以 100μm 为界。关于粒径和加热速率及点火机理的关系如图 3-14 所示。可以看出，在一定条件下，气相点火和表面非均相点火不仅可以并存，而且还会相互转换。

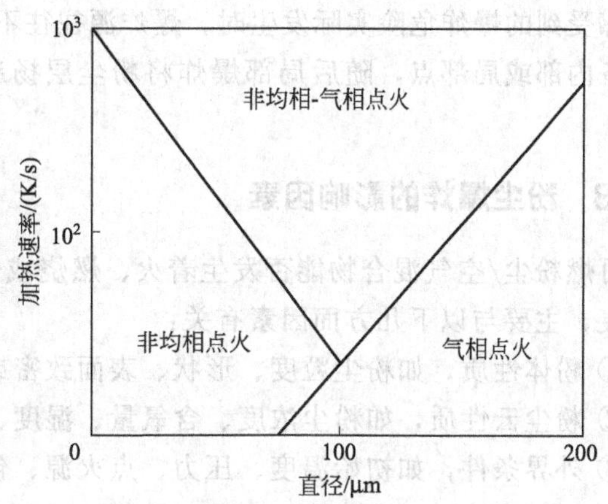

图 3-14　加热速率与点火机理的关系

事实上，单个粉尘颗粒点火机理并不能完全代表粉尘云的点火行为。首先，粉尘云点火过程必须考虑颗粒之间的相互作用。其次，粉尘云中粉尘颗粒大小和形状不完全相同，粉尘颗粒存在一定粒径分布范围，这种颗粒尺度分布非单一性对粉尘云点火也会产生影响。再有，粉尘云点火还必须考虑氧浓度影响，而且随着粉尘浓度增大，这种颗粒之间争夺氧的情形会变得愈加突出。因此，在粉尘/空气混合物中，每个颗粒的热损失比单个颗粒点火分析情况下的热损失要小，也就是说，粉尘云点火温度比单个颗粒点火温度要低。一般来说，粉尘云点火及火焰传播过程主要由小粒径颗粒点火行为控制，大颗粒粉尘只发生部分反应（颗粒表面被烧焦），有时甚至根本不发生反应。也就是说，只有那些能在空中悬浮一段时间，并保持一定浓度的小颗粒粉尘云才会发生点火和爆炸。

3.4.2　粉尘爆炸的特点

与气体混合物爆炸相比，粉尘爆炸有下列特点。

（1）燃烧不完全

爆炸过程中，燃烧的基本是分解出来的气体，而灰渣来不及燃烧（如煤尘）；炽热碳粒可烧伤皮肤或引燃别的物质。

（2）有产生二次爆炸的可能

事实上，粉尘爆炸事故往往最先发生在工厂、车间或巷道中某一局部区域，这种初始爆炸（原爆）冲击波和火焰在向四周传播时，会扬起周围邻近的堆积粉尘，形成处于可爆浓度范围的粉尘云，在原爆飞散火花、热辐射等强点火源作用下，会引起二次粉尘爆炸。由于原爆点火源能量极强，冲击波则使粉尘云湍流程度进一步增强，因此，二次粉尘爆炸具有极强的破坏力，有时甚至会发展成为爆轰。所以，定期清除积尘是防止粉尘爆炸的重要举措；除尘方式应为擦拭或吸尘，防止扬尘。

（3）感应期长

由前述机理可以理解。粉尘爆炸前首先要经过尘粒表面的分解或蒸发阶段，有的则要有一个由表面向中心的延烧过程，故感应期较长，可达数十秒，是气体的数十倍。

（4）粉尘点火的起始能量高

粉尘的最小点火能量比气体爆炸大 1～2 个数量级，大多数粉尘的最小点火能在 5～10mJ。

（5）常释放两种毒气，可能引起中毒或窒息

由于燃烧不完全，常有 CO 和自身分解的毒气（如塑料）产生，因而能引起人的中毒。另外，即使在粉尘爆炸浓度下限时，其浓度也高到使人呼吸困难，难以忍受。因此，这种人

可以感受到的爆炸危险实际发生时，爆炸源往往不处于人的呼吸范围内，很多情况下是发生在设备内部或局部点，随后局部爆炸将粉尘层扬起，使空间达到爆炸浓度极限而形成二次爆炸。

3.4.3 粉尘爆炸的影响因素

可燃粉尘/空气混合物能否发生着火、燃烧或爆炸，以及爆炸猛烈程度如何，能否成长为爆轰，主要与以下几方面因素有关：

① 粉体性质，如粉尘粒度、形状、表面致密或多孔性、燃烧热、表面燃烧速率等；

② 粉尘云性质，如粉尘浓度、含氧量、湿度、湍流程度、分散状况等；

③ 外界条件，如初始温度、压力、点火源、包围体形状及尺寸、惰性介质等。

3.4.3.1 粉体性质

粉体性质包括物理和化学两个方面。物理性质指粉体粒度、形状、表面致密或多孔性等特性；化学性质主要是化学组成，粉尘化学组成不同，燃烧热、表面燃烧速率也不同。

（1）粒度

粉体粒径、形状和表面状况等都会影响颗粒表面反应速率，其中又以粒径影响最显著。粒度越高（粒径越小），爆炸下限越低；粒径大于40μm时，很难发生爆炸，因为尘粒太大不能形成浮尘。这是因为粒径越小，比表面积越大，能吸附更多的氧，有较高的活性，需要的点火能量越小，爆炸性能越强。但是，粒径太小也会因团聚沉降而降低爆炸的可能性，这与粒子的电性有关。实验表明，粒径50μm以下的可燃粉尘易发生爆炸，爆炸指数p_{max}和$(dp/dt)_{max}$随粒径增大而减小，而且这种影响对$(dp/dt)_{max}$更为显著。对于粒径在50μm以下的可燃粉尘，粒径影响主要表现为爆炸指数方面。一方面，颗粒表面积及其与氧气的接触面随粉尘颗粒粒径增大而减小，颗粒表面燃烧放热速率随之减慢；另一方面，颗粒与周围气体对流换热速率随粒径增大而减慢，导致粉尘颗粒点火弛豫时间增长。两方面因素综合作用，导致爆炸指数p_{max}和$(dp/dt)_{max}$均随粉尘粒径增大而减小。

（2）惰性粉尘和灰分

惰性粉尘和灰分可以降低粉尘的爆炸危险性。这是因为惰性粉尘和灰分本身具有吸热作用，从而降低粉尘系统的能量密度，阻止爆炸的发生。例如，煤粉含11%的灰分时，能够爆炸；含15%～30%则难以爆炸。

（3）燃烧热

燃烧热是燃烧单位质量的可燃性粉体或消耗每摩尔氧气所产生的热量。燃烧热越大，粉尘爆炸越激烈。因此，根据粉体燃烧热值大小，可粗略预测粉尘爆炸的猛烈程度。

（4）反应动力学性质

不同粉体反应动力学性质不同，如频率因子和活化能等。频率因子值越大，反应速率越快；活化能越大，反应越难进行，粉体越稳定。

3.4.3.2 粉尘云性质

（1）粉尘浓度

粉尘爆炸指数p_{max}、$(dp/dt)_{max}$均随粉尘云浓度增大而增大，当浓度达到某一值（最佳爆炸浓度）后，p_{max}、$(dp/dt)_{max}$则又随浓度增大而降低。这主要是因为当粉尘浓度小于最佳爆炸浓度时，燃烧过程放热速率及放热量随粉尘浓度增大而增加，导致p_{max}、

$(dp/dt)_{max}$均增大；当粉尘浓度超过最佳爆炸浓度后，由于含氧量不足，颗粒表面燃烧速度减慢，粉尘燃烧不完全，p_{max}、$(dp/dt)_{max}$均会降低。

(2) 氧含量

粉尘爆炸指数 p_{max}、$(dp/dt)_{max}$随氧含量减小而降低。氧气浓度增大，容易引发爆炸。纯氧中的爆炸下限可降至空气中的 1/3～1/4。粉尘云中氧含量低，爆炸下限增大，爆炸上限减小，可爆浓度范围变窄，最小点火能增大。这是因为随着氧含量减小，一方面，颗粒之间因供氧不足出现争夺氧气的情况，使已燃颗粒表面燃烧速率及放热速率减慢，导致较大的颗粒不能继续燃烧；另一方面，未燃粉尘颗粒则因升温较慢而变得难以发火，甚至不能着火。

(3) 湿度

水分的存在可以使粉尘爆炸下限提高，粉尘云中的水分含量超过 50%时再难发生粉尘爆炸。这其中的原因有多种。首先，水分的存在会增加粉尘云的比热容，水分吸热使得粉尘云的温度不容易升高；其次，水蒸气也会稀释 O_2使其浓度降低；另外，水分还能增加粉尘颗粒的凝聚沉降性能，使可燃性尘粒难以飘浮在空气中；最后，水分可以中和电荷，从而减少粉尘颗粒表面的带电性，这样就会降低粉尘表面的能量，降低可燃粉尘的爆炸性。

(4) 可燃气体

可燃气体混入含尘空气中会使粉尘爆炸浓度下限降低。即使两者均未达到爆炸下限，但混合时仍能形成爆炸混合物。混合物中，粉尘爆炸下限与可燃气体浓度的关系式：

$$E_{dg}=E_d\left(\frac{C_g}{E_g}-1\right)^2 \tag{3-34}$$

式中 E_{dg}——气体粉尘混合物爆炸下限；

E_d——粉尘爆炸下限；

E_g——可燃气体爆炸下限；

C_g——可燃气体浓度。

此式在可燃气体浓度低于下限时适用。

可燃粉尘中混入可燃气体，爆炸强度增大，但爆炸压力变化微小。

(5) 初始湍流

粉尘云湍流度增大，可增大已燃和未燃粉尘之间的接触面积，只是反应速度加快，最大压力上升增大；另外，湍流度增大又会使热损失加快，使最小点火能增大。

(6) 粉尘分散状态

一般来说，粉尘浓度只是一种理论平均值，在绝大多数情况下，容器中粉尘浓度分布并不均匀，理论平均浓度往往低于某一区域内的粉尘实际浓度。

3.4.3.3 外界条件

(1) 初始压力

粉尘爆炸指数 p_{max}、$(dp/dt)_{max}$与初始压力呈正比关系，最佳爆炸浓度与初始压力也大致成正比关系。

(2) 初始温度

一般来说，粉尘爆炸指数 p_{max}随初始温度升高而减小，$(dp/dt)_{max}$及粉尘燃烧速率则随初始温度升高而增大。

(3) 点火源

点火源温度越高，表面积越大，粉尘爆炸下限越低。在容积小于$1m^3$爆炸容器内，粉尘爆炸指数p_{max}、$(dp/dt)_{max}$随点火能量增大而增大，但这种现象在大尺寸容器中并不显著。当点火源位于包围体几何中心或管道封闭端时，爆炸最强烈。当爆燃火焰通过管道传播到另一包围体时，则会成为后者的强点火源。

(4) 包围体形状及尺寸

包围体形状一般分为长径比（L/D）小于5和大于5两类。对于大长径比包围体，由于火焰前沿湍流对未燃尘云的扰动，火焰传播发生加速，在一定管径条件下，如果管道足够长，甚至有可能发展成为爆轰。

3.4.4 粉尘爆炸的特征参数

3.4.4.1 爆炸极限

根据IEC31H《粉尘/空气混合物最低可爆浓度测定方法》规定，粉尘爆炸极限是指在标准测试装置及方法下，粉尘/空气混合物（粉尘云）能发生爆炸的浓度范围，包括爆炸下限和爆炸上限两方面，粉尘爆炸极限一般用单位体积的粉尘质量来表示（如g/m^3）。许多工业可燃性粉尘的爆炸下限在20～60g/m^3之间，上限在2～6kg/m^3之间。

能完全气化燃烧的碳氢化合物粉尘，爆炸下限的计算式（布尔格斯-维勒 Burgess-Wheeler）为：

$$CQ=k \tag{3-35}$$

式中 C——爆炸下限浓度；

Q——燃烧热；

k——常数。

一般地，碳氢化合物的爆炸下限为45～50g/m^3。我国常见工业粉尘爆炸下限测试数据见表3-11。

表3-11 部分常见工业粉尘爆炸特性参数测试数据

粉尘	中位直径 /μm	MITC /℃	MITL /℃	LEL /(g/m^3)	MIE /mJ	p_{max} /MPa	$(dp/dt)_{max}$ /(MPa·m/s)
石松子粉	35.5	420	270	23～30	6～10	0.70	12.2
玉米淀粉	15.2	420	540	50～60	25～35	0.82	11.5
米粉(东北)	58.2	400	400	50～60	27～35	0.78	7.3
面粉(东北)	52.7	420	560	70～80	30～60	0.68	8.0
亚麻粉尘	65.3	460	290	60～70	6～9	5.70	8.7
硅钙粉	12.4	560		60	2～5	8.40	19.8
铝粉	13.5				2～6	5.90	450.0
烟煤	16.4	600	240	30～40		800	14.9
褐煤	17.5	600	240	40～50		750	14.5
无烟煤	13.8	860	340				

3.4.4.2 最大允许氧含量

根据IEC31H《粉尘/空气混合物最低可爆浓度测定方法》规定，最大允许氧含量

(LOC) 是指示粉尘/空气混合物不发生爆炸的最低氧气浓度。粉尘爆炸猛度随氧含量减小而下降，当氧气浓度不足以维持粉尘爆炸火焰自行传播时，粉尘爆炸就不会发生。本质而言，最大允许氧含量是粉尘爆炸上限的另一种表述，它是粉尘惰化防爆的重要依据之一。我国常见工业粉尘最大允许氧含量测试数据见表 3-12。

表 3-12 部分常见可燃粉尘最大允许氧含量测试数据

粉尘	中位直径/μm	LOC/%	粉尘	中位直径/μm	LOC/%
纤维素	51	11	硬脂酸钡	<63	13
木屑	130	14	硬脂酸钙	<63	12
木材粉	27	10	硬脂酸镉	<63	12
豌豆粉	25	15	月桂酸镉	<63	14
玉米淀粉	17	9	甲基纤维质	29	15
1150 黑面粉	29	13	多聚甲醛	27	7
550 小麦粉	60	11	二萘酚	<30	9
麦芽饲料	25	11	铝粉	22	5
褐煤	63	12	钙铝合金	22	6
褐煤块尘	51	15	硅铁	21	12
烟煤	17	14	镁合金	21	3
树脂	63	10	蓝染料	<10	13
橡胶	95	11	有机染料	<10	12
聚丙烯腈	26	10	炭黑	16	12
聚乙烯	26	10	乙炔炭黑	86	16

3.4.4.3 最低着火温度

粉尘最低着火温度 (MIT) 包括粉尘层最低着火温度 (MITL) 和粉尘云最低着火温度 (MITC) 两方面。根据 IEC31H《粉尘最低着火温度测定方法：恒温热表面上粉尘层》规定，粉尘层最低着火温度是指特定热表面上一定厚度粉尘层发生着火最低热表面温度，而粉尘云最低着火的温度则是指粉尘云通过特定加热炉管时，能发生着火的最低炉管内壁温度。粉尘最低着火温度是防爆电气设备设计与选型的重要依据之一。

(1) 粉尘层最低着火温度

粉尘层着火之前要经历一段时间持续自热过程，使粉尘层温度升高，氧化反应速率加快，在接近最低着火温度过程中，粉尘层能否着火取决于氧化放热速率和粉尘层向外散热速率之间的热平衡关系。如果放热速率大于散热速率，粉尘层温度就会升高直至着火。着火判断标准为：

① 观察到火焰和发光等燃烧现象；

② 粉尘层升温超过热表面温度，然后又降至比热表面温度稍低之稳定值。如果升温超过热表面温度 20℃，也是为着火。

(2) 粉尘云最低着火温度

粉尘云最低着火温度也是通过试验装置进行测试，常用的有 G-G 炉 (Godbert-Greenwald 炉) 和 BAM 炉，IEC31H 推荐 G-G 炉装置。试验时，先将炉温控制在某一恒定温度，将待测粉尘喷入炉膛，与内壁接触的粉尘首先发生着火。如有火焰喷出，说明炉内发生了粉尘着火；如果仅有零星火花喷出，说明无火焰传播，不能视为着火。假设粉尘云发生着火时的炉内壁最低温度为 T_{min}，则根据 IEC 标准推荐测试方法，粉尘云最低着火温度按下式计算：

$$若\ T_{min}>300℃,\ MITC=T_{min}-20℃ \tag{3-36}$$

$$若\ T_{min}\leqslant 300℃,\ MITC=T_{min}-10℃ \tag{3-37}$$

3.4.4.4 最小点火能

根据 IEC31H《粉尘/空气混合物最小点火能量测定》规定，粉尘云最小点火能量（MIE）是指在标准测试装置中点燃粉尘云并维持火焰自行传播所需的最小能量。

粉尘云的最小点火能量在 20L 球形爆炸容器或 Hartmann 管中进行测试。试验前先设定一个放电火花能量值，调整电压和电极间距，直到出现要求能量的放电火花。然后，将被测粉尘用压缩空气喷入爆炸容器内，并用电火花点燃尘云，观察容器内粉尘云是否发生着火，着火判断标准为：

① 20L 密闭容器内所测得超压大于 0.02MPa；

② Hartmann 管内火焰传播 6cm 以上。

我国部分常见工业粉尘 MIE 测得数据见表 3-11。

3.4.4.5 爆炸指数

爆炸指数是表征粉尘爆炸效应的重要参数，不仅是泄爆面积、抑爆及隔爆设计的重要依据，也是粉尘爆炸危险性分级必不可少的参数，如最大爆炸压力 p_{max}、最大爆炸压力上升速度 $(dp/dt)_{max}$ 以及 K_{max} 等。这些参数值越大，表明粉尘爆炸越猛烈，爆炸破坏力越强。根据 ISO 6184/1—85《空气中可燃粉尘爆炸参数测定》规定，在标准测试方法下，测得粉尘/空气混合物每次试验的最大爆炸超压称为爆炸指数 p_m，所测爆炸压力-时间曲线上升段上的最大斜率称为爆炸指数 $(dp/dt)_m$，并定义 $(dp/dt)_m$ 与爆炸容器容积 V 的立方根乘积为爆炸指数 K_{st}，即

$$K_{st}=(dp/dt)_m V^{1/3} \tag{3-38}$$

在可燃粉尘/空气混合物所有浓度范围内，所测 p_m、$(dp/dt)_m$ 及 K_{st} 值之中最大者分别称为爆炸指数 p_{max}（最大爆炸压力）、$(dp/dt)_{max}$（最大爆炸压力上升速度，如图 3-15 所示）和 K_{max}。

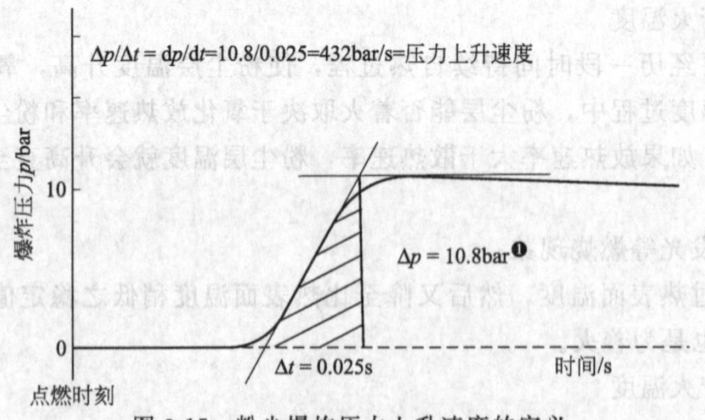

图 3-15 粉尘爆炸压力上升速度的定义

❶ 1bar$=10^5$Pa，下同。

按 K_{max} 值大小或爆炸猛度不同，可燃粉尘可分为如下三个等级。

① St1 级：$K_{max}<20.0\mathrm{MPa\cdot m/s}$；

② St2 级：$20.0\leqslant K_{max}\leqslant 30.0\mathrm{MPa\cdot m/s}$；

③ St3 级：$K_{max}>30.0\mathrm{MPa\cdot m/s}$。

一般来说，粉尘爆炸最大超压在 0.5～0.9MPa 范围，铝粉等少数金属粉尘爆炸超压可达 1.2MPa；多数粉尘爆炸指数 K_{max} 在 10～20MPa · m/s 范围，铝粉等少数粉尘可达 110MPa · m/s。我国部分常见工业粉尘爆炸指数测试数据见表 3-11。

3.5 易爆物的热分解爆炸

典型案例：陕西某公司硝铵装置特别重大爆炸事故

1998 年 1 月 6 日，陕西某公司Ⅰ、Ⅱ期硝铵中和岗位均发生气氨压力和流量波动，Ⅱ期波动较大。在 22 时左右，Ⅱ期硝铵车间一楼发现溶液槽曾冒过槽，溶液槽外壁留有硝铵痕迹，仍残留在地面上的溶液呈土黄色，空间弥漫大量蒸气，并闻到油味。22 时 40 分以后突然发生爆炸，造成死亡 22 人，重伤 6 人，轻伤 52 人，损失工作日总数 168000 个工作日，直接经济损失约 7000 万元。

爆炸原点的确认：经爆炸专家和现场勘察综合计算分析认为，硝铵溶液槽是这次爆炸事故发生的原点，中和器发生部分殉爆；估计爆炸威力为 9.3t 梯恩梯当量。爆炸物质是槽内装的大约 27.6t 硝铵水溶液。溶液槽爆炸的同时，强大的冲击波和高速破片袭击中和器，可能使中和器也发生了部分殉爆。

物质分析：对Ⅰ、Ⅱ期硝铵系统有关硝铵成品、硝铵溶液这些间接物证进行了取样分析，发现Ⅱ期硝铵溶液槽溶液已被油、氯离子污染，经专家分析认为：油的唯一来源是气氨；氯离子的主要来源是制取硝铵溶液的原料稀硝酸，但油、氯离子含量如此之高，仍然不能调查分析清楚。

硝铵溶液爆炸机理分析：Ⅱ期硝铵溶液槽中的硝铵溶液被有机物油所污染，形成硝铵-有机物体系。这种有机物体系本身自热分解，温度就会降低。加上系统进入大量氯离子，溶液又偏酸，更加使其自热分解温度和自燃临界温度进一步降低。溶液槽中盛有的约 $21\mathrm{m}^3$ 硝铵溶液，在上面溶液对下面溶液起到密封作用的情况下，其自热分解放出的气体无法排放更易引起爆炸。而且溶液槽中的硝铵溶液加至溶液槽，这就使溶液槽处于更加危险的境地。总之，Ⅱ期硝铵溶液槽溶液被污染后，该溶液热稳定性降低，具备自热自分解的可能。发生自热自分解后，其温度急剧升高，反过来又使自热自分解催化分解越来越剧烈，如此反复，引起最危险的大量硝铵溶液均相放热自分解，就很可能发生爆炸事故。

事故原因分析：硝铵溶液受到油和氯离子的污染，提高了硝铵溶液的爆炸敏感度，降低了自热自分解和自燃临界温度而发生剧烈燃烧，以致爆炸。

单纯在热的作用下，易爆物发生不可控制的爆炸称为热爆炸。如对于碳氢氧氮类的炸药，热分解是由分子中最不稳定的那部分键断开，生成分子碎片和气体分解产物二氧化氮。

凡是热分解速度快且有大量气体产物和热量产生的过程，都能引起爆炸。炸药在任一温度下都会产生热分解，只有在热分解的热量被蓄积且大于散失的热量时，才有发生爆炸的可能。在一定条件下（如室温、等容、定压等），测量受热时爆炸物的温度、质量变化、气体分解产物的数量、产物的组成等都可以分析爆炸物热分解的变化情况。目前，热爆炸理论主要研究内容为热爆炸的可能性、临界条件（温度、尺寸等）和时间问题。

3.5.1 热分解过程

易爆物热分解爆炸的临界状态是指易燃物受热后，既可能转变为爆炸，也可能转变为缓慢分解的状态。气相爆炸物热分解的曲线比较简单，处于降速阶段。液相爆炸物热分解曲线比较复杂，反应开始时速度是加快的，速度达到极大值后转入降速阶段。固相爆炸物热分解的性质更复杂，当爆炸物受热后，有一个阶段没有发生明显的分解或分解速度很低，甚至趋近于零，气体产物也很少，这个阶段叫作热分解的延滞期。延滞期结束后，分解速度逐步加快，在某一时刻速度可达到某一极大值，这个阶段叫作热分解的加速期。有的爆炸物能够以极大速度进行一定时间的分解，这个阶段叫作等速期。最后，分解速度急剧下降，直到分解结束，叫作热分解的降速期。某些金属能强烈地催化热分解反应，甚至使平稳的热分解转化为爆燃。温度的改变能引起爆炸物的相态变化，晶态转化为熔态时，常常引起热分解速度剧烈变化。

稍微改变临界状态的温度或易爆物的几何尺寸，就会导致易爆物突然爆炸或进行平稳的热分解；温度升高 10℃，反应速度增加 2～4 倍。达到临界状态后，经过一段时间，易爆物温度就快速上升。由易爆物开始受热，到温度快速上升的时间就是热爆炸的延滞期。延滞期可用下式表示：

$$\tau_0=\frac{CRT_0^2}{QAE}\mathrm{e}^{E/(RT)} \tag{3-39}$$

式中 τ_0——热爆炸延滞期；
T_0——器壁温度（与环境温度相同）；
R——通用气体常数；
Q——分解反应生成 1mol 产物所放出的热量；
A——指前因子；
E——反应活化能；
C——爆炸物比热容。

单体爆炸物的活化能值表示爆炸物热分解进行的难易程度，一般在 125.5～209.2kJ/mol 之间。实验证明，热爆炸延滞期与加热的温度（即环境温度）有如表 3-13 所示的关系。

表 3-13 球形黑索金的临界直径和绝热爆炸延滞期

温度/℃	临界直径/m	绝热爆炸延滞期
50	540	9200a
75	148	6.8a
100	41	27 周
125	5.8	3.8d
150	1	3h
200	5.6cm	30s

3.5.2 易爆化合物的氧平衡与氧系数

氧平衡是爆炸性物质中的氧用来完全氧化其内可燃元素后所多余的或不足的氧量。若爆炸性物质分子式为 $C_aH_bO_cN_d$，分子量 M，则：

$$氧平衡=\frac{[c-(2a+0.5b)]\times 16}{M} \tag{3-40}$$

氧平衡反映了爆炸性物质中元素 C 完全氧化成 CO_2，元素 H 完全氧化成 H_2O 时，1kg 爆炸性物质所剩余或缺少的氧的质量。

爆炸性物质的氧平衡可能有三种情况：

① 正氧平衡：$c-(2a+0.5d)>0$，表示分子中所含有的氧除完全氧化可燃元素外，尚有富余。

② 零氧平衡：$c-(2a+0.5d)=0$，表示分子中所含有的氧刚好完全氧化可燃元素。

③ 负氧平衡：表示分子中所含有的氧不足以完全氧化可燃元素。

例如：硝化甘油 $C_3H_5O_9N_3$ 的氧平衡：

$$氧平衡=\frac{[9-(2\times 3+0.5\times 5)]\times 16}{227}=+3.5\% \quad 或\ 0.035\text{g/g}\ 爆炸物$$

若分子中含有卤素，且假定 H 在生成 H_2O 之前先生成 HX，则 $C_aH_bO_cN_dX_e$ 的氧平衡为：

$$氧平衡=\frac{[c-2a-0.5(b-e)]\times 16}{M} \tag{3-41}$$

混合物的氧平衡等于各成分在混合物中所占的质量分数和各自氧平衡的乘积之和。几种单质炸药的氧平衡值见表 3-14。

表 3-14 几种单质炸药的氧平衡值

炸药	分子式	氧平衡值
梯恩梯(三硝基甲苯)	$C_7H_5O_6N_3$	−0.74
黑索金(环三亚甲基三硝胺)	$C_3H_6N_6O_6$	−0.216
奥克托金(环四亚甲基四硝胺)	$C_4H_8N_8O_8$	−0.216
特屈儿(三硝基苯甲硝胺)	$C_7H_5N_5O_8$	−0.174
泰安(季戊四醇四硝酸酯)	$C_5H_8N_4O_{12}$	−0.101
硝化甘油	$C_3H_5N_3O_9$	+0.035
苦味酸(三硝基苯酚)	$C_6H_3N_3O_7$	−0.454
二硝基甲苯	$C_7H_6O_4N_2$	−0.114
硝基胍	$CH_4O_2N_4$	−0.308
硝酸铵	NH_4NO_3	+0.200

【例 3-5】 试求特里托纳尔（80％TNT＋20％Al）的氧平衡。

【解】 TNT 的氧平衡：

$$(6-2\times7-0.5\times5)\times16/227=-74.0\%$$

Al 的氧平衡：

$$-1.5\times16/27=-89\%$$

$$\text{混合物的氧平衡}=-74.0\%\times0.8+(-89\%)\times0.2=-77\%$$

氧系数是指爆炸性物质所含氧量与完全氧化所需氧量之比的百分数。它表明爆炸物分子被氧饱和的程度。如果爆炸物分子式为 $C_aH_bO_cN_d$，分子量为 M，则：

$$\text{氧系数}=\frac{c}{2a+0.5b}\times100\% \tag{3-42}$$

例如：TNT（$C_7H_5O_6N_3$）的氧系数：

$$\text{氧系数}=\frac{6}{2\times7+0.5\times5}\times100\%=36.36\%$$

3.5.3 爆炸变化方程的理论确定方法

所谓爆炸变化方程就是爆炸物质爆炸时的反应方程式。采用理论方法确定爆炸变换方程需要遵循以下前提条件：

① 爆炸反应时间短促，因爆炸温度很高，爆炸产物之间进行的反应很快。爆炸反应时间很短，认为产物间不发生完全反应，即反应并未进行到最终状态。

② 视爆炸过程为一绝热等容过程，所放出的热量全部用于加热爆炸产物。

③ 高温下的爆炸产物服从理想气体状态方程。

根据氧平衡的情况，$C_aH_bO_cN_d$ 类物质的爆炸有以下三种变化方。

(1) 第一类爆炸物

$c-(2a+0.5b)\geqslant0$ 的正氧平衡和零氧平衡物质，爆炸变化方程形式为：

$$C_aH_bO_cN_d = xCO_2+yCO+mO_2+uH_2O+pNO+wN_2+Q_V$$

式中，pNO 一项常常省略，因为 NO 量非常小。

由质量守恒定律：

$$x+y=a$$
$$u=b/2$$
$$2x+y+2m+u+p=c$$
$$2w+p=d$$
$$k_p^{CO_2}=\frac{RT}{V}\frac{y^2m}{x^2}$$
$$k_p^{N_2\cdot O_2}=\frac{p^2}{wm}$$

式中 V——1mol 爆炸物的爆炸产物所炸的体积；

R——理想气体常数；

$k_p^{CO_2}$——CO_2反应平衡常数；

$k_p^{N_2\cdot O_2}$——生成速率常数之积；

T——爆炸温度。

由六个方程解六个未知数：x、y、m、u、p、w

平衡常数的推导过程：

$$2CO_2 \rightleftharpoons 2CO + O_2$$

$$k_p^{CO_2} = \frac{p_{CO}^2 p_{O_2}}{p_{CO_2}^2} = \frac{\left(\frac{py}{n}\right)^2\left(\frac{pm}{n}\right)}{\left(p\times\frac{x}{n}\right)^2} = \frac{p}{n}\frac{y^2 m}{x^2}$$

$$N_2 + O_2 \rightleftharpoons 2NO$$

$$k_p^{N_2 \cdot O_2} = \frac{p_{NO}^2}{p_{N_2} p_{O_2}} = \frac{\left(p\times\frac{p}{n}\right)^2}{p\times\frac{w}{n}p\times\frac{m}{n}} = \frac{p^2}{wm}$$

(2) 第二类爆炸物

这类爆炸物中的氧不足以使 C 全部转化成 CO_2，但又足以使 C 变成 CO，且有余。

$$2a+0.5b \geqslant c \geqslant a+0.5b \quad \text{负氧平衡物质}$$

变化方程：

$$C_aH_bO_cN_d = xCO_2 + yCO + uH_2O + hH_2 + wN_2 + Q_V$$

方程组：

$$\begin{aligned} &x+y=a \\ &2u+2h=b \\ &2x+y+u=c \\ &2w=d \\ &k_p^{CO_2 \cdot H_2} = \frac{yu}{xh} \end{aligned}$$

式中平衡常数的推导过程：

$$CO_2 + H_2 \rightleftharpoons CO + H_2O$$

$$k_p^{CO_2 \cdot H_2} = \frac{p_{CO} p_{H_2O}}{p_{CO_2} p_{H_2}} = \frac{p\frac{y}{n}p\frac{u}{n}}{p\frac{x}{n}p\frac{h}{n}} = \frac{yu}{xh}$$

(3) 第三类爆炸性物质

$a+0.5b>c$　　负氧平衡，不足以使 C 全部氧化成 CO。

变换方程：

$$C_aH_bO_cN_d = xCO_2 + yCO + zC + uH_2O + hH_2 + wN_2 + Q_V$$

方程组

$$\begin{aligned} &x+y+z=a \\ &2u+2h=b \\ &2x+y+u=c \\ &2w=d \\ &k_p^{CO_2 \cdot H_2} = \frac{yu}{xh} \end{aligned}$$

$$k_p^{CO_2 \cdot C}=\frac{RT}{V}\frac{y^2}{x}$$

式中平衡常数的推导过程：

$$CO_2+C \rightleftharpoons 2CO$$

$$k_p^{CO_2 \cdot C}=\frac{p_{CO}^2}{p_{CO_2}}=\frac{\left(p\times\frac{y}{n}\right)^2}{p\times\frac{x}{n}}=\frac{p}{n}\frac{y^2}{x}$$

3.5.4 爆炸变换方程经验确定法

3.5.4.1 吕·查德里法

该方法基于最大爆炸产物体积的原则，在体积相同时偏重放热多的反应。该原则及方法对自由膨胀的爆炸产物终态比较正确。

(1) 第一类爆炸物

H 被氧化成 H_2O，C 被氧化成 CO_2，N 元素变成 N_2。

对正氧平衡爆炸物还有分子态氧，忽略 H_2O、CO_2 的解离和氮氧化物的生成。例如：硝化甘油爆炸变换方程：

$$C_3H_5O_9N_3 \longrightarrow 3CO_2+5/2H_2O+3/2N_2+1/4O_2$$

TNT 与 NH_4NO_3 零氧平衡配比的混合物：

$$C_7H_5O_6N_3+10.5NH_4NO_3 \longrightarrow 7CO_2+23.5H_2O+12N_2$$

(2) 第二类爆炸物

负氧平衡不太大时，组分确定方法是：首先将 C 氧化成 CO，如果所含氧未用完，剩余部分平均地用以氧化 CO 为 CO_2，氧化 H 为 H_2O。（两反应的热效应相近，分别为 67.3kcal/mol 和 57.8kcal/mol）

例如：黑索金（氧平衡为－0.216）爆炸变换方程为：

$$C_3H_6O_6N_6 \longrightarrow 1.5CO_2+1.5CO+1.5H_2O+1.5H_2+3N_2$$

再如：泰安（氧平衡为－0.101）爆炸变换方程为：

$$C_5H_8O_{12}N_4 \longrightarrow 3.5CO_2+1.5CO+3.5H_2O+0.5H_2+2N_2$$

(3) 第三类爆炸物

负氧平衡较大时，爆炸产物组分确定方法：首先将 3/4 的氢氧化为 H_2O，剩余氧平均用于氧化 C 为 CO 和 CO_2，显然 CO 为 CO_2 的 2 倍，并产生游离的 C。（该方法的应用可能也是考虑了用上面一种方法可能会没有水的生成，这是不合理的，所以又作下列估算。）

例如，TNT 的爆炸变换方程：

$$C_7H_5O_6N_3 \longrightarrow 1.03CO_2+2.06CO+1.88H_2O+0.62H_2+1.5N_2+3.9C$$

再如特屈儿（氧平衡为－0.474）的爆炸变换方程：

$$C_7H_5O_8N_5 \longrightarrow 1.53CO_2+3.06CO+1.88H_2O+0.62H_2+2.5N_2+2.41C$$

3.5.4.2 布伦克利-威尔逊法

该方法从能量上的优先考虑最有利的反应。

(1) 第一类爆炸物变换方程

$$C_aH_bO_cN_d \longrightarrow aCO_2+b/2H_2O+d/2N_2+(c-2a-b/2)/2O_2$$

(2) 第二类爆炸物变换方程

$$C_aH_bO_cN_d \longrightarrow (c-a-b/2)CO_2+(2a-c+b/2)CO+b/2H_2O+d/2N_2$$

即首先将氢氧化为 H_2O，碳氧化成为 CO，剩余氧将 CO 氧化成 CO_2。

例如黑索金爆炸变换方程：

$$C_3H_6O_6N_6 \longrightarrow 3CO+3H_2O+3N_2$$

(3) 第三类爆炸物变换方程

$$C_aH_bO_cN_d \longrightarrow (c-b/2)CO+b/2H_2O+(a-c+b/2)C+d/2N_2$$

即 H 完全氧化成 H_2O，剩余的氧将 C 氧化为 CO，剩余的 C 以固体游离 C 析出，产物中无 CO_2生成。

例如 TNT 爆炸变换方程为：

$$C_7H_5O_6N_3 \longrightarrow 3.5CO+2.5H_2O+1.5N_2+3.5C$$

该方法应用较广，特别是氧含量极其不足的第三类爆炸物大都采用此法。

3.5.4.3 阿瓦克扬法

假定：$K=0.32A^{0.24}$

其中，K 为真实性系数；A 为氧系数。

爆炸变换方程可写成：

$$C_aH_bO_cN_d = xCO_2+yCO+zC+uH_2O+hH_2+mO_2+d/2N_2$$

式中：

$u=K\dfrac{b}{2}$，$h=\dfrac{(1-K)b}{2}$。x、y、z、m 根据 A 分三种情况：

① $A>100\%$，分子中含 O 较多，无游离 C，即 $z=0$。

$x=(1.4K-0.4)a$

$y=1.4a(1-K)$

$m=1/2(c-2x-y-u)$

② $A<100\%$，爆炸产物中无 O_2生成，则 $m=0$。

$x=1.16c(K-0.568)-0.5u$

$y=c-(2x+u)=c[1-2.32(K-0.568)]$

$z=a-(x+y)$

③ $A<100\%$，但 $c>(a+b/2)$，此时 $z=0$，$m=0$。

$x=0.7(c-b/2)K-0.4a$

$y=1.4a-0.7(c-b/2)K$

【例 3-6】 建立黑 50/梯 50 炸药的爆炸变换方程式。

【解】 黑 50/梯 50 含黑索金（$C_3H_6O_6N_6$）、梯恩梯（$C_7H_5O_6N_3$）质量各半。

第一步：首先写出黑 50/梯 50 的通式 $C_aH_bO_cN_d$。

黑索金的摩尔质量是 222，500g 黑索金的物质的量为：

$$\frac{500}{222}\text{mol}=2.25\text{mol}$$

梯恩梯的摩尔质量是 227，500g 梯恩梯的物质的量为：

$$\frac{500}{227}\text{mol}=2.2\text{mol}$$

则 1kg 黑 50/梯 50 炸药为：

$$2.25C_3H_6O_6N_6+2.2C_7H_5O_6N_3$$

计算 $a=2.25\times3+2.2\times7=22.15$

$b=2.25\times6+2.2\times5=24.5$

$c=2.25\times6+2.2\times6=26.7$

$d=2.25\times6+2.2\times3=20.1$

所以，通式为 $C_{22.15}H_{24.5}O_{26.7}N_{20.1}$

第二步：判断炸药类别

$$c=26.7$$

$$a+\frac{b}{2}=22.15+\frac{24.5}{2}=34.4$$

因为 $c<a+\frac{b}{2}$

所以该炸药属于第三类炸药。

第三步：写出爆炸反应方程式

根据布伦克利-威尔逊方法，得

$$C_{22.15}H_{24.5}O_{26.7}N_{20.1}=\!=\!=12.25H_2O+14.45CO+7.7C+10.05N_2$$

3.5.5 爆炸变换方程的应用

——计算爆炸产物的体积。

爆炸物的比体积（爆容）：单位质量爆炸物爆炸时，在标准状态下的气体产物体积，V_0，L/kg。

设爆炸变换方程：

$$a\text{M}_a+b\text{M}_b+\cdots+m\text{M}_m=\!=\!=x\text{A}+y\text{B}+\cdots+n\text{N}$$

则爆炸产物体积：

$$V_0=\frac{(x+y+\cdots+n)\times1000}{a\text{M}_a+b\text{M}_b+\cdots+m\text{M}_m}\times22.4\text{L/kg}$$

式中 M_a，M_b，…，M_m——爆炸物各组分的分子量；

a，b，…，m——爆炸物各组分的物质的量；

x，y，…，n——产物各组分的物质的量。

【例 3-7】 求阿乌托 80/20 的爆炸体积。

【解】 阿乌托 80/20 组成为质量分数分别为 80%的硝酸铵和 20%的梯恩梯，其爆炸变换方程为：

$$11.35NH_4NO_3+C_7H_5N_3O_6=\!=\!=7CO_2+25.2H_2O+12.85N_2+0.425O_2$$

爆炸体积 $V_0=\frac{(7+25.2+12.85+0.425)\times22.4\times1000}{11.35\times80+227}\text{L/kg}=897.48\text{L/kg}$

3.6 反应失控爆炸

典型案例：美国北卡罗来纳州某化工厂聚丙烯酸合成反应釜爆炸事故

2006年1月31日，位于美国北卡罗来纳州摩根敦的某化工厂发生一起因化学反应失控导致的爆炸事故，造成1人死亡，2人重伤，12人轻伤。爆炸摧毁了整个工厂，并使附近社区受到严重破坏。

事故经过：事发前一天，生产部门准备按照订单进行生产，订单量为6080lb (1lb=0.45359237kg) 丙烯酸聚合物，大约比装置正常产量高12%，装置负责人确定了生产这批产品所需的溶剂、单体和引发剂的用量。白班操作工先将溶剂混合，再用部分混合后的溶剂制备引发剂溶液，剩余部分被输入反应器。接班的操作工把部分单体加入反应器，剩余的单体留备反应过程使用。

1月31日早晨，白班工人向反应器夹套通入蒸汽，给反应器加热到指定的温度后停掉蒸汽。一名高级操作工把进料泵打开，将引发剂泵送到反应器中。然后反应逐渐地进入正常状态。几分钟后，这名操作工听到很响的嗞嗞声并看见有蒸汽从反应器的人孔泄漏出来。操作工打开紧急冷却水阀门，向反应器夹套内通入冷水。但在他逃离出厂房还不到30s时，就发生了爆炸。

反应过程：丙烯酸聚合物是丙烯酸单体自由基聚合后产生的。事发时生产的产品品名为Modarez MFP-BH，是一种液态丙烯酸聚合物。聚合物在加工量为1500gal ($1\text{gal}=3.78541\text{dm}^3$) 的反应器内生成，最大的操作压力为75psig (1psig = 68194.8Pa)。

正常的反应顺序是由操作员先向反应器内添加溶剂和单体的混合物，接着向反应器夹套内注入蒸汽，将反应混合物加热到指定的温度（通常为混合物的沸点）。然后再停掉蒸汽并把引发剂溶液注入反应器，开始聚合反应。反应放出的热量使溶剂和单体的混合物沸腾，热蒸汽流向反应器顶部的水冷换热器后被完全冷凝。从冷凝器底部流出的液态溶剂重新回流到反应器中。冷凝器出口通过一个小管排放到大气，正常操作情况下，可以保持反应器内的压力基本和大气压相同。在紧急情况下，可以将水注入反应器夹套以加快冷却速度。

整个生产过程包括多个反应步骤。液态聚合物最终从溶剂中被汽提出来，经冷却后装入桶中，运往各地。

事故原因：客户订购的MFP-BH产品数量比反应器标准的批产量高12%。为了节省时间不必分两批生产，装置负责人决定增加进料量，一批生产出客户需要的全部产品。MFP-BH的生产分两个阶段。在第一个阶段中，先将丙烯酸单体和溶剂初始进料装入反应器，加热后，再迅速加入引发剂进行反应。在第二个阶段中，剩余的单体和引发剂要一起慢慢地加入到反应器中。而事发时，该工厂的负责人把所有的单体都一次性加入到反应器中。按照批量生产配方，加入到反应器中的芳香族和脂肪族溶剂的量应该几乎相同，由于低沸点脂肪族溶剂的存量不足，装置负责人决定用高沸点的芳香族溶剂进行替代，只是将总的溶剂用量稍稍减少一些。这些变更使反应器内单体总量增加了 45%，单体的浓度增加了 27%，混合物的大气压沸点大约升高了 5℃。所有的这些变更使反应器的热量输出比标准加工量至少高出 2.3 倍。

该公司从未建立冷凝器正常维护程序，而冷凝器的正常运行对反应器的安全操作是非常重要的。在这台斜管壳式冷凝器内，溶剂蒸汽在管程内流动，被壳程内流动的冷水冷却。事发后对冷凝器的冷却水端检查发现结垢情况非常严重，至少会使冷凝器的处理能力下降 25%。该公司员工也没有认识到冷凝器结垢可能会带来的危险。

反应失控爆炸事故是由于反应体系的放热速率超过散热速率，从而在反应体系中出现热量累积，温度升高，而高温会进一步加速反应，高温下反应体系内的介质发生气化或分解生成气体，导致容器内压力升高，超出容器的承受能力而最终导致爆炸事故发生。这类反应往往具有较大的放热效应和反应速度，如氧化、硝化、氯化、磺化、加氢、聚合等反应。反应失控爆炸主要有三种形式：

① 工艺使用物质本身具有热不稳定性。这类物质在运输、储存和使用过程中，由于外界热量、摩擦、撞击等原因而快速反应，在短时间内放出大量热量导致热失控。

② 化学合成过程中的反应失控。在化工生产中，有些反应的工艺条件非常苛刻，而有时为了实现较高的经济，反应条件往往控制在临近危险的边缘范围内，一旦操作条件发生偏离很容易造成反应失控。

③ 反应性化合物混合、接触导致事故。在化工生产过程中，有些介质可能对某种物质非常敏感，哪怕是微量的杂质也可能引发严重的爆炸后果，在工艺控制条件中务必识别出这些禁忌物质。如使用乙炔输送管道不能采用铜质管件，应严格控制乙炔与游离氯接触的浓度，环氧乙烷存储过程中严禁出现酸、碱、铁杂质等。

3.6.1 反应体系的热平衡与冷却失效

对于大多数放热化学反应，反应失控事故大多发生在反应器内。正常情况下，反应所放出的热量通过自然散热、物料流动、盘管或夹套冷却等方式移出，反应体系能够维持热平衡。如果热量的生成与移出速率不一致，反应体系内就会出现热累积而失去平衡，最终导致危险状况的发生。反应体系内的热累积等于生成热与移出热的差，在忽略其他热效应（如混合热等）的情况下，热平衡可表示为：

$$Q_{ac}=Q_{rx}-Q_{ex}-Q_{fd}+Q_{s}-Q_{loss} \tag{3-43}$$

式中，Q_{ac}为反应体系内的热量累积速率；Q_{rx}为反应体系内的热生成速率，即

$$Q_{rx}=r_A V\Delta H_r \tag{3-44}$$

式中，V 为均相反应体积，L；ΔH_r为反应热效应，J/mol，放热反应取正值；r_A为反应速率，mol/(L·s)，下标 A 表示某一关键反应物。

对于简单的 n 级反应，反应速率 r_A可表示为

$$r_A=k_0 e^{-\frac{E}{RT}}c_{A0}^n(1-X)^n \tag{3-45}$$

式中，k_0为反应速率常数，$mol^{(1-n)}/(L^{1-n}\cdot s)$；$E$ 为反应活化能，J/mol；c_{A0}为反应物 A 的初始摩尔浓度，mol/L；X 为反应物 A 的转化率；n 为反应级数。

则反应的放热速率可表达为：

$$Q_{rx}=k_0 e^{-\frac{E}{RT}} c_{A0}^n (1-X)^n V\Delta H_r \tag{3-46}$$

采用夹套或盘管形式进行换热时，反应介质与载热体之间的热交换是通过对流实现的，热量移出速率 Q_{ex}则可表示为

$$Q_{ex}=KA(T-T_c) \tag{3-47}$$

式中，K 为反应器的传热系数，W/(m² · ℃)；A 为反应器传热面积，m²；T_c、T 分别为冷却介质和反应介质的温度。

在连续反应体系中，物料流入反应器会带来热量，流出反应器会带出热量，同时原料入口温度与出口温度的不同也会产生物料显热，物料流动引起的热量累积速率可表示为：

$$Q_{fd}=\dot{m}C_p(T_f-T_0) \tag{3-48}$$

式中，$\dot{m}$ 为物料的质量流率，kg/s；C_p为物料的比热容，J/(kg · ℃)；T_f、T_0分别为物料出、入反应器的温度，℃。

在有搅拌的反应器中，搅拌黏性液体所需要的机械能会转变成热能，搅拌越强烈，转变成的热量越多。但是在大多数情况下，这部分热流 Q_s相对于反应热效应要小得多，可以忽略不计，即 $Q_s\approx 0$。

为了防止高温热表面产生的烫伤和炙烤，并尽可能地回收热量，工业反应器都采取了隔热措施。但在较高温度下，散热仍很严重。反应体系的散热速率 Q_{loss}可以简单表示为：

$$Q_{loss}=\alpha(T-T_{amb}) \tag{3-49}$$

式中，α 为总的散热系数，W/℃；T、T_{amb}分别为反应体系和环境的温度，℃。

热平衡被破坏后就可能导致反应体系的失控，而热平衡被打破的最危险情形是突然发生的冷却失效。所以，在大多数情况下，式(3-43) 所表示的热平衡问题可以简化为：

$$Q_{ac}=Q_{rx}-Q_{ex} \tag{3-50}$$

冷却失效模型首先由 R. Gygax 提出，以一个放热化学反应为例来说明该模型，该体系从正常到失控状态下的温度随时间变化情况如图 3-16 所示。

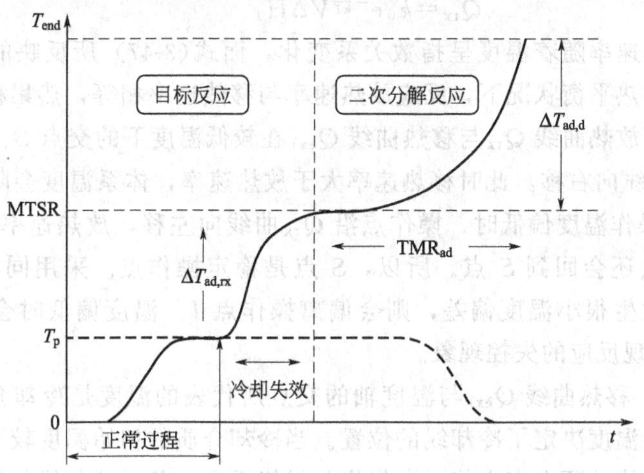

图 3-16 放热反应冷却失效情形

正常情况下，反应物在常温下进行升温，温度升至工艺要求的温度 T_p，此时冷却系统会维持反应体系的热量平衡，使反应温度保持在温度 T_p下直至反应结束。如果在某一时刻

突然发生冷却失效，此时反应体系可以近似看作是一个绝热体系，由于介质可以继续在反应器内发生反应，所以温度还会继续升高直至达到合成反应的最高温度 MTSR（maximum temperature of the synthesis reaction），最高温度 MTSR 与正常反应温度 T_p之间的温差称为绝热温升 $\Delta T_{ad,rx}$。在如此高的温度下，反应体系内的物料可能会发生二次分解反应，其反应热会使得绝热体系内的温度进一步升高至最终温度 T_{end}，此时反应体系将完全失控。失控反应体系在绝热条件下达到最大反应速度所需要的时间为 TMR_{ad}，而二次反应引起的绝热温升表示为 $\Delta T_{ad,d}$。

3.6.2 Semenov 热温图

反应体系的热平衡也是反应器的热稳定性问题。全混流反应器的热稳定性问题相对比较简单，以全混流反应器中发生的零级反应为例来说明反应器的热问题性问题，并以 Semenov 热温图的形式来反映，如图 3-17 所示。

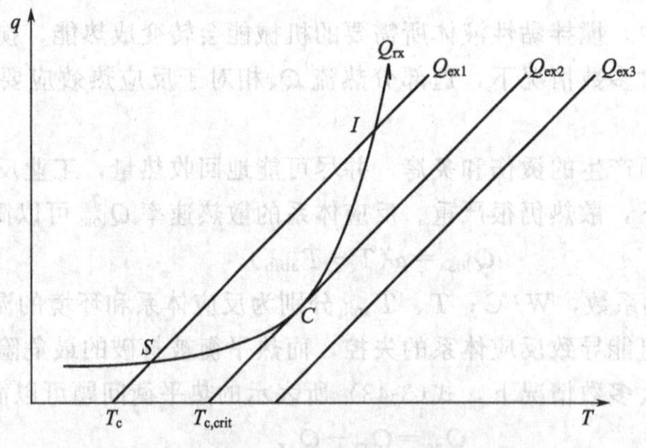

图 3-17 Semenov 热温图

对零级反应而言，式(3-46) 所表示的反应放热速率可表示为

$$Q_{rx}=k_0 e^{-\frac{E}{RT}} V\Delta H_r \tag{3-51}$$

该式表明反应放热速率随着温度呈指数关系变化，而式(3-47) 所反映的移热速率随温度呈直线关系变化。在热平衡状况下，反应放热速率与移热速率相等，热累积为零，也就是操作状态为较低温度下放热曲线 Q_{rx}与移热曲线 Q_{ex1}在较低温度下的交点 S。当操作温度偏高时，操作点沿 Q_{rx}曲线向右移，此时移热速率大于放热速率，体系温度会降低，操作点会回到 S 点；反之，当操作温度偏低时，操作点沿 Q_{rx}曲线向左移，放热速率大于移热速率，体系温度升高，操作点还会回到 S 点。所以，S 点是稳定操作点。采用同样的分析方法，在较高的 I 点，一旦发生很小温度偏差，则会偏离操作点 I：温度偏低时会滑落到操作点 S，温度偏高时则会出现反应的失控现象。

由式(3-47) 可知，移热曲线 Q_{ex1}与温度轴的交点所代表的温度是冷却介质的温度 T_c。所以，冷却介质的初始温度决定了冷却线的位置。当冷却介质的初始温度较高时，冷却线将会平行右移，它与放热线的两个交点将逐渐靠拢并最终重合，此时冷却线与放热线相切，切点对应反应体系的唯一的操作点 C。在此操作点下温度稍有偏高，反应将失去控制，所以，这个操作点是不稳定的，相应的冷却介质初始温度称为临界温度 $T_{c,crit}$。温度再高，冷却线与放热线没有交点，反应体系不会出现热平衡，反应失控不可避免。

通过热温图可以看出，当在某操作点处进行反应时，能够保持反应器稳定的条件是放热曲线的斜率小于移热曲线的斜率。此时反应体系具有热自衡能力，用数学表达式来描述具有热自衡能力的条件为：

$$\frac{dQ_{rx}}{dT}<\frac{dQ_{ex}}{dT} \tag{3-52}$$

3.6.3　失控反应体系评估

反应体系的失控可以通过一系列重要参数来进行评估，这些参数可以有效描述反应体系失控的临界条件、严重程度及其可能性等特征。

3.6.3.1　临界温度

如前所述，在零级反应体系中存在冷却介质允许的最高温度——临界温度 $T_{c,crit}$。冷却介质温度超过临界温度，反应体系就可能失去控制。在临界温度下，反应的放热速率和反应器的移热速率是相等的，则：

$$Q_{rx}=Q_{ex}\Longleftrightarrow k_0 e^{-\frac{E}{RT_{c,crit}}}V\Delta H_r=KA(T_{c,crit}-T_0) \tag{3-53}$$

由于临界温度下放热曲线与移热曲线存在唯一交点，即两线相切，则其导数相等：

$$\frac{dQ_{rx}}{dT}=\frac{dQ_{ex}}{dT}\Longleftrightarrow k_0 e^{-\frac{E}{RT_{c,crit}}}V\Delta H_r\frac{E}{RT_{c,crit}^2}=KA \tag{3-54}$$

将式(3-53) 与式(3-54) 联立，可得：

$$T_{c,crit}-T_c=\frac{RT_{c,crit}^2}{E} \tag{3-55}$$

由此可解一元二次方程，得到临界温度的估算式：

$$T_{c,crit}=\frac{E}{2R}\left(1\pm\sqrt{1-\frac{4RT_c}{E}}\right) \tag{3-56}$$

3.6.3.2　绝热温升 ΔT_{ad}

失控反应发生后可能存在的潜在破坏程度取决于反应失控后所释放出的能量。考虑最苛刻的情况是反应体系不与外界交换能量，即反应体系处于绝热状态。在绝热条件下进行的放热反应，反应物完全转化时所放出的热量导致物料温度的升高称为绝热温升。绝热温升是评估失控反应危险程度的一个重要指标。绝热条件下，反应所释放的全部能量等于提高反应体系内所有物料的温度所需要的能量，由此可得：

$$c_{A0}V\Delta H_r=\rho VC_p\Delta T_{ad} \tag{3-57}$$

式中，ρ 为反应体系所有物料的平均密度，kg/L；C_p 为物料平均比热容，J/(kg·℃)。

绝热温升可表示为：

$$\Delta T_{ad}=\frac{c_{A0}\Delta H_r}{\rho C_p} \tag{3-58}$$

3.6.3.3　冷却失效后合成反应的最高温度 MTSR

冷却失效造成反应失控而产生破坏的主要原因是温度的升高使反应体系内物料蒸气压力增大，超出反应容器所能承受的最高压力。所以，破坏能否发生还取决于冷却失效后合成反应所能达到的最高温度。失控条件下，合成反应最高温度（maximum temperature of the synthesis reaction，MTSR）可以通过实验室全自动反应量热仪（RC1）测试获得的数据计算得出，计算式为：

$$\mathrm{MTSR}=T_{\mathrm{p}}+X_{\mathrm{ac}}\Delta T_{\mathrm{ad}} \tag{3-59}$$

式中，T_{p}为反应工艺温度，℃；ΔT_{ad}为热失控后的绝热温升，℃；X_{ac}为未转化反应物的累计度。

对于间歇反应，$X_{\mathrm{ac}}=1$；对于半间歇反应，$X_{\mathrm{ac}}=1-X$。

3.6.3.4 二次反应后的最高温度 T_{end}

考虑反应失控达到体系最高温度 MTSR 后，体系内可能存在或生成热不稳定物质，高温将导致这些物质的分解，使反应体系温度进一步升高达到最终温度 T_{end}。这一最终温度可表示为：

$$T_{\mathrm{end}}=\mathrm{MTSR}+\Delta T_{\mathrm{ad,d}} \tag{3-60}$$

式中，$\Delta T_{\mathrm{ad,d}}$为由于二次分解反应造成的绝热温升，℃。

3.6.3.5 热爆炸的时间范围 $\mathrm{TMR_{ad}}$

在失控反应条件下，随着温度的升高，反应速度会加快。所以，体系温度达到最高值的时间往往很短。绝热条件下，热爆炸的形成时间 $\mathrm{TMR_{ad}}$可以通过反应的热动力学关系来估算。以相对简单的零级反应为例，绝热条件下反应体系的热平衡为：

$$\frac{\mathrm{d}T}{\mathrm{d}t}=\frac{Q}{\rho VC_p} \tag{3-61}$$

且

$$Q=Q_0\exp\left[\frac{-E}{R}\left(\frac{1}{T_0}-\frac{1}{T}\right)\right] \tag{3-62}$$

式中，Q_0为发生失控热爆炸时的起始放热速率，W/kg；T_0为发生失控热爆炸时的起始温度，℃。

如果 T_{c}接近 T_0，即 $(T_0+5\mathrm{K})\leqslant T_{\mathrm{crit}}\leqslant(T_0+30\mathrm{K})$，则可近似认为 $T_0T\approx T_0^2$，那么

$$\frac{1}{T_0}-\frac{1}{T}=\frac{T-T_0}{T_0T}\approx\frac{T-T_0}{T_0^2} \tag{3-63}$$

且

$$\left.\begin{array}{l}T-T_0=\Delta T\\ \dfrac{R\Delta T_{\mathrm{crit}}^2}{E}=\Delta T_{\mathrm{crit}}\end{array}\right\}\Rightarrow Q=Q_0\exp\left(\frac{\Delta T}{\Delta T_{\mathrm{crit}}^2}\right) \tag{3-64}$$

进行变量变换：

$$\frac{\Delta T}{\Delta T_{\mathrm{crit}}}=\theta\Rightarrow\Delta T=\Delta T_{\mathrm{crit}}\theta \tag{3-65}$$

式(3-64) 变为：

$$\theta=\theta_0\mathrm{e}^{\theta} \tag{3-66}$$

$$\frac{\mathrm{d}\theta}{\mathrm{d}t}=\theta_0\mathrm{e}^{\theta}\Rightarrow\int_0^t\mathrm{d}t=\frac{1}{\theta_0}\int_0^1\mathrm{e}^{-\theta}\mathrm{d}\theta \tag{3-67}$$

从 T_0到 $T_0+\Delta T_{\mathrm{ad}}$或 $\theta\to\infty$积分即可获得热爆炸时间，即

$$t=\frac{1}{\theta_0}\int_0^{\infty}\mathrm{e}^{-\theta}\mathrm{d}\theta=\left(\frac{1}{\theta_0}\mathrm{e}^{-\theta}\right)_0^{\infty}=\frac{1}{\theta_0} \tag{3-68}$$

或

$$t=\frac{\Delta T}{T_0}=\frac{C_pRT_{crit}^2}{Q_0E}\approx\frac{C_pRT_0^2}{Q_0E} \tag{3-69}$$

3.6.3.6 失控反应的严重度

严重度是指失控反应在不受控的情况下能量释放可能造成破坏的程度。虽然反应失控的后果与释放的热量多少有关，但反应热的大小不是评估反应危险性的绝对指标。这是因为，反应失控造成危害的过程是反应放热使反应体系温度升高，随之产生物料的气化、升压，压力的升高造成反应容器的失效、破坏，这才是危害形成的直接原因。所以，反应危险性的评估指标是反应的绝热温升。绝热温升不仅仅是影响温度水平的重要因素，同时还是失控反应动力学的重要影响因素。

根据苏黎世保险公司提出的苏黎世危险性分析法，失控反应危险性分为极高级、高级、中级和低级四个等级，失控反应严重度的评估准则如表 3-15 所示。

表 3-15 失控反应严重度的评估准则

危险等级	ΔT_{ad}/℃	失控后果
极高级	＞400	工厂毁灭性损失
高级	200～400	工厂严重损失
中级	50～200	工厂短期破坏
低级	＜50 且无压力影响	批量损失

3.6.3.7 失控反应的可能性

失控反应的可能性是指由于工艺反应本身导致危险事故发生的概率大小。对失控反应可能性的评估没有直接定量的分析方法。但是，失控反应是否会发生可以通过时间尺度来进行衡量。如果反应失控后会在很短时间内达到最高反应温度 MTSR，那么反应失控的可能性就会高；反之，达到最高反应温度 MTSR 的时间长，操作人员有足够的时间进行干预，使反应体系恢复到安全状态，那么反应失控的可能性就低。因此，可以利用失控反应达到最大反应速率的时间 TMR_{ad}来对可能性进行评估。我们常遵循六等级准则来评估反应失控的可能性，如表 3-16 所示。

表 3-16 失控反应可能性评估准则

简化的三等级分类	扩展的六等级分类	TMR_{ad}/h
高级(high)	频繁发生(frequent)	＜1
	很可能发生(probable)	1～8
中级(medium)	偶尔发生(occasional)	8～24
低级(low)	很少发生(seldom)	24～50
	极少发生(remote)	50～100
	几乎不可能发生(almost impossible)	＞100

3.7 喷雾爆炸

喷雾爆炸亦称雾滴爆炸，是化工生产过程中液相或含液混合系由于装备破裂、喷射、排空、泄压及泄漏等原因而形成的可燃性雾滴引起的爆炸。

可燃性液体雾滴的出现在石油化工生产中并不罕见。化工生产过程中，装置内液相或含液混合系由于装置破裂、密封失效、尾气带料、紧急排空、喷射、泄压等过程都会形成可燃性混合雾滴；液体雾化、热液闪蒸、气体骤冷等过程也可以形成液相分散空间雾滴。在生产过程中，一根热油管线的断裂可以看作是类似的闪蒸和突然冷却作用而得到大量的油污，这一过程所形成的雾滴的直径为 0.5～10μm，大多数在 10μm 范围内。

按照燃料气化性能与油滴尺寸大小划分，喷雾爆炸基本方式有如下几种：

① 当油滴易于气化、直径小于 10μm，且环境温度较高时，燃料基本上按气相预混可燃混合物的方式进行燃烧，燃烧火焰呈蓝色连续表面。

② 当燃料气化性能较差，油滴直径又较大（10～40μm）时，燃烧按边气化边燃烧的方式，各油滴间的火焰传播将连成一片（即火焰中存在油核）。从火焰来看，既有连续火焰面形成的蓝色火焰，还夹杂着白色和黄色的发光亮点。

③ 油滴直径大于 40μm，且空气供应比较充足时，各滴周围形成各自的火焰前锋，整个火焰由许多小火焰组成，此时的火焰已不成连续表面。火焰能否传播以及火焰的传播速度都将受液滴间距离、液滴尺寸和液体性质的影响。

一般可燃液体的燃烧速度取决于蒸气压力，但是大量研究表明，粒子的燃烧速度不是取决于蒸气压力，相反，几乎完全取决于下列因素。

(1) 环境温度

微滴表面接近沸点时才发生燃烧，燃烧粒子的质量变化率与粒子直径成比例；环境温度高，能及时提供使液滴达到沸点并蒸发所需的热量，促进爆炸。雾滴在闪点以下也可能引爆。

(2) 液滴直径

在喷雾爆炸中，较大粒子比较小粒子燃烧速度大得多。但是，燃烧粒子的寿命与它的最初直径的平方成正比。小粒子在大粒子之前消失，且液滴直径越小，引燃能量越小，越易爆炸，但高于可燃气体的引燃能量。对于机械形成的直径介于 0.01～0.2mm 之间的液滴，随着其直径的增加，爆炸极限下限会减小。当液滴直径介于 0.6～1.5mm 时，火焰不可能传播，也就不会发生喷雾爆炸。

(3) 惰性介质

惰性气体、雾化水、卤代烃对雾滴燃烧产生抑制作用。

(4) 气流流动状态

气流湍动会使液滴的火焰阵面发生皱折，从而使火焰面积增加，单滴液体燃烧速度增大；其次，气体运动的湍流程度可以促进液滴蒸气的迅速扩散，增加火焰阵面中的氧供给。

3.8 蒸汽爆炸

典型案例：锅炉缺水误操作引起爆炸

2011 年 7 月 6 日 6 时 40 分，新疆喀什市某洗衣粉厂一台立式锅炉发生爆炸，造成现场 4 人死亡，1 人重伤后经抢救无效死亡，4 人轻伤，直接经济损失 400 多万元的重大事故。

事故调查结果：经过现场调查发现如下现象。

① 断口边缘和壳体壁厚测量对比显示，断口无明显减薄，属脆性断裂。

② 通过向白班司炉人员询问得知，正常运行时该炉每小时用给水泵加水一次，每次加水不到两分钟，说明给水流量很大，加水速度较快。

③ 经对事故锅炉残片检查，该锅炉壳体与下部连接未采用 U 形下脚圈结构，而是平板脚焊缝结构，且焊缝未采用全焊透结构；该锅炉仅布置有一支水位计和一个安全阀。这均为承压锅炉不允许的结构，证明该锅炉属常压锅炉。

④ 经过对锅炉壳体和炉胆材质化验分析，钢材材质为 Q235，不是锅炉专用钢。

⑤ 经过金相分析、硬度及厚度测定，该锅炉钢材的金相组织存在 2～3 级球化组织，硬度测试正常，厚度测量无明显减薄。说明该锅炉干烧时间不长，材料为短时间超温。

⑥ 根据调查，司炉工每班工作十二小时，工作中极易疲劳，尤其夜班更易疲劳。

事故过程还原：该锅炉在运行中因缺水导致锅炉干锅，致使锅炉材料金属壁温急剧升高，强度下降，司炉工错误处置加水，导致加入的水遇到高温迅速气化，使锅炉内能量瞬时聚集，远超出材料强度极限，将锅壳撕裂，能量迅速释放并转化为动能，将锅壳及锅炉残片爆飞。

蒸汽爆炸是指液体急剧沸腾产生大量过热而引发的一种爆炸式沸腾现象。典型的过程如：冶金、锻造及电炉等高温作业场作，灼热熔融金属与水接触形成大量水蒸气急剧膨胀引起的水蒸气爆炸；锅炉运行过程中，炉体损坏造成过热水急剧沸腾引起的锅炉爆炸；液化天然气海上运输过程中，因液化气体与水接触引发的爆炸式沸腾；液化气储罐因内部压力过高造成罐体损坏而引起罐内过热液体发生爆炸式沸腾等。

3.8.1 液体过热与沸腾现象

3.8.1.1 液体过热现象

液体过热现象是把液体物质加热到通常发生相变的温度以上而仍不出现相变的现象。例如，久经煮沸的液体，溶于其中的空气全部跑掉后，因缺乏气泡，即缺乏汽化核，可以加热到沸点以上仍不沸腾（有时在 1atm 下，水温能上升到 130℃左右，在极特殊的情况下，也可以升到 200℃）。这样的液体称为过热液体，它处于亚稳态。

在平衡状态下，物质状态的变化如汽化、液化等现象均由加热或冷却所引起。如果使物质温度保持一定，则状态改变取决于压力变化。在一定温度下，水的压力 p 与容积 V 之间的关系如图 3-18 所示。图中 A_cKD_c 曲线代表的温度为临界温度，当温度小于临界温度时，水会存在气-液状态的转变，但是当温度高于临界温度时，不管压力如何变化，水都是以气态存在，不会液化。K 点对应的温度和压力分别称为临界温度和临界压力。

当过热现象存在时，可以用过热过程范德华状态方程描述，即

$$\left(p+\frac{a}{V^2}\right)(V-b)=RT \tag{3-70}$$

式中，a、b 分别为范德华分子引力常数和分子容积常数。

该式在 p-V 平面内的描述如图 3-19 所示。图中，代表气液共存状态的水平线段 BC 表

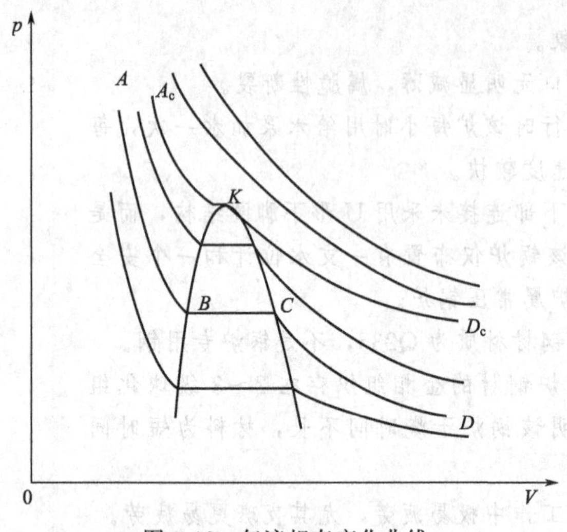

图 3-18 气液相态变化曲线

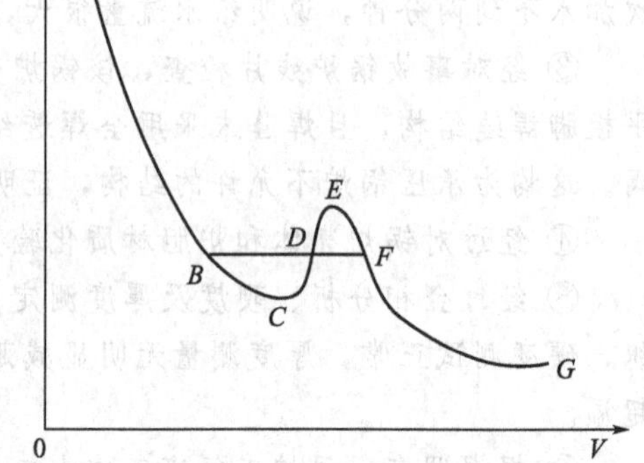

图 3-19 相平衡曲线

示为 $B \to C \to D \to E \to F$ 曲线的一部分。实际上，这一过程是不离开 BC 条件下进行的。如果在保持气体温度一定条件下，对完全处于静止状态的气体进行缓慢压缩，则饱和蒸汽状态并不是沿直线 $F \to B$ 方向移动，而是沿 GF 延长线的方向向 E 移动。同样，处于状态点 A 的液体缓慢减压，状态点也是沿着 AB 延长线方向向 C 移动。这表明，BC 和 FE 是实际可以实现的状态，而 CDE 则不能实现。在图 3-19 中，AB 段为液相，BDF 段为气液平衡，BC 段为过热液体，EF 段为过饱和蒸气，FG 段为蒸气，C、E 是非稳态、非平衡的状态点。对过热点 C 来说，其对应的压力可通过式(3-70) 来求出，因而可以求出水的理论极限过热温度 T_L和临界温度 T_c，两者之间的关系表示为：

$$T_L/T_c = 0.84 \tag{3-71}$$

过热液体发生爆炸式沸腾并转变为稳定状态的过程，可以通过图 3-20 所示的液体过热温度与蒸气压力之间的关系曲线来说明。若该液体常压下的沸点为 J，加热时液体温度沿着 $J \to H \to K$ 升高，但蒸气压保持不变，则 K 点对应的温度称为极限过热温度，在该温度下液体因发生爆炸式均匀核沸腾而汽化。起初在温度 T_D下产生的蒸气压对应于曲线上 D 的压力，但随着蒸气的不断产生，温度和压力将不断降低，当温度降低到 J 点时，压力等于大气压，气泡不再产生，这种爆炸式的沸腾现象称为过热极限爆炸。在大气压下，水在 269℃ 时便可形成过热状态，这种过热状态的水突然沸腾产生的最高压力可达 5.6MPa。

3.8.1.2 大气压下水的沸腾曲线

在大气压下，水沸腾传热面温差 ΔT 与热流束 q 之间的关系如图 3-21 所示。图中 OP 为自然对流曲线，P 点为起始沸腾点，R 点为极小热流束点，PQ 为核沸腾曲线，QR 为迁移沸腾曲线，RS 为膜沸腾曲线，由 PQ-QR-RS 构成的 N 形曲线称为沸腾曲线。在迁移沸腾区内，由于传热量由电加热控制，因此要使其中任意点的温度都处于稳定状态是相当困难的。一旦沸腾越过 Q 点，便会不经迁移沸腾曲线而急剧地移向膜沸腾区。如在热流束 q 一定的条件下，可以从 Q 点状态直接突跃到 B 点。反之，在膜沸腾区内，当 q 值较小时，也可越过 R 点直接突跃到核沸腾区中 A 点的状态。此外，沸腾迁移曲线 QR 所对应的 q 值随 ΔT 升高而下降。此处的高速摄影实验表明，在迁移沸腾区同时存在核沸腾与膜沸腾现象，气泡产生与破裂在很短的周期内反复进行，沸腾现象较其他区域更激烈。

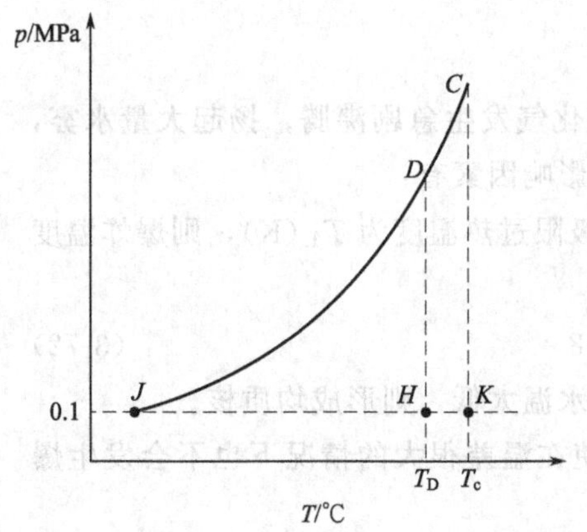

图 3-20 过热液体气化极限温度与压力曲线

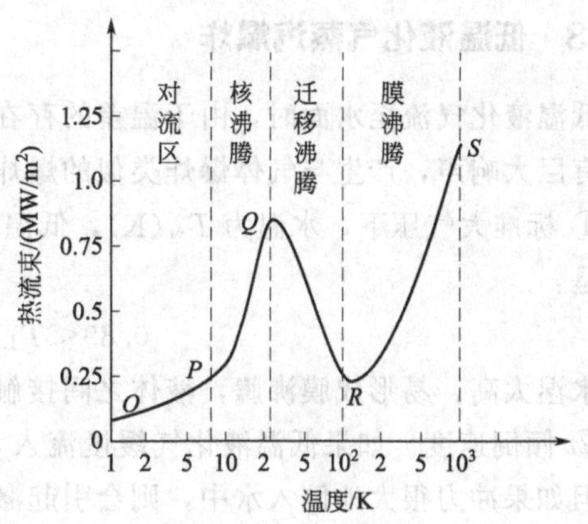

图 3-21 水的沸腾曲线

3.8.2 熔融物水蒸气爆炸

3.8.2.1 熔融金属水蒸气爆炸

高温熔融的金属遇水作用导致爆炸的机理包括以下几种：

① 水受热迅速汽化，体积骤增，器内压力增大而爆炸；

② 水分解导致气相爆炸：

$$Zn+2H_2O \xrightleftharpoons{\triangle} Zn(OH)_2+H_2\uparrow$$

③ 水分解释放氢气，400℃以上会发生燃烧爆炸：

$$2H_2O \xrightleftharpoons{>1600℃} 2H_2\uparrow+O_2\uparrow$$

综上所述，当熔融的金属投入体积较大的水中后，通过骤冷粉碎后分散，扩大了比表面积，将热量传递到水中，在极短时间内使水温达到100℃以上，由于过热急剧汽化成大量高温、高压的水蒸气，使水向四周激烈飞散，同时水高温下分解释放可燃气体并继续发生燃烧爆炸反应，在空气中形成冲击波，造成建筑物和设备的破坏等事故发生。所以，这种爆炸是气相扩展和燃烧并存的爆炸，同时伴随的金属破裂的微粒化效应增强了爆炸能力。

3.8.2.2 熔盐水蒸气爆炸

熔盐是很多高温加热炉和反应器的热载体，一旦遇水会发生剧烈的蒸汽爆炸。在蒸汽爆炸过程中，熔盐遇水接触的变化行为与熔盐成分有关。以回收炉中融盐为例（主要成分为Na_2CO_3）。实验表明，将加热到900℃的熔盐投入水中后，遇水时的微观变化可能有四种情况：

① 沉在底部不爆炸，如Na_2CO_3，这时只有因温差而形成的膜沸腾现象，产生冲击波，由于无微粒化效应，所以不易产生蒸汽爆炸；

② 水中反复多次爆炸后引起大爆炸，如Na_2CO_3＋10％～20％NaCl，小爆炸是微粒化效应造成的，破裂微粒扩展到大范围水体时发生大爆炸；

③ 沉淀在底部后产生小爆炸引发大爆炸，如Na_2CO_3＋10％～20％NaCl，原因是沉淀过程中温差降低，膜沸腾转变为核沸腾；

④ 与水接触即爆炸，如Na_2CO_3＋20％以上NaCl，表面张力小，容易吸附水，释热快，并伴随有微粒化效应。

3.8.3 低温液化气蒸汽爆炸

低温液化气流至水面时，由于温差的存在，低温液化气发生急剧沸腾，扬起大量水雾，并伴有巨大响声，产生与气体爆炸类似的爆炸现象，其影响因素有：

① 标准大气压下，水温为 T_w(K)，低温液化气的极限过热温度为 T_L(K)，则爆炸温度范围是：

$$0.89<T_L/T_w<0.98 \tag{3-72}$$

水温太高，易形成膜沸腾，液体之间接触不充分；水温太低，则形成均质核。

② 倾倒速度。如果低温液化气缓慢流入水面，即使在温差很大的情况下也不会发生爆炸。但如果冲力很大地倒入水中，则会引起激烈爆炸。

③ 液化气组分：液化气的组分改变会改变 T_L，一般温差大于100℃就具备了爆炸的可能性。

另外，实验研究还表明，低温液化气在空气中爆炸压力很弱，但在水中爆炸压力却很强。

3.8.4 高压过热液体蒸汽爆炸

当密闭容器中的液体遭遇火灾时，在明火加热下密闭容器中的蒸气压就会升高，如果容器发生破裂，处于过热状态的液体便会因气液平衡遭到破坏引起过热液体蒸气爆炸。此外，储藏在密闭容器中的液化气，当沸点在常温以下时，容器破裂也可能因液化气过热而发生蒸气爆炸。使液体从稳定状态转变为过热状态，一般有两种方式：

① 压力一定时，对液体加热，如熔融物与水接触；

② 温度一定时，降低液体压力，如高压液化气瓶破裂。

通常，高压过热液体发生爆炸具有如下条件与特征。

(1) 容器破裂

一般都是先有容器在气相处的外壳破裂，致使高压蒸气得以喷出，器内压力发生骤降，本来处于平衡饱和状态的液体因突然泄压形成过热状态，产生大量气体形成沸腾核，气体和液体体积都会快速膨胀，由于液体惯性力冲击器壁造成容器爆炸。

(2) 裂缝面积

如果裂缝的面积很小，往往不能够爆炸，这是因为气体通过小的裂缝泄漏，器内压力只会缓慢下降，随着液体汽化带走热量，液相温度也会缓慢下降，液体温度、压力之间可以维持平衡，不会产生过热。一般裂缝面积与气液界面面积之比小于1/25时不发生爆炸。

(3) 裂缝位置

裂缝如果处于气相空间可能会发生爆炸，若是在液相则不易爆炸。原因是液体泄漏阻力大，泄漏速度慢，造成器内的压力下降也就缓慢，不易产生过热现象。另外，裂缝位置距离液面越近，越容易爆炸，且爆炸越猛烈。

(4) 液体充装程度

液体储罐的灌装不宜太满，因为如果充装过满，则气相空间太小，温度变化产生的蒸气的自由空间小，容易产生超压，造成容器破裂，形成过热条件。如果完全充满，则液体发生膨胀的力很大，也会造成容器破裂。

1. 炼钢过程中，钢水中滴入水滴将导致爆炸。这种爆炸的类型属于物理爆炸还是化学爆炸？

2. 已知苯的闪点 T_f 为-14℃，闪点对应的苯的饱和蒸气压为1.47kPa，请计算苯的爆炸下限。

3. 试根据分子式推断乙烷的爆炸极限。

4. 某混合气体的摩尔组成为：甲烷80%，乙烷15%，丙烷4%，丁烷1%。试计算该混合气体的爆炸极限。

5. 发生炉煤气摩尔组成为：6.2%CO_2，27.3%CO，12.4%H_2，0.7%CH_4，其他N_2。计算其爆炸极限。

6. 已知甲烷在空气中的燃烧极限为5%～15%，在氧气中的燃烧极限为5%～60%，极限氧浓度为17.8%，请在可燃性图表中确定其具有燃烧爆炸危险的近似区域，并写出确定步骤。

7. 某充装可燃气体的容器在投入使用和打开人孔检修操作时，分别存在什么安全问题？采取什么措施加以应对？试用可燃性图表加以说明。

8. 气体爆炸需要满足哪些极限条件？这些条件各自受哪些因素的影响？

9. 黑50/梯50炸药由黑索金（$C_3H_6O_6N_6$）和梯恩梯（$C_7H_5O_6N_3$）按质量比1∶1混合而成，试计算该混合炸药的氧平衡和爆炸产物体积。

10. 求阿乌托80/20（组成：硝酸铵质量占80%，TNT质量占20%）的爆炸体积。

11. 某种岩石铵梯炸药的组成为：硝酸铵（NH_4NO_3）占85%（质量分数），木粉（$C_{15}H_{22}O_{10}$）占4%（质量分数），其余为TNT（$C_7H_5O_6N_3$）。试计算该混合炸药的氧平衡，并写出相应的爆炸变换方程。

12. 粉尘爆炸的机理是什么？

13. 预防粉尘爆炸可采取的方法及其原理是什么？

14. 在全混流釜式反应器中进行动力学级数为1级的反应，其反应放热曲线为S形（如下图所示），在不考虑二次反应的前提下，试在给出的热温图上分析各操作点的稳定性。

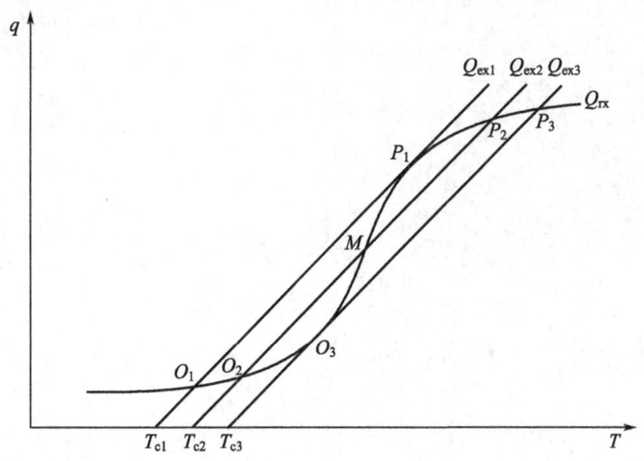

15. 在匀速最大工作压力为10MPa的1m^3的高压釜中，将氯代芳烃化合物转化成相应

的苯胺化合物，反应过程中使用大大超过化学计量比（4∶1）的氨水（30%），目的是使剩余氨水能够与反应生成的盐酸发生中和反应，维持 pH 值大于 7，从而避免腐蚀问题。反应温度为 180℃，停留时间为 8h，反应的转化率达到 90%。反应方程式表示为：

$$\text{Ar—Cl} + 2NH_3 \xrightarrow{180℃} \text{Ar—}NH_2 + NH_4Cl$$

反应器中物料量：315kg 氯代芳烃化合物（约 2kmol）和 453kg 的 30% 氨水（约 8mol）。两种反应物均在室温下进料，然后反应器加热到 180℃，恒温维持 12h。基本数据：反应焓变 $\Delta H=175$kJ/mol（包括中和反应），反应物料比热容 $C_p=3200$J/(kg·K)，最终反应物料的分解热 $Q_D=840$kJ/kg，分解反应 TMR_{ad} 为 24h 的温度 $T_{D24}=280℃$，30%（质量分数）氨溶液的蒸气压（bar）为 $\ln p=11.47-\dfrac{3385}{T}$，19%（质量分数）氨水溶液的蒸气压（bar）为 $\ln p=11.62-\dfrac{3735}{T}$。

请评估该工艺过程的热风险。

16. 在苯酚丙酮生产工艺中，过氧化氢异苯（CHP）分解反应如下：

$$C_6H_5\text{—}C(CH_3)_2\text{—O—OH} \longrightarrow C_6H_5\text{—OH} + CH_3\text{—}\overset{\overset{\displaystyle O}{\|}}{C}\text{—}CH_3$$

分解反应器中原料 CHP 的质量是 15000kg，物料比热容为 2.16kJ/(kg·K)。初始反应温度为 78℃，CHP 的分解反应热 $\Delta H=226.5$kJ/mol。试计算该反应失控时的绝热温升 ΔT_{ad}和最高温度 MSTR。

17. 试分析工业蒸汽锅炉爆炸的条件和特点。

第4章 燃烧爆炸物质危险性及测评方法

典型案例：原料仓库化工原料储存不当连续性爆炸事故

2001年7月13日凌晨，湖南湘乡市某公司原料仓库发生火灾，随后的2h内发生大小10次连续性爆炸。此事故虽未造成人员伤亡，但仓库中所存放物品全部毁坏，仓库主体基本被摧毁，财产损失严重。

事故经过：事故仓库中存放有约400t硫黄，31t氯酸钾，在仓库一角还放有100t水泥。事故前一天晚11时左右，公司值班人员发现原料仓库冒出烟雾，判断为仓库里面堆放的硫黄起火。初期，只有黄烟在仓库屋顶、窗户上翻滚。由于燃烧物是硫黄和硫酸钾，遇高温时变成液态，绿色的火苗随着液化的物质流淌。消防人员到达后，采用的灭火方法一是降温扑救，二是用编织袋将水泥砌成矮墙以防止液态硫黄外溢。

事故原因：化学品自燃引起。氯酸钾是强氧化性物质，与强还原剂混合易发生燃烧爆炸事故。而硫、磷都是强还原性物质。氯酸钾遇明火或高温可能发生燃烧，严重时可能爆炸。

4.1 危险物质的分类

根据《危险货物分类与品名编号》GB 6944—2012规定，危险物品的分类方法如表4-1所示。

表4-1 危险物品的分类方法

类别名称	项目名称	说明
第1类 爆炸品	1.1有整体爆炸危险的物质和物品	包括： a. 爆炸性物质； b. 爆炸性物品； c. 为产生爆炸或烟火实际效果而制造的上述2项中未提及的物质或物品
	1.2有迸射危险，但无整体爆炸危险的物质和物品	
	1.3有燃烧危险并有局部爆炸危险或局部迸射危险或这两种危险都有，但无整体爆炸危险的物质和物品	
	1.4不呈现重大危险的物质和物品	
	1.5有整体爆炸危险的非常不敏感物质	
	1.6无整体爆炸危险的极端不敏感物品	

续表

类别名称	项目名称	说明
第2类 气体	2.1 易燃气体	本类气体指：a. 在50℃时，蒸气压力大于300kPa的物质；b. 20℃时在101.3kPa标准压力下完全是气态的物质。包括压缩气体、液化气体、溶解气体和冷冻液化气体、一种或多种气体与一种或多种其他类别物质的蒸气的混合物、充有气体的物品和烟雾剂
	2.2 非易燃无毒气体，包括窒息性气体、氧化性气体等	
	2.3 毒性气体	
第3类 易燃液体	本类包括：a. 易燃液体：在其闪点温度（其闭杯试验闪点不高于60.5℃，或其开杯试验闪点不高于65.6℃）时放出易燃蒸气的液体或液体混合物，或是在溶液或悬浮液中含有固体的液体；在温度等于或高于其闪点的条件下提交运输的液体；或以液态在高温条件下运输或提交运输并在温度等于或低于最高运输温度下放出易燃蒸气的物质。b. 液态退敏爆炸品	
第4类 易燃固体、易于自燃的物质、遇水放出易燃气体的物质	4.1 易燃固体	包括：a. 容易燃烧或摩擦可能引燃或助燃的固体；b. 可能发生强烈放热反应的自反应物质；c. 不充分稀释可能发生爆炸的固态退敏爆炸品
	4.2 易于自燃的物质	包括：a. 发火物质；b. 自热物质
	4.3 遇水放出易燃气体的物质	与水相互作用易变成自燃物质或能放出危险数量的易燃气体的物质
第5类 氧化性物质与有机过氧化物	5.1 氧化性物质	本身不一定可燃，但通常因放出氧或起氧化反应可能引起或促使其他物质燃烧的物质
	5.2 有机过氧化物	分子组成中含有过氧基的有机物质，该物质为热不稳定物质，可能发生放热的自加速分解
第6类 毒性物质与感染性物质	6.1 毒害品	经吞食、吸入或皮肤接触后可能造成死亡或严重受伤或健康损害的物质。LD_{50} 固体≤500mg/kg；液体≤2000mg/kg；粉尘、烟雾、蒸气≤10mg/L；皮肤接触24h≤1000mg/kg
	6.2 感染性物质	含有病原体的物质，包括生物制品、诊断样品、基因突变的微生物、生物体和其他媒介，如病毒蛋白等
第7类 放射性物质	含有放射性核素且其放射性活度浓度和总活度都分别超过GB 11806规定的限值的物质	
第8类 腐蚀品	通过化学作用使生物组织接触时会造成严重损伤，或在渗漏时会严重损害甚至毁坏其他货物或运载工具的物质	
第9类 杂类	具有其他类别未包括的危险的物质和物品，如：a. 危害环境物质；b. 高温物质；c. 经过基因修改的微生物或组织	

4.2 可燃性气体或蒸气

4.2.1 可燃气体的燃烧爆炸危险特征

日常生活中遇到的可能导致火灾事故的气体主要是各种燃气，包括管道煤气、天然气、液化石油气等，在化工等生产环节涉及的可燃气体则更多，这些气体的可能导致或促进燃烧爆炸危险特性主要表现在以下几方面。

（1）扩散性

处于气体状态的任何物质都没有固定的形状和体积，且能自发地充满任何容器。由于气体的分子间距大，相互作用力小，所以非常容易扩散。其特点是：

① 比空气轻的可燃气体逸散在空气中可以无限制地扩散，易与空气形成爆炸性混合物，并能够顺风飘荡，迅速蔓延和扩散；

② 比空气重的可燃气体泄漏出来时，往往飘浮于地表、沟渠、隧道、厂房死角等处，长时间聚集不散，易与空气在局部形成爆炸性混合物，遇到火源发生着火或爆炸；同时，相对密度大的可燃气体一般都有较大的发热量，在火灾条件下，易于造成火势扩大。

掌握可燃气体的相对密度及其扩散性，对评价其火灾危险性的大小，以及对选择通风口位置、确定防火间距以及采用防止火焰蔓延的措施都有实际意义。

(2) 可压缩性和膨胀性

任何物体都有热胀冷缩的性质，气体尤为突出。其特点如下：

① 当压力不变时，气体的温度升高，气体分子间的热运动加剧，体积增大。

② 当温度不变时，压力越大，体积越小。也就是说，气体在一定的压力下可以压缩，甚至可以压缩成液态。所以，气体通常都是经压缩后存于钢瓶中的。

③ 在体积不变时，温度越高，压力越大。若在一定密闭容器内，气体受热的温度越高，其膨胀后形成的压力越大。一般压缩气体和液化气体都盛装在密闭容器内，如果受高温、日晒，气体极易膨胀产生很大的压力，当压力超过容器的耐压强度时就会造成爆炸事故。

(3) 易燃易爆性

可燃气体的主要危险性是易燃易爆性，当可燃气体与空气混合形成爆炸性混合物，遇明火极易发生燃烧或爆炸。可燃气体比可燃液体、可燃固体易燃，遇到极微小能量点火源的作用即可引起燃烧爆炸，且燃烧速度快，所以火灾爆炸危险性大。可燃气体有时不需要接触明火，只要受热达到一定温度也可能发生燃烧。

(4) 带电性

由静电产生原理可知，任何物体的摩擦都会产生静电，氢气、乙烯、乙炔、天然气、液化石油气等压缩气体或液化气体从管口或破损处高速喷出时也同样能产生静电。据实验，液化石油气喷出时，产生的静电电压可达 9000V，其放电火花足以引起燃烧。

常温下的气体具有密度小、比体积大的特点，所以工业上都采用加压压缩的方法将其盛于容器中，这样就形成了压缩可燃气体。有些液体的饱和蒸气压高，非常容易挥发，形成蒸气，成为可燃液体蒸气；有的则是为了便于储存和运输，将一些气体经过加压、低温等处理使其液化或溶解于液相中，一旦条件具备便形成气相，这类气体属于液化和溶解可燃性气体。例如：

压缩可燃气体有 H_2、天然气、C_2H_4、C_2H_2、合成氨原料气、煤气等，一般存在于工艺过程中，如储存、输送、使用等环节。

可燃液体蒸气有乙醚、苯、汽油、酒精等，这类气体常随着液体作为溶剂或产品使用、加热时产生。

可燃液化气体有液化石油气（LPG）、液氨、液化环氧乙烷等，多存在于储存阶段。溶解性可燃气体只有乙炔，即多孔性物质用丙酮处理后把乙炔压缩而溶于其中。

上述气体与空气或氧气混合，组成某种浓度范围的混合气体时，在引燃源的作用下，火焰会瞬间在整个混合气体空间内传播开来，最终导致爆炸，因此是防范的重点。

4.2.2 气体燃烧爆炸危险性分类及判据

可燃性气体的危险性可通过爆炸极限、自燃点等参数来反映。根据《石油化工企业设计防火规范》(GB 50160—2008) 的规定，生产和储存可燃性气体时，爆炸极限小于10%的可燃性气体划为甲类火灾危险；将爆炸极限大于等于10%的可燃气体划为乙类火灾危险。甲类可燃气体有氢气、硫化氢、甲烷、乙烷、丙烷、丁烷、乙烯、丙烯、乙炔、氯乙烯、甲醛、甲胺、环氧乙烷、炼焦煤气、水煤气、天然气、油田伴生气、液化石油气等；乙类可燃气体有氨、一氧化碳、硫氧化碳、发生炉煤气等。

爆炸极限下限越低，爆炸范围越宽，其火灾爆炸的危险性越高。可燃性气体或蒸气的危险度为该气体或蒸气的爆炸上下限浓度之差除以爆炸下限值。即

$$H=\frac{UFL-LFL}{LFL} \tag{4-1}$$

式中 H——危险度；

UFL——爆炸上限浓度；

LFL——爆炸下限浓度。

从上式中看出，气体或蒸气的爆炸极限范围越宽，其危险度 H 值越大，即该物质的危险性越大，这是因为爆炸下限浓度低时易燃气体稍有泄漏就会形成爆炸条件。

有时对环境空气中可燃气的监测，也常常直接给出可燃气体的环境危险度，即该可燃气在空气中的含量与其爆炸极限下限的百分比。如果可燃物气体含量只达到其爆炸下限的10%，则称这个场所的可燃气体环境危险度为10%。

4.2.3 爆炸极限的测定

爆炸极限应用于可燃气体危险性的分类，有爆炸性危险的工艺设备内允许可燃气体的浓度、爆炸性气体环境的通风和供热系统的计算、动火作业时安全浓度的确定等都同这一参数有关。根据《空气中可燃气体爆炸极限测定方法》(GB/T 12474—2008)，采用规定的方法点燃可燃气体和空气混合气后不能形成火焰传播，不能完全认为该混合气不会爆炸，这是因为可燃气体和空气混合气的爆炸极限与诸多因素有关，这里不再赘述。

GB/T 12474—2008 要求将可燃气体与空气按一定比例混合，然后用电火花引燃，改变可燃气体浓度，直至测得能爆炸的最低和最高浓度。爆炸极限的试验装置主要由反应管、点火装置、搅拌装置、真空泵、压力计、电磁阀等组成，见图 4-1。

装置的主要部分是一个以硬质玻璃为材质的反应管，管长 (1400±50)mm，管内径 ϕ (60±5)mm，管壁厚不小于 2mm，管底部装有通径不小于 ϕ25mm 泄压阀。装置安放在可升温至 50℃的恒温箱内。恒温箱前后各有双层门，一层为钢化玻璃，一层为有机玻璃，用以观察实验并起保护作用。

可燃气体和空气混合气利用电火花点燃，电火花能量应大于混合气的点燃能量。放电电极距反应管底部不小于 100mm 处，位于管的横截面中心，电极间距离为 3～4mm。

爆炸极限测定的试验步骤为：

先检查装置的密闭性，将装置抽真空至不大于 667Pa (5mmHg) 的真空度，然后停泵。经 5min 压力计压力下降不大于 267Pa (2mmHg)，认为真空度符合要求。按分压法配制混合气，也可采用其他能准确配气的方式。

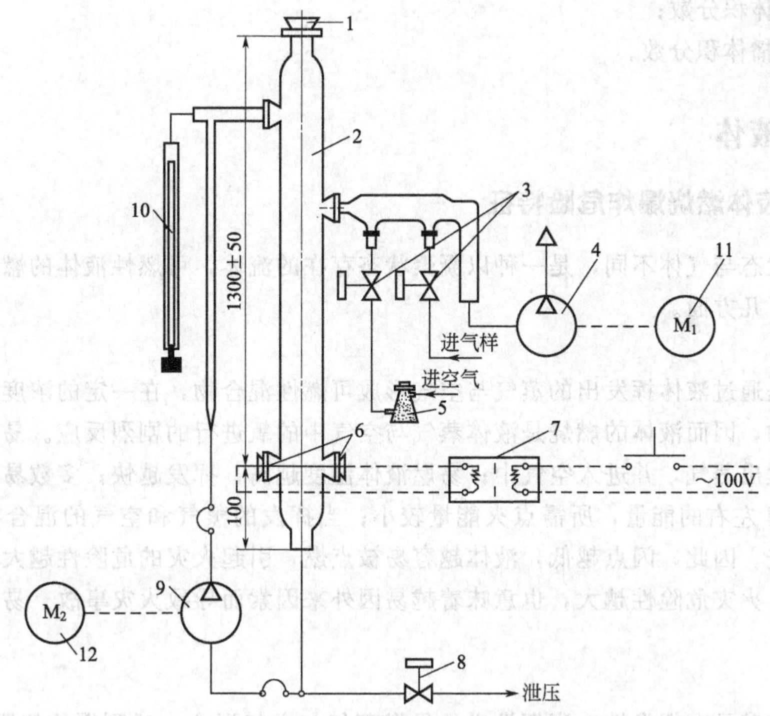

图 4-1　爆炸极限测定装置示意图

1—安全塞；2—反应管；3—电磁阀；4—真空泵；5—干燥瓶；6—放电电极；7—电压互感器；8—泄压电磁阀；9—搅拌泵；10—压力计；11—M1 电动机；12—M2 电动机

为了使反应管内可燃气在空气中均匀分布，配好气后利用无油搅拌泵搅拌 5～10min，停止搅拌，然后打开反应管底部泄压阀进行点火，并观察是否出现火焰。点火时恒温箱的玻璃门均应处在关闭状态。

注：建议采用 300V·A 电压互感器作为点火电源，产生的高压为 10kV（有效值），火花持续时间为 0.5s 左右。

每次试验后要用湿度低于 30%的清洁空气冲洗试验装置，反应管壁及点火电极若有污染应清洗。用渐近法通过测试寻找极限值，如果在同样条件下进行三次试验，点火后火焰均未传至管顶，则可改变进样量，进行下一个浓度的试验。测爆炸下限时样品增加量每次不大于 10%，测爆炸上限时样品减少量每次不小于 2%。新组装的测定装置应做 10 次左右的试验再进行正式测定。

试验中出现以下现象均认定为发生了爆炸：

① 火焰非常迅速地传播到管顶；

② 火焰以一定速度缓慢传播；

③ 在放电电极周围出现火焰，然后熄灭，这表明爆炸极限在此附近。在这种情况下，至少重复次试验 5 次，有一次出现火焰传播。

注：由于可能出现无色火焰情况（如氢气的火焰），可使用温度测量探针（如热电偶）。

通过实验找到最接近的火焰传播和不传播两点的体积分数，并按下式计算爆炸极限值：

$$\phi=\frac{1}{2}(\phi_1+\phi_2) \tag{4-2}$$

式中　ϕ——爆炸极限；

ϕ_1——传播体积分数；

ϕ_2——不传播体积分数。

4.3 可燃性液体

4.3.1 可燃性液体燃烧爆炸危险特征

液体的存在状态与气体不同，是一种以凝聚状态存在的流体，可燃性液体的燃烧爆炸危险特性表现在以下几方面。

（1）易燃性

液体的燃烧是通过液体挥发出的蒸气与空气形成可燃性混合物，在一定的浓度范围内遇火源点燃而实现的，因而液体的燃烧是液体蒸气与空气中的氧进行的剧烈反应。易燃液体的闪点较低，易挥发出蒸气，并进入空气中；易燃液体温度越高，挥发越快；多数易燃液体被引燃只需要 0.5mJ 左右的能量，所需点火能量较小；当挥发的蒸气和空气的混合物与火源接触容易引起燃烧。因此，闪点越低，液体越容易被点燃，引起火灾的危险性越大；液体所需点火能量越小，火灾危险性越大，也意味着越易因外来因素而导致火灾事故。易燃液体具有高度的易燃性。

（2）易爆性

易燃液体由于其具有挥发性，当挥发出的易燃蒸气与空气混合，达到爆炸极限范围时，遇火源就会发生爆炸。易燃液体的挥发性越强，其爆炸危险性越大；同时，这些易燃蒸气可以随意飘散，或在低洼处聚积，使易燃液体的使用、储存更具爆炸危险性。

（3）易挥发性

易燃液体大部分属于沸点低、闪点低、挥发性强的物质。随着温度的升高，蒸发速度加快，当挥发处的蒸气与空气混合达到一定浓度时遇火源极易发生燃烧爆炸。

（4）受热膨胀性

易燃液体也和其他物体一样，有受热膨胀性。储存于密闭容器中的易燃液体受热后，在本身体积膨胀的同时会使蒸气压增加，如若超过了容器所能承受的压力极限，就会发生容器膨胀，以致爆裂。夏季盛装易燃液体的桶经常出现“鼓桶”现象，以及玻璃容器发生爆裂，就是受热膨胀所致。所以，对盛装易燃液体的容器，应留有不少于 5% 的空隙，夏天要储存于阴凉处或用喷淋冷水降温的方法加以防护。

（5）易流动扩散性

易燃液体大部分黏度比较小，因而有较强的流动性。在生产、储存等场所发生泄漏，泄漏的易燃液体会沿着地面、设备或管沟流淌扩散，从而使火灾范围扩大，增大灭火的难度和火灾损失。

（6）带电性

大部分易燃液体为非极性物质，在管道、储罐、槽车、油船的输送、灌装、摇晃、搅拌和高速流动过程中，由于摩擦产生静电，当所带的静电荷积聚到一定程度时，就会产生静电火花，有引起燃烧爆炸的危险性。

4.3.2 可燃液体燃烧危险分类及判据

这类物质大部是有机化合物，其中不少属于石油化工产品。我国《建筑设计防火规范》

(GB 50016—2014) 中将能够燃烧的液体分成甲类液体、乙类液体、丙类液体三类。比照危险货物的分类方法，可将上述甲类和乙类液体划入易燃液体类，把丙类液体划入可燃液体类。甲、乙、丙类液体按闭杯闪点划分。

甲类液体（T_f＜28℃）有：二硫化碳、氰化氢、正戊烷、正己烷、正庚烷、正辛烷、1-己烯、2-戊烯、1-己炔、环己烷、苯、甲苯、二甲苯、乙苯、氯丁烷、甲醇、乙醇、50 度以上的白酒、正丙醇、乙醚、乙醛、丙酮、甲酸甲酯、乙酸乙酯、丁酸乙酯、乙腈、丙烯腈、呋喃、吡啶、汽油、石油醚等。

乙类液体（28℃≤T_f＜60℃）有：正壬烷、正癸烷、二乙苯、正丙苯、苯乙烯、正丁醇、福尔马林、乙酸、乙二胺、硝基甲烷、吡咯、煤油、松节油、芥籽油、松香水等。

丙类液体（T_f≥60℃）有：正十二烷、正十四烷、二联苯、溴苯、环己醇、乙二醇、丙三醇（甘油）、苯酚、苯甲醛、正丁酸、氯乙酸、苯甲酸乙酯、硫酸二甲酯、苯胺、硝基苯、糠醇、机械油、航空润滑油、锭子油、猪油、牛油、鲸油、豆油、菜籽油、花生油、桐油、蓖麻油、棉籽油、葵花籽油、亚麻仁油等。

按照《石油化工企业设计防火规范》(GB 50160—2008) 的定义，液体的火灾危险性如表 4-2 所示。

表 4-2　液化烃、可燃液体的火灾危险性分类

类别		名称	特征
甲	A	液化烃	15℃时的蒸气压力＞0.1MPa 的烃类液体及其他类似的液体
	B	可燃液体	甲 A 类以外，闪点＜28℃
乙	A		闪点≥28℃至≤45℃
	B		闪点＞45℃至＜60℃
丙	A		闪点≥60℃至≤120℃
	B		闪点＞120℃

操作温度超过其闪点的乙类液体，应视为甲 B 类液体；操作温度超过其闪点的丙类液体，应视为乙 A 类液体。

可燃性液体的燃烧爆炸危险性可通过闪点、爆炸极限、自燃点等参数反映。液体的闪点越低，火灾危险性越大。根据物质的闪点可以区别各种可燃液体的火灾危险性。因此，人们把闪点作为决定液体火灾危险性大小的重要依据。易燃、可燃液体（包括具有升华性的可燃固体）表面挥发的蒸气与空气形成混合气，当火源接近时会有瞬间燃烧，这种现象称为闪燃。引起闪燃的最低温度称为闪点。

那么，为什么说闪燃仅仅是“瞬间燃烧”呢？这是因为液体在闪点温度下蒸发速度较慢，所蒸发出来的蒸气仅能维持短时间的燃烧，这种燃烧所产生的热量不足以使液体继续蒸发出足够使火焰维持的蒸气，故而瞬间即灭。也就是说，在闪点温度时，燃烧的仅仅是可燃液体已经蒸发了的那些蒸气，而不是液体自身在燃烧。为了确保生产过程的安全，一般要求可燃液体的使用温度要比闪点高 20～30℃，这样也可以避免损失。

除了可燃液体有闪燃现象外，一些可燃固体也会有闪燃现象。如石蜡、樟脑、萘等，其表面上所产生的蒸气可以达到一定的浓度，与空气混合而成为可燃的气体混合物，若与明火接触，也能出现闪燃现象。

物质能被点燃的最低温度称为燃点，易燃液体的燃点高于其闪点 1～5℃。可燃液体闪点在100℃以上者，两者之差最高可达30℃，闪点越低，差值越小。

4.3.3 液体闪点与燃点的测定方法

闪燃是可燃液体发生着火的前奏，是危险的警告；闪点是衡量可燃液体火灾危险性的重要依据。测定闪点的方法有开口杯法和闭口杯法两种。开口杯法是将可燃液体样品放在敞口容器中加热进行测定，此方法又称作是克利夫兰得开杯试验；闭口杯法是将可燃液体样品放在有盖的容器中加热测定，又称为宾斯克-马丁闭杯法。一般闪点在150℃以下的轻质油品用闭杯法测闪点，重质润滑油和深色石油产品用开杯法测闪点。同一个油品，其开杯闪点较闭口闪点高20～30℃时测得的试验结果一般是开杯闪点比闭口闪点高15～20℃。

(1) 开杯闪点的测定

按《石油产品闪点与燃点测定法开口杯法》(GB/T 267—88) 标准方法测开杯闪点时，把试样装入内坩埚到规定的刻度线。首先迅速升高试样温度，然后缓慢升温，当接近闪点时，恒速升温，在规定的温度间隔，用一个小的点火器火焰按规定速度通过试样表面，以点火器的火焰使试样表面上的蒸气发生闪火的最低温度，作为开杯闪点。继续进行试验，直到用点火器火焰使试样发生点燃并至少燃烧5s时的最低温度，作为开杯法燃点。

为了测准闪点，必须严格控制操作条件，尤其是升温速度。同一操作者用同一台仪器重复试验，如果闪点小于等于150℃，结果之差不得大于4℃；如果闪电大于150℃，结果之差不得大于6℃。

考虑气压对闪点和燃点的影响，可采用修正的方法获得较为准确的闪点和燃点数据。

当大气压强低于99.3kPa (745mmHg) 时，则修正公式为：

$$T_0 = T + \Delta T \tag{4-3}$$

式中 T_0——相当于101.3kPa时的闪点或燃点，℃；

T——在实验条件下测得的闪点或燃点，℃；

ΔT——修正数，℃。

当大气压强在72.0～101.3kPa (540～760mmHg) 范围内时，修正数 ΔT 可按式(4-4) 计算：

$$\Delta T = (0.00015T + 0.028) \times (101.3 - p) \times 7.5 \tag{4-4}$$

式中 p——试验条件下的大气压力，kPa；

T——在试验条件下测得的闪点或燃点，℃。

修正数 ΔT 也可以从表4-3查出。

表4-3 不同压力下的修正数 ΔT

闪点或燃点/℃	在下列大气压力[kPa(mmHg)]时的修正数 ΔT/℃										
	72.0 (540)	74.6 (560)	77.3 (580)	80.0 (600)	82.6 (620)	85.3 (640)	88.0 (660)	90.6 (680)	93.3 (700)	96.0 (720)	98.6 (740)
100	9	9	8	7	6	5	4	3	2	2	1
125	10	9	8	8	7	6	5	4	3	2	1
150	11	10	9	8	7	6	5	4	3	2	1
175	12	11	10	9	8	6	5	4	3	2	1
200	13	12	10	9	8	7	6	5	4	2	1
225	14	12	11	10	9	7	6	5	4	2	1
250	14	13	12	11	9	8	7	5	4	3	1
275	15	14	12	11	10	8	7	6	4	3	1
300	16	15	13	12	10	9	7	6	4	3	1

(2) 闭口闪点的测定

按《闪点的测定宾斯基-马丁闭口杯法》(GB/T 261—2008) 标准方法测闭杯闪点时，将样品倒入试验杯中，在规定的速率下连续搅拌，并以恒定速率加热样品。以规定的温度间隔，在中断搅拌的情况下，将火源引入试验杯开口处，使样品蒸气发生瞬间闪火，且蔓延至液体表面的最低温度，即为环境大气压下的闪点，再用公式修正到标准大气压下的闪点。该方法重复性结果之差不得大于 0.029X (X 为两次试验的平均值)；再现性结果之差不得大于 0.071X。

闭口闪点的测定同样要考虑大气压的影响，闪点的修正式为：

$$T=T_0+0.25\times(101.3-p)^{❶} \tag{4-5}$$

4.3.4 液体闪点计算

(1) 根据波道查的烃类闪点公式计算

对烃类可燃液体，其闪点服从波道查公式：

$$T_f=0.6946T_b-73.7 \tag{4-6}$$

式中 T_f——闪点，℃；

T_b——沸点，℃。

(2) 根据碳原子数计算

对可燃液体，可按下式计算其闪点：

$$(T_f+277.3)^2=10410n_c \tag{4-7}$$

式中 n_c——可燃液体分子中的碳原子数。

(3) 根据道尔顿公式计算

当液面上方的总压力为 p 时，可燃液体的闪点所对应的可燃液体的蒸气压 p_f^0 为：

$$p_f^0=\frac{p}{1+4.76(n-1)} \tag{4-8}$$

式中，n 是燃烧 1mol 可燃液体所需要氧原子的物质的量，此即为道尔顿公式。

表 4-4 给出了一些常见可燃液体的蒸气压。根据表中的的数据采用插值法计算液体的闪点。

表 4-4 常见可燃液体的饱和蒸气压 单位：Pa

液体名称	温度/℃								
	−20	−10	0	10	20	30	40	50	60
丙酮	—	5159.56	8443.28	14708.08	24531.25	37330.16	55901.91	81167.77	115510.18
苯	990.58	1950.50	3546.37	5966.16	9972.49	15785.32	24197.94	35823.62	52328.89
乙酸丁酯	—	479.96	933.25	1853.18	3333.05	5826.17	9452.53	—	
航空汽油	—	—	11732.34	15198.71	20531.59	27997.62	37730.13	50262.39	—
车用汽油	—	—	5332.88	6666.1	9332.54	1365.56	18131.79	23997.96	—
甲醇	853.93	1795.85	3575.70	6690.10	11821.66	19998.3	32463.91	50889.01	83326.25
二硫化碳	6463.45	10799.08	17595.84	27064.37	40236.58	58261.71	82259.67	114216.95	156040.06

❶ 本公式精确地修正仅限于大气压为 98.0～104.7kPa 范围内。

续表

液体名称	温度/℃								
	−20	−10	0	10	20	30	40	50	60
松节油	—	—	275.98	391.97	593.28	915.92	1439.88	2263.81	—
甲苯	231.98	455.96	889.26	1693.19	2973.08	4959.58	7095.99	12398.95	18531.76
乙醇	333.31	746.60	1626.53	3137.06	5866.17	10412.45	17785.15	29304.18	46862.08
乙醚	8932.57	14972.06	24583.24	38236.75	57688.43	84632.81	120923.05	168625.66	216408.27
乙酸乙酯	866.59	1719.85	3226.39	5839.50	9705.84	15825.32	24491.25	37636.8	55368.63
乙酸甲酯	2533.12	4686.27	8279.29	13972.15	22638.08	35330.33	—	—	—
丙醇	—	—	735.96	951.92	1933.17	3706.35	6772.76	11798.99	19598.33
丁醇	—	—	—	270.64	627.95	1226.56	2386.46	4412.96	7892.66
戊醇	—	—	79.99	177.2	369.30	738.60	1409.21	2581.11	4546.28
乙酸丙酯	—	—	933.25	2173.25	3413.04	6432.79	9452.53	16185.29	22918.05

4.4 可燃性固体

4.4.1 可燃性固体的燃烧爆炸危险特性

固体物质的燃烧爆炸危险特性主要表现在以下几方面。

(1) 易燃性

易燃固体的燃点都比较低，一般都在300℃以下，在常温下只要有能量很小的点火源与之作用即能引起燃烧。如镁粉、铝粉只要有20mJ的点火能量即可点燃；硫黄、生松香则只需15mJ的点火能即可点燃。有些易燃固体对摩擦、撞击、振动也很敏感，如红磷、闪光粉等受摩擦、振动、撞击时能起火燃烧甚至爆炸。

(2) 可分散性与氧化性

固体具有可分散性。一般来讲，物质的颗粒越细，其比表面积越大，分散性就越强。当固体粒度小于0.01mm时，可悬浮于空气中，这样能充分与空气中的氧接触发生氧化作用。固体的分散性受许多因素影响，但主要还是受物质比表面积的影响。比表面积越大，和空气的接触机会越多，氧化作用也就容易，燃烧也就越快，则具有爆炸危险性。

另外，易燃固体与酸、氧化剂接触，尤其是强氧化剂，能发生剧烈化学反应而引起燃烧或爆炸。如发泡剂H（二亚硝基五亚甲基四胺）与酸性物质接触能立即起火；萘与发烟硫酸接触反应非常剧烈，甚至引起爆炸；红磷与氯酸钾、硫黄与过氧化钠或氯酸钾相遇，稍经摩擦或撞击，都会引起燃烧或爆炸。所以，易燃固体绝不允许与氧化剂、酸性物质混储混运。

(3) 热分解性

某些易燃固体受热后不熔融，而发生分解现象。如多聚甲醛、2-硝基联苯等受热发生分解，往往放出有毒气体。一般来说，热分解温度的高低直接影响火灾危险性的大小，受热分解温度越低的物质，火灾爆炸危险性就越大。

(4) 遇湿易燃性

硫的磷化物类不仅具有遇火受热的易燃性，而且还有遇湿易燃性。如五硫化二磷、三硫化四磷等，遇水能产生具有腐蚀性和毒性的可燃气体硫化氢。所以，对此类物品还应注意防水、防潮，着火时不可用水扑救。

(5) 自燃危险性

易燃固体中的赛璐珞、硝化棉及其制品等在积热不散的条件下都容易自燃起火，硝化棉在40℃条件下就会分解。因此，这些易燃固体在储存和运输时，一定要注意通风、降温、散潮，堆垛不可过大、过高，加强养护管理，防止自燃造成火灾。

4.4.2 可燃性固体火灾危险分类及判据

我国《建筑设计防火规范》(GB 50016—2014) 中将能够燃烧的固体分成甲、乙、丙、丁四类，比照危险货物的分类方法，可将甲类、乙类固体划入易燃固体，丙类固体划入可燃固体，丁类固体划入难燃固体。

甲类固体（燃点与自燃点低，易燃，燃烧速度快，燃烧产物毒性大）有：红磷、三硫化磷、五硫化磷、闪光粉、氨基化钠、硝化纤维素（含氮量＞12.5%)、重氮氨基苯、二硝基苯、二硝基苯肼、二硝基萘、对亚硝基酚、2,4-二硝基间苯二酚、2,4-二硝基苯甲醚、2,4-二硝基甲苯、可发性聚苯乙烯珠体等。

乙类固体（燃烧性能比甲类固体差，燃烧产物毒性也稍小）有：安全火柴、硫黄、镁粉（镁带、镁卷、镁屑)、铝粉、锰粉、钛粉、氨基化锂、氨基化钙、萘、卫生球、2-甲基萘、十八烷基乙酰胺、苯磺酰肼（发泡剂BSH)、偶氮二异丁腈（发泡剂N)、樟脑、生松香、三聚甲醛、聚甲醛（低分子量，聚合度8～100)、火补胶（含松香、硫黄、铝粉等)、硝化纤维漆布、硝化纤维胶片、硝化纤维漆纸、赛璐珞板或片等。

丙类固体（燃点＞300℃的高熔点固体及燃点＜300℃的天然纤维，燃烧性能比甲、乙类固体差）有：石蜡、沥青、木材、木炭、煤、聚乙烯塑料、聚丙烯塑料、有机玻璃（聚甲基丙烯酸甲酯塑料)、聚苯乙烯塑料、丙烯腈-丁二烯-苯乙烯共聚物塑料（ABS)、天然橡胶、顺丁橡胶、聚氨酯泡沫塑料、黏胶纤维、涤纶（聚对苯二甲酸乙二醇酯树脂纤维)、尼龙-66（聚己二酰己二胺树脂纤维)、腈纶（聚丙烯腈树脂纤维)、丙纶（聚丙烯树脂纤维)、羊毛、蚕丝、棉、麻、竹、谷物、面粉、纸张、杂草及储存的鱼和肉等。

易燃固体多为化工原料及其制品，一般以燃点的高低作为燃烧危险程度的分级依据。凡燃点较低，遇火、受热、摩擦、撞击或与氧化剂接触能着火的固体物质统称为易燃固体。这类物质主要是一些化工原料及其制品，往往具有不同程度的毒性、腐蚀性、爆炸性等。易燃固体包括退敏固体爆炸物、自反应物质、极易燃烧的固体和通过摩擦可能起火或促成起火的固体及丙类易燃固体等。

将易燃固体分成3个危险级别：

一级易燃固体指用充分的水、酒精或其他增湿剂抑制了爆炸性的爆炸物（硝化纤维除外)，不属于爆炸品的、既非自反应物质又非氧化剂和有机过氧化物的物质；

二级易燃固体指自反应物质和标准实验时燃烧时间小于45s，且火焰通过湿润区段的固体物质，以及燃烧反应在5min内传播到整个试样的金属粉末或合金粉末；

三级易燃固体指在标准实验时，燃烧时间小于45s，且湿润区阻止火焰蔓延至少4min的固体物质和燃烧反应传播到整个试样的时间大于5min，但不大于10min的金属粉末或合金粉末。

可燃性固体的危险性可通过燃点、自燃点等参数反映。燃点越低，危险性越高。可燃性固体按燃烧的难易程度分为易燃固体和可燃固体两类，以燃点 300℃ 作为划分界限。燃点越低越易着火，火灾危险性就大，因为它们在能量较小的热源或撞击、摩擦的作用下，能很快受热达到燃点。

除了燃点之外，还可以根据其他参数判断可燃固体的燃烧危险性，主要包括：

(1) 熔点

绝大部分可燃物质的燃烧都是在蒸气和气体状态下进行的；许多低熔点的固体还能发生闪燃，其闪点大都在 100℃以下，故熔点越低，火灾危险性越大。

(2) 自燃点

有些固体物质的自燃点比可燃液体或气体的自燃点要低，一般在 180～350℃之间，当它们接触热源达到一定的温度时，即使没有明火作用也能自燃。自燃点低的物质受热自燃的危险性越大，具有较大危险性。还有许多可燃固体的粉尘在空气中浮游，可形成爆炸性混合物。

(3) 单位体积的表面积

同样的物质，其单位体积的表面积越大，氧化面积就越大，蓄热能力越强，越易引起燃烧，燃烧的速度也越快，火灾危险性就大。若可燃固体的粉末飞扬悬浮在空气中，其浓度达到爆炸极限时就有爆炸危险。

(4) 受热分解速度

低温下受热分解速度较快的物质，由于分解时温度会自行升高以至达到自燃点，其火灾危险性越大。易燃固体指燃点低，对热、撞击、摩擦敏感，易被外部火源点燃，燃烧迅速并可能散发有毒烟雾或气体的固体。如红磷，磷硫化合物（P_2S_3），硫黄，镁片，钛、锰、锆等金属的粒、粉、片，生松香，火柴，棉花，亚麻等。

4.5 爆炸性物质

4.5.1 爆炸性物质的燃烧爆炸危险特性

爆炸品受到摩擦、撞击、振动、高温或其他能量激发后，能产生剧烈的化学反应，并在极短时间内释放出大量热量和气体而发生爆炸性燃烧。爆炸时周围空气压力、温度突然升高，形成冲击波迅速向四处传播。爆炸品具有爆炸突然、爆炸破坏作用强的特点。其主要危险特性如下：

(1) 爆炸性

爆炸品具有化学不稳定性，在一定外因的作用下，能以极快的速度发生猛烈的化学反应，产生的大量气体和热量在短时间内无法逸散开去，致使周围的温度迅速上升并产生巨大的压力而引起爆炸。

(2) 敏感性

任何一种爆炸品的爆炸都需要外界提供给它一定的能量——起爆能。爆炸品所需的最小起爆能即为敏感度。爆炸品对热、火花、撞击、摩擦、冲击波等敏感，极易发生爆炸。不同的爆炸品需要不同的起爆能，敏感度也不同。如，起爆药碘化氮若用羽毛轻轻触动就可能引起爆炸；而常用的炸药 TNT 却用枪弹穿射也不爆炸。爆炸品引爆所需要的能量越小，说明该爆炸品越敏感，越容易爆炸，危险性越大。

(3) 殉爆

当炸药爆炸时，能引起位于一定距离之外的炸药也发生爆炸，这种现象称为殉爆。殉爆发生的原因是冲击波的传播作用，距离越近冲击波强度越大，越易再次引起爆炸，造成更大范围的破坏。

(4) 自燃性

一些火药在一定温度下没有外界火源的作用能自行着火或爆炸，如双基火药长时间堆放在一起时，由于火药的缓慢热分解放出的热量及产生的 NO_2 气体不能及时散发出去，火药内部就会产生热积累，当达到其自燃点时便会自行着火或爆炸。

(5) 带电性

炸药是电的不良导体，质量比电阻在 $10^{12}\Omega \cdot g/cm$ 以上。在生产、包装、运输和使用过程中，炸药会经常与容器或其他介质摩擦，这样就会产生静电荷，在没有采取有效接地措施导除静电的情况下，就会使静电荷聚集起来。这种聚集的静电荷表现出很高的静电点位，最高可达几万伏，一旦有放电条件形成，就会产生放电火花。当炸药的放电能量达到足以点燃炸药时，就会引发着火、爆炸事故。

(6) 燃烧性

爆炸品如炸药，由炸药的成分可知，凡是炸药，百分之百都是易燃物质，而且燃烧不需外界供给氧气。这是因为许多炸药本身就是含氧的化合物或者是可燃物与氧化剂的混合物，受激发能源作用即能发生氧化反应而形成分解式燃烧。同时，炸药爆炸时放出大量的热，形成数千摄氏度的高温，能使自身分解出的可燃性气态产物和周围接触的可燃物质起火燃烧，造成重大火灾事故。

4.5.2 爆炸性物质的分类

爆炸性物质主要包括爆炸性混合物和爆炸性化合物两大类，其中爆炸性混合物主要是各种形式的炸药、火工品等，化学工业中应用不多。按照炸药的用途，可将炸药分为以下四类：

(1) 起爆药

起爆药是一种对外界十分敏感的炸药，它不但在较小的外界作用下就能发生爆炸变化，而且变化速度可以在很短时间内增至最大值，常用来引发其他炸药的爆炸。常用的起爆药有叠氮化铅、雷汞等。

(2) 猛炸药

猛炸药爆炸时，对周围介质有强烈的机械作用，能粉碎附近的固体介质。它需要较大的外界作用或一定量的爆炸作用才能引发。常用的猛炸药有梯恩梯、特屈儿、黑索金、泰安等。

(3) 火药

火药能在没有助燃剂（氧气）的条件下进行有规律的快速燃烧，而燃烧产生的高温高压气体对弹丸做抛射功，故常用作发射药和推进剂。主要代表有黑火药、硝化棉火药等。

(4) 烟火剂

主要包括照明剂、信号剂、燃烧剂及烟幕剂，用以装填特种弹药，产生特定的烟火效果。

爆炸性化合物是具有特定分子结构的化学物质，其爆炸危险由其分子结构决定，对不同结构类别的化学物进行分析表明，具有某些特定基团的化合物易发生爆炸危险，这些基团被称为“爆炸性基团”。这些基团通常可以放出较大的能量，如硝基、亚硝基等含N基团。这些基团大多带有较弱并高活性的分子键，如叁键、共轭双键，这些分子键含有一定的自由电子，键的张力比较大，分子处于亚稳定状态，非常活泼，易与氧等发生化学反应。当具有这些基团和化学键的化学物质与一定的环境因素发生作用，发生快速的化学反应，瞬间释放出大量的热而使温度急速上升，导致着火和爆炸现象的发生。表4-5列举了一些爆炸性基团的化学结构和化合物种类。

表 4-5　一些爆炸性基团的化学结构和化合物种类

基团	物类	基团	物类
—C≡C—	乙炔衍生物	>C—N═N—O—C<	偶氮氧化合物，烷基重氮酸酯
—C≡C—Metal	乙炔金属盐	>C—N═N—S—C<	偶氮硫化物，烷基硫代重氮酸酯
—C≡C—X	卤代乙炔衍生物	—N═N—N═N—	高氮化合物，四唑（四氮杂茂）
N—N, C（环）	环丙二氮烯	>C—N═N—N(R)—C<	三氮烯
>CN_2	重氮化合物	R—H，—CH，—OH，—N	
>C—N═O	亚硝基化合物	>C—O—O—H	过氮酸，烷基过氧化氢
>C—NO_2	硝基链(烷)烃，C—硝基及多硝基烯丙基化合物	—O—O—Metal	金属过氧化物
>C(NO_2)NO_2	偕二硝基化合物，多硝基烷	—O—O—non-Metal	非金属过氧化物
>C—O—N═O	亚硝酸酯或亚硝酰	N—Cr—O_2	胺铬过氧化物
>C—O—NO_2	硝酸酯或硝酰	—N_3	叠氮化合物（酰基、卤代、非金属有机物）
C—C（O环）	1,2-环氧乙烷	>C—$N_2^+S^-$	硫代重氮盐及其衍生物
>C═N—O—Metal	金属雷酸盐，亚硝酰盐	>N^+—OHZ^-	羟胺盐、胲盐
—C(NO_2)(NO_2)—F	氟二硝基甲烷化合物	>C—N_2Z^-	重氮根羟酸酯或盐
>N—Metal	N-金属衍生物，氨基金属盐	N—X	卤代叠氮化物，N-卤化物，N-卤化(酰)亚胺
>N—N═O	N-亚硝基化合物（亚硝胺）	—NF_2	二氟氨基化合物
>N—NO_2	N-硝基化合物（硝胺）	>C—O—O—C<	过氧化物，过氧酸酯
>C—N═N—C<	偶氮化合物	—O—X	烷基高氯酸盐、氯酸盐、卤氧化物、次卤酸盐、高氯酸、高氯化物

4.5.3　易爆化合物的热安定性

在热的作用下，易爆化合物保持其物理化学性质不发生明显变化的能力，叫作易爆物的热安定性。爆炸性化合物的爆炸危险可以通过其热安定性来评判。

易爆物的热安定性是物质本身所具有的一种“能力”，是一个抽象的概念，常以某一物理量来表征，通过实验测定，最主要的实验方法就是热分析法。

所谓热分析，就是测量物质的任意物性参数对温度依赖性的一类有关技术的总称。热分析方法记录的曲线称为相应方法的曲线，如热失重曲线等。在恒温条件下反复地进行测量求得对温度依赖关系的方法称为静态热分析；按照一定程序改变温度的热分析方法称为动态热分析。

根据炸药热分解的特征，研究炸药热分解的方法有测热、测气体产物压力、测失重和测定气体产物组成等。根据热分解过程中环境温度是否变化，又可分为等温、非等温两类。

(1) 放出气体分析方法（evolved gas analysis，EGA）

放出气体分析方法历史悠久，是一种测定在密闭空间内由热分解产生的气体压力（数量）和种类的方法，广泛应用于实际。主要的测定方法有真空热安定性法、布氏压力计法和气相色谱法。

① 真空热安定性试验。本方法是一种在国内外使用较多的工业检测方法，其原理是以一定量的炸药在恒温和真空条件下进行热分解，测定其在一定时间内放出的气体压力，换算成标准状况下的体积，并以该体积评价试样的热安定性。真空安定性的试验温度，一般炸药为（100±0.5)℃或(120±0.5)℃，耐热炸药为（260±0.5)℃。对加热时间，一般炸药为48h，耐热炸药为140min。

真空热安定性试验的热分解器可以是一个具有一定形状的玻璃瓶，带有磨口塞，塞上焊有长毛细管，管内另一端与压力传感器相连，以测量瓶内压力，如图 4-2 所示。测定时，将试样置于分解瓶内。加热炸药前，将系统抽到剩余压力为 0.6kPa 左右，测定此时瓶内压力、室温和大气压。按规定在一定温度下将试样加热一定时间。加热完毕，将仪器冷却到室温，再测定瓶内压力、室温及大气压，而后按式（4-9）计算在上述条件下炸药热分解的体积。

$$V=[A+C(B-H)]\frac{273p}{760(273+T)}-[A+C(B-H_1)]\frac{273p_1}{760(273+T_1)} \tag{4-9}$$

式中　V——炸药热分解体积；

A,B,C——仪器的常数；

H,H_1——炸药热分解前及后分别测定的分解瓶内压力，mmHg；

p,p_1——炸药热分解前及后分别测定的大气压力，mmHg；

T,T_1——炸药热分解前及后分别测定的室温，K。

这种方法的优点是仪器简单，操作方便，能同时测定多个样品。缺点是不适用于挥发性样品，每次试验只能得出一个数据，不能说明热分解过程。

② 布氏计试验。将定量试样置于定容、恒温和真空的专用玻璃仪器（即布氏压力计）中加热，根据零位计原理测量分解气体的压力，用压力（或标准体积）-时间曲线描绘热分解规律的一种炸药热安定性的测定方法。

布氏计有不同的结构，但通常分为两个互相隔绝的空间，即反应空间和补偿空间。在反

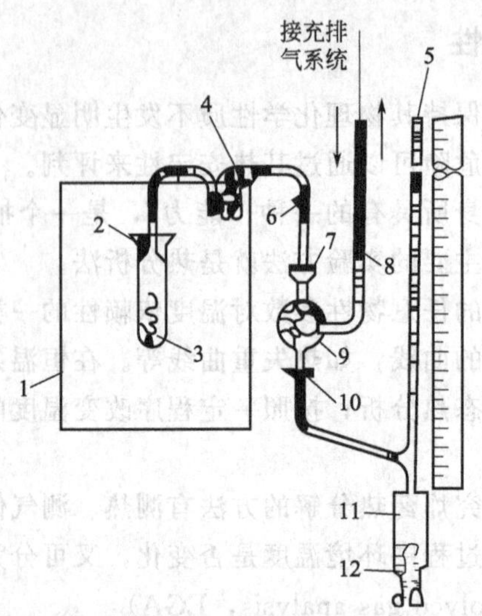

图 4-2 真空热安定性试验装置

1—加热体；2—加热管；3—玻璃珠；4—螺旋管；5—汞压力计；6—基准刻度；7,10—球形接头；8—接管；9—活塞；11—储汞室；12—汞面调节器

应空间中放有待测样品，补偿空间则与真空泵、压力计联通，用以测量反应空间压力，如图 4-3 所示。与其他测压法相比，此法有以下优点：

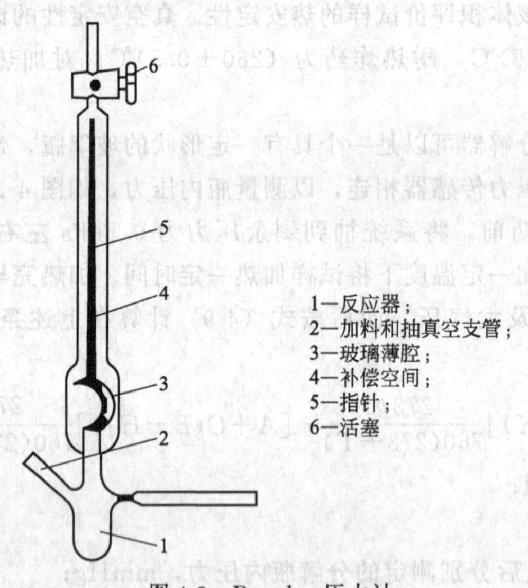

图 4-3 Bourdon 压力计

a. 试样置于密闭容器内，可完全避免外来杂质对热分解的影响；

b. 反应空间小，仅使用几十到几百毫克样品，操作安全性大为提高；

c. 可在较大范围内变更试验条件，如装填密度在 10^{-3}～4.0×10^{-1}g/cm^{3}之间改变，又可往系统中引入氧气、空气、水、酸和某些催化剂，以研究它们对热分解的影响；还可模拟炸药生产、使用和储存时的某些条件；

d. 压力计灵敏，精确度较高，指针可感受 13.3Pa 的压差。此法适用于各种炸药及其相关物的热安定性和相容性的测试，也可取得炸药热分解的形式动力学数据。此法的试验条件如下：反应温度为（100±5）℃；装填密度为 $3.5\times10^{-1}\sim4.0\times10^{-1}$ g/cm^3；试验周期为 48h。

③ 气相色谱法。令试样在定容、恒温和一定真空度下受热分解，用气相色谱仪测定试样分解生成的产物（如 NO、NO_2、N_2、CO_2、CO 等），并以这些产物在标准状况下的体积评价试样的热安定性。气相色谱法测定炸药分解热安定时，试样温度可为（120.0±1）℃或（100.0±1）℃，连续加热时间为 48h。

(2) 热（失）重法（thermogravimetry，TG）

热重法始于 1915 年，由日本本多光太郎提出。该法是测量炸药质量随温度变化的技术。炸药热分解时形成气体产物，本身质量减少。由于物质受热分解后，气体分解产物从反应空气排走造成反应物质量减少，记录试样质量的变化可以研究试样的热分解性质，而炸药在热分解过程中不可避免地要发生蒸发和升华，因而对于易挥发或升华的物质，用这种方法会造成较大的误差。

热失重方法可分为等温热失重和非等温热失重（in-isothermal）两种情况。

① 等温热失重。用普通天平就可以测定炸药等温热分解的失重。通常将炸药放置在恒温箱中，而后定期取出称重。例如，通常采用的 100℃及 75℃加热法是在大气压下，令定量试样在（100±1）℃或（75±1）℃连续加热 48h 或 100h，求出试样的减量，并以其表征试样的热安定性。

库克（M. A. Cook）曾用石英弹簧秤连续测定炸药的热失重。我国也曾采用该仪器进行测定。

太安和黑索今的失重曲线分别如图 4-4 和图 4-5 所示：

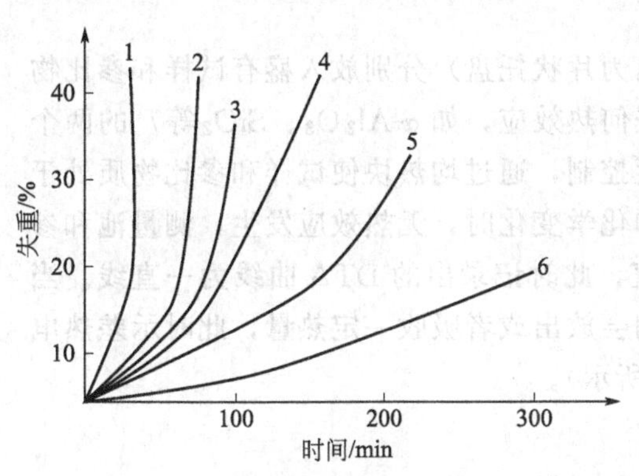

图 4-4　太安的热失重曲线

1—170℃；2—165℃；3—160℃；4—158℃；5—150℃；6—140℃

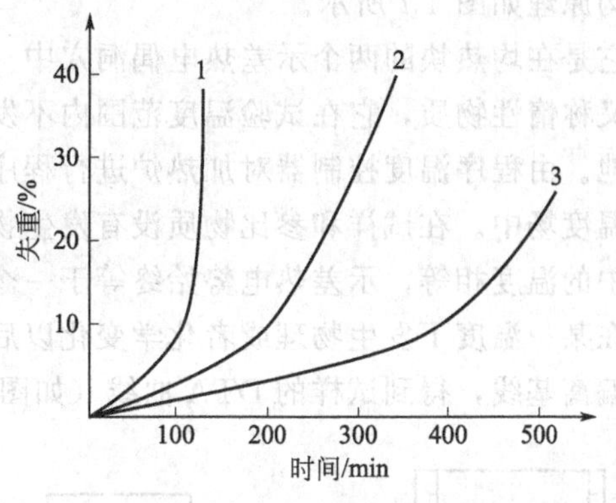

图 4-5　黑索今的热失重曲线

1—200℃；2—195℃；3—190℃

② 非等温热失重方法（TG 法）。所谓非等温热重法，就是在程序升温或者降温的情况下，测定试样重量变化与温度或时间关系的方法，这种方法快速、简单，一般能自动记录出热重曲线。对记录下来的 TG 曲线进行动力学分析，就可以了解炸药的热分解特性。若测得炸药在不同升温速率下的 TG 曲线，则可求得炸药的热分解动力学参数。图 4-6 给出了两种工业炸药的非等温热失重曲线。程序升温是指单位时间温度升高多少，一般用每分钟多少摄氏度来表示，比如每分钟 1℃、每分钟 15℃等。用这样的程序升温，横坐标也可以转化为时间，但是要注意这个时间和等温方法的时间概念不一样。

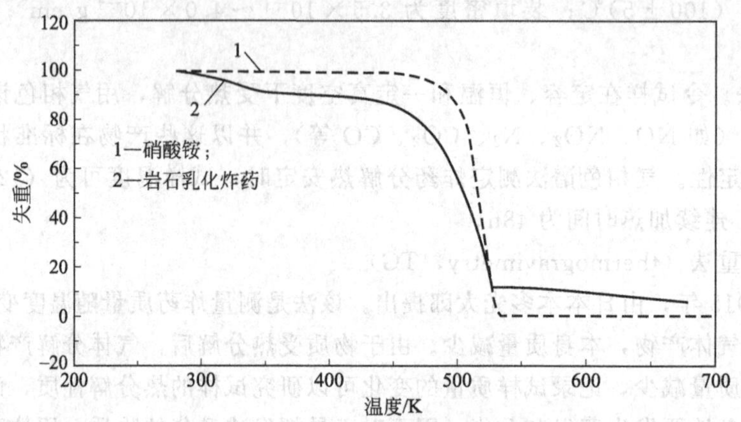

图 4-6　两种炸药的非等温 TG 曲线

(3) 测热法

测热法是用仪器分析试样热分解过程热量变化的方法。该法研究的是动力学变化，并非古典的热力学数据。常用的测热法有差热分析法（DTA）、差示扫描量热法（DSC）、加速反应量热法（ARC）和微热量量热法（MC）等。

① 差热分析法。差热分析法（differential thermal analysis，DTA）是在程序控制温度下，测量试样与参比物之间的温度差对温度或时间的关系的一种技术。该法的历史可以追溯到 1887 年，Lechatelier 首次用单根热电偶插入试样中研究黏土的热性质。1899 年 Roberts Austen 采用示差联接热电偶研究钢铁等金属材料，奠定了差热分析的基础。差热分析仪器的结构原理如图 4-7 所示。

它是在均热块的两个示差热电偶洞穴中（现已为片状托盘）分别放入盛有试样和参比物质（又称惰性物质，它在试验温度范围内不发生任何热效应，如 α-Al_2O_3、SiO_2等）的两个样品池。由程序温度控制器对加热炉进行程序温度控制，通过均热块使试样和参比物质处于同一温度场中。在试样和参比物质没有发生物理和化学变化时，无热效应发生，测量池和参比池中的温度相等，示差热电势始终等于一个定值，此时记录出的 DTA 曲线为一直线。当试样在某一温度下发生物理或者化学变化以后，则会放出或者吸收一定热量，此时示差热电势会偏离基线，得到试样的 DTA 曲线（如图 4-8 所示）。

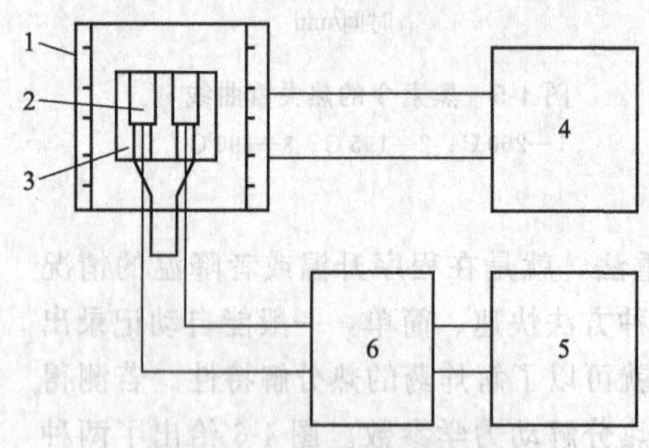
图 4-7　差热分析仪原理图

1—加热炉丝；2—样品池；3—均热块；
4—程序升温控制器；5—记录和数据处理；6—微伏放大器

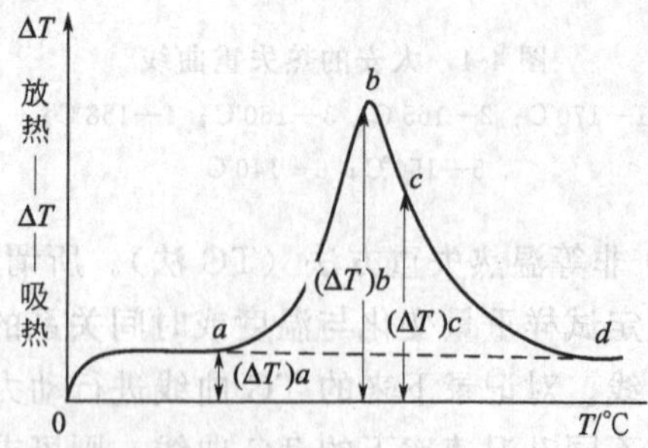

图 4-8　某一炸药的 DTA 曲线

图中曲线的纵坐标为试样与参比物的温度差，零点向上表示放热反应，向下表示吸热反应。

② 差示扫描量热法。差示扫描量热法（differential scanning calorimetry，DSC）是在程序控制温度下，测量试样和参比物的能量差与温度之间的关系的一种技术。按测量方式分为热流式和功率补偿式两种。前者是直接测量试样的物理、化学变化所引起的热流量与温度的关系；后者是测量试样端与参比物端的温度消失而输送给试样和参比物能量差和温度的关系。DSC 与 DTA 的主要差别在于前者是测定在温度作用下试样与参比物的能量变化差；而后者是测定它们之间的温度差。

可用 DSC 曲线的峰形、峰的位置、各特征峰温度和动力学参量的变化来分析被测试炸药的热安定性及相容性。例如，混合炸药与其组分的 DSC 曲线相比，混合体系的初始分解温度和放热分解峰温大幅度地向低温方向移动，且反应热效应明显增大，则说明体系相容性不良或安定性恶化。另外，DSC 峰温与初始分解温度之差，在一定程度上反映热分解加速趋势的大小。差值愈小，加速趋势愈大。

DSC 作为一种多用途、高效、快速、灵敏的分析测试手段已广泛用于研究物质的物理变化（如玻璃化、熔融、结晶、晶型转变、升华、汽化、吸附等）和化学变化（如分解、降解、聚合、交联、氧化还原等）。这些变化是物质在加热或冷却过程中发生的，它在 DSC 曲线上表现为吸热或放热的峰或基线的不连续偏移。对于物质的这些 DSC 表征，尽管多年来通过热分析专家的解析积累了不少资料，也出版了一些热谱（如 SADTLER 热谱等）。但热谱学的发展尚不够成熟，不可能像红外光谱那样将图谱的解析工作大部分变为图谱的查对工作，尤其是高聚物对热历史十分敏感，同一原始材料，由于加工成型条件不同往往有不同的 DSC 曲线，这就给 DSC 曲线的解析带来了较大的困难。分析纯 AN/机械油（9812）混合物的 TG 曲线、DTG 曲线和 DSC 曲线见图 4-9。

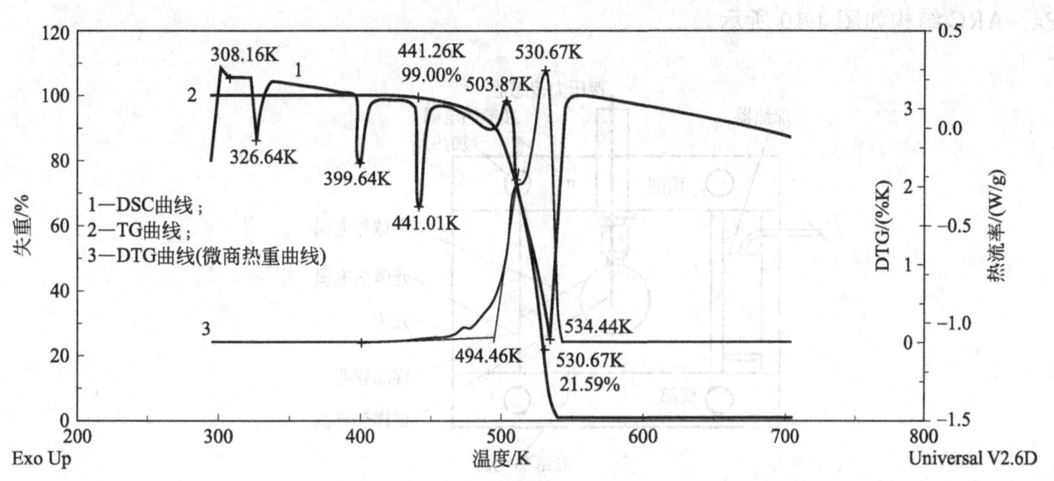

图 4-9 分析纯 AN/机械油（98/2）混合物的 TG 曲线、DTG 曲线和 DSC 曲线

解析 DSC 曲线绝不只是一个技术问题，有时还是一个困难的研究课题。因为解析 DSC 曲线所涉及的技术面和知识面较广。为了确定材料转变峰的性质，不但要利用 DSC 以外的其他热分析手段，如 DSC-TGA 联用，还要借助其他类型的手段，如 DSC-GC 联用、DSC 与显微镜联用、红外光谱及升降温原位红外光谱技术等。这就要求解析工作者不但要通晓热分析技术，还要对其他技术有相应的了解，在此基础上结合研究工作不断实践，积累经验，

提高解析技巧和水平。作为 DSC 曲线的解析工作者起码应该知道通过 DSC 与 TGA 联用，可以从 DSC 曲线的吸热蜂和放热峰及与之相对应的 TGA 曲线有无失重或增重，判断材料可能发生的反应过程，从而初步确定转变峰的性质。如表 4-6 所示。

表 4-6　DSC 和 TGA 对反应过程的判断

DSC		TGA		反应过程
吸热	放热	失重	增重	
√				熔融
√	√			晶型转变
√		√		蒸发
√	√			固相转变
√	√	√		分解
√		√		升华
	√		√	吸附和吸收
√		√		脱附和解吸
√		√		脱水(溶剂)

③ 加速反应量热法（accelerating rate calorimetry，ARC）。加速度量热仪是一种绝热量热器。其中心部分由具有良好绝热性能的镀镍铜壳体和球形样品池构成。球形样品池内径为 24.5mm，最多可装 10g 样品。量热仪壳体中有 3 个测温热电偶和 8 个加热器，它们可以使壳体和试样的温度差在整个运行过程中保持很小的值。第四个热电偶连接在样品池外壁上，用来测量样品温度。膜片式压力传感器通过一个细管和样品池直接相连，探测反应过程中的压力变化。量热仪中还安置了一个辐射加热器，它和绝热系统是独立的，只用于升高试样的温度，直到探测到反应的升温速率。仪器温度操作范围为 0～500℃，压力范围为 0～17MPa。ARC 结构如图 4-10 所示。

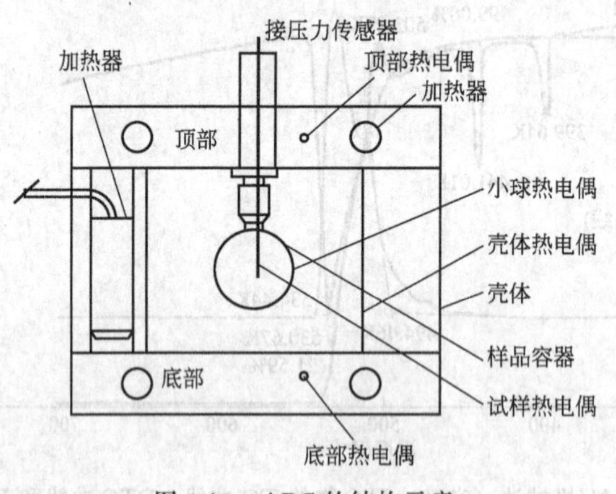

图 4-10　ARC 的结构示意

ARC 的测试过程为加热（heating）—等待（waiting）—搜索（searching）方式（如图 4-11 所示）。试样首先被加热到预先设置的初始温度（比如 150℃），等待一段时间，使系统温度达到热平衡，然后搜索（检测）试样的温度变化速率。若试样的温度变化速率小于设定值（比如 0.02℃/min），ARC 将按照预先选择的温度升高幅度（比如 5℃）自动进行加热—等待—搜索循环，直至检测到比预设升温速率高的自加热速率，此后一直将保持绝热状

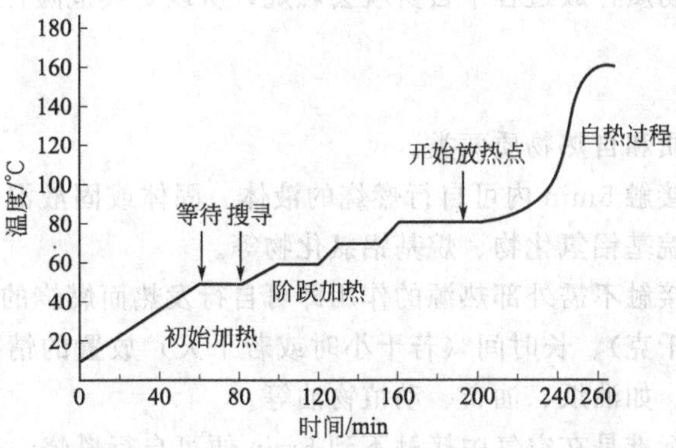

图 4-11　ARC 的加热—等待—搜索操作方式

态，直至达到全部的扫描温度范围或实验结束。

④ 微热量量热法（microcalorimetry，MC）。该法与 DSC 原理相同，只是试样量较大（克级），同时测热灵敏度高。

在研究炸药及相关材料的热安定性和相容性时，曾经讨论过最有实际意义的方法是将实验温度尽可能地接近于实用温度，也就是说在 30～80℃下进行实验比较合适，因为物质在不同温度下的分解动力学规律是不完全一致的，甚至完全相反。在实用的温度下（比如30～80℃），试样的热分解反应和相容性试验反应一般都极为缓慢，产生极少量甚至不释放出气体产物，反应热也非常小，放热速率缓慢，一般的量热技术难以检测出这么微小的热量变化，在目前情况下，只有微热量量热法最适应于研究这样的反应过程。

DTA 与 DSC 方法取量少（通常为 mg），只适用于单体炸药，对混合均匀性差的混合炸药，若取样量少，则不能代表真实情况，测试灵敏度低，测试误差大；ARC 的样品量较大，微热量热仪样品量也比较大，且测试灵敏度高，但是 DSC、DTA 方法技术简单，操作简便、快捷。

(4) 扫描电镜法

对固体炸药，热分解初始反应在晶体表面上发生、发展。可用扫描电镜观察晶体表面状况，有助于加深认识物质的热分解特性。

4.6　自燃性物质

自燃性物质是指在空气中发生氧化反应，放出热量而自行燃烧的物质。原定义为能够自行发热并升温到自燃点而发生自燃的物质，这里考虑的是“自行发热”问题，因为自燃还有受热自燃之说。

从定义中可以看出，该项物品的主要特点是在空气中可自行发热燃烧，其中有一些在缺氧的条件下也能够自燃起火。因此，该项物质应当以接触空气后是否能在极短时间内如 5min 自燃，或在蓄热状态下能否自热升温达到很高的温度（多数物质的自燃点为 200℃）为区分自燃物质的依据。属于该项物质的有黄磷、钙粉、干燥的金属元素的铝粉、铅粉、钛粉、烷基镁、甲醇钠、烷基铝氢化物、烷基铝氯化物、硝化纤维片基、赛璐珞碎屑、油布、油绸及制品，栲纱、棉籽、菜籽、油菜籽，种子饼，未加抗氧剂的鱼粉，潮湿的煤堆或稻草垛等。此类物质无需其他任何引燃源，在常温空气中自行发热，长期积蓄逐渐达到自燃点引起燃烧。也正是由于这类物质存放过程中自身就会燃烧，所以更具危险性。

4.6.1 分类

自燃物质包括发火物质和自热物质两类。

发火物质是指与空气接触 5min 内可自行燃烧的液体、固体或固液混合物。如黄磷、三氯化钛、钙粉、烷基铝、烷基铝氢化物、烷基铝氯化物等。

自热物质是指与空气接触不需外部热源的作用即可自行发热而燃烧的物质。这类物质的特点是只有在大量（若干千克）、长时间（若干小时或若干天）放置的情况下才能自燃，所以也可称为积热自然物质。如油纸、油布、动植物油等。

自燃物质的定量区分标准是在空气中接触不到 5min 便可自行燃烧，或使滤纸起火或变成炭黑的发火物质；及采用边长为 10cm 的立方体试样试验，在 24h 内试样出现自燃或温度超过 200℃的自热物质。根据《国际海运危险货物规则》对包装类别的区分方法分成三个级别：

一级自燃物品是与空气接触≤5min 便可自行燃烧或使滤纸起火或变成炭黑的液体、固体或固液混合物；

二级自燃物品是在 140℃情况下采用边长 100cm 立方体试样试验时，出现自燃的物质或温度超过 200℃的自热物质；

三级自燃物品通常包括 3 种情况：

在 140℃情况下采用 100cm 立方体试样试验时，出现自燃或温度超过 200℃的结果，但采用边长 25cm 立方体试验出现否定结果，且该物质的包件大于 $3m^3$ 的自热物质；

在 140℃情况下采用 100cm 立方体试样试验时，出现自燃或温度超过 200℃的结果，但采用边长 25cm 立方体试验出现否定结果，且在 120℃情况下用 100cm 立方体试样试验出现自燃或温度超过 200℃的结果，且该物质的包件容积大于 450L 的自热物质；

在 140℃情况下采用 100cm 立方体试样试验时，出现自燃或温度超过 200℃的结果，但采用边长 25cm 立方体试验出现否定结果，且在 100℃情况下用 100cm 立方体试样试验出现自燃或温度超过 200℃的结果。

4.6.2 自燃物质的危险特性

（1）极易氧化

自燃物品大部分性质非常活泼，具有极强的还原性，接触空气后能迅速与空气中的氧化合，并产生大量的热，达到其燃点而着火，接触氧化剂和其他氧化性物质反应更加剧烈，甚至爆炸。如黄磷遇空气即自燃起火，生成五氧化二磷。所以，自燃物品的包装必须保证密闭，充氮气保护或据其特性用液封密闭，如黄磷须存放于水中等。

（2）易分解

某些自燃物品的化学性质很不稳定，在空气中会自行分解，积蓄的分解热也会引起自燃。如硝化纤维素片基、种子饼等。

（3）遇湿易燃

硼、锌、锑、铝的烷基化合物类、烷基铝氢化合物类、烷基铝卤化物类、烷基铝类等自燃物品，化学性质非常活泼，具有极强的还原性，遇氧化剂和酸类反应剧烈。除了在空气中能自燃外，遇水或受潮还能分解而自燃或爆炸。

(4) 积热自燃

硝化纤维的胶片、废影片、X 射线片等，由于本身含有硝酸银，化学性质很不稳定，在常温下就能缓慢分解，当堆积在一起或存储室通风不好时，分解反应产生的热量无法散失，慢慢越积越多，便会自动升温达到其自燃点而着火，火焰温度可达 1200℃。

4.7　忌水性物质

忌水性物质指吸收空气中的潮气或接触水分时，有着火危险或发热危险的物质。如：

$$2Na+2H_2O \longrightarrow 2NaOH+H_2$$

$$2Al+6H_2O \longrightarrow 2Al(OH)_3+3H_2$$

$$CaC_2+2H_2O \longrightarrow Ca(OH)_2+C_2H_2$$

$$Ca_3P_2+6H_2O \longrightarrow 3Ca(OH)_2+2PH_3$$

其中，Al 的反应活性比 Na、K 等碱金属差得多，但当 Al 金属细粉非常细时，表面能量会升高，易与水反应。PH_3 自燃点为 100～150℃，与空气混合物的爆炸下限为 1.79%。空气中含痕量联膦（P_2H_4）可自燃，自燃点仅为 30℃，迷信说法"鬼火"就是其飘浮在空气中自燃的现象。

这类物质的特点是遇水、酸、碱、潮湿发生剧烈的化学反应，放出可燃气体和热量。当热量达到可燃气体的自燃点或接触外来火源时，会立即着火或爆炸。

忌水性物质常见的有锂、钠、钾、铷、铯、镁、钙、铝等金属的氢化物（如氢化钙）、碳化物（电石）、硅化物（硅化钠）、磷化物（如磷化钙、磷化锌），以及锂、钠、钾等金属的硼氢化物（如硼氢化钠）和镁粉、锌粉、保险粉（次硫酸氢钠与甲醛的加成物）等轻金属粉末。

忌水性物质的危险特性表现在以下几方面：

(1) 遇水易燃易爆

这是该项物质的通性，其特点是：

① 活泼金属及其合金，如钾、钠、锂、钾钠合金等，遇水即发生剧烈反应。在夺取水中氧原子与之化合的同时，放出氢气和大量的热量，其热量能使氢气自燃或爆炸。尚未来得及反应的金属，会随之燃烧或飞溅。

② 金属氢化物，如氢化钠、氢化钙、氢化铝等遇水能剧烈反应而放出氢气。

③ 硼氢化物，如二硼氢、硼氢化钠等，遇水反应放出氢气。

④ 碳的金属化合物，如碳化钙、碳化铝等，遇水反应剧烈，放出不同的可燃气体如乙炔、甲烷等。

⑤ 磷化物，如磷化钙、磷化锌等，遇水生成磷化氢，在空气中能自燃。

⑥ 其他，如保险粉（连二亚硫酸钠）和焊接用的镁铝粉等，遇水也能产生可燃气体，有火灾爆炸的危险。

(2) 遇氧化剂和酸着火爆炸

遇湿易燃物品除遇水能反应外，遇到氧化剂、酸也能发生反应，而且比遇到水反应得更加剧烈，危险性更大。有些遇水反应较为缓慢，甚至不发生反应的物品，当遇到酸或氧化剂时，能发生剧烈反应。如锌粒在常温下放入水中并不会发生反应，当放入酸中时，即使是较稀的酸，反应也非常剧烈，放出大量的氢气。这是因为遇水放出易燃气体的物质都是还原性很强的物质，而氧化剂和酸类物质具有较强的氧化性，所以它们相遇后反应更加剧烈。

(3) 自燃性

有些物品不仅有遇湿易燃危险，而且还有自燃危险性。如金属粉末类的锌粉、铝镁粉等，在潮湿空气中能自燃，与水接触，特别是在高温下反应比较强烈，能放出氢气和热量。

4.8 氧化剂和有机过氧化物

4.8.1 氧化剂

(1) 强氧化性

氧化剂多为碱金属、碱土金属的盐或过氧化剂所组成的化合物。其特点是氧化价态高，金属活泼性强，易分解，有极强的氧化性；本身不燃烧，但可与可燃物作用发生着火和爆炸。属于这项的物质有：

① 硝酸盐类。这类氧化剂中含有高价态的氮原子（N^{5+}），易得电子变为低价态的氮原子（N^0，N^{3+}），如硝酸钾、硝酸钠、硝酸锂等。

② 氯的含氧酸及其盐类。这类氧化剂的分子中含有高价态的氯原子（Cl^+，Cl^{3+}，Cl^{5+}，Cl^{7+}），易得电子变为低价态的氯原子（Cl^0，Cl^-），如高氯酸钾、氯酸钾、次氯酸钙等。

③ 高锰酸盐类。这类氧化剂分子中含有高价态的锰原子（Mn^{7+}），易得电子变为低价态的锰原子（Mn^{2+}，Mn^{4+}），如高锰酸钾、高锰酸钠等。

④ 过氧化物类。这类氧化剂分子中含有过氧基（—O—O—），不稳定，易分解，放出具有强氧化性的氧原子，如过氧化钠、过氧化钾等。

⑤ 其他银、铝催化剂。

⑥ 有机硝酸盐类。这类物质与无机硝酸盐类相似，也含有高价态的氮原子，易得电子变为低价态，但本身可燃，如硝酸胍、硝酸脲等。

(2) 分解性

在现行列入氧化剂管理的危险品中，除有机硝酸盐类外，都是不燃物质，但当受热、撞击或摩擦时极易分解出原子氧，若接触易燃物、有机物，特别是与木炭粉、硫黄粉、淀粉等粉末状可燃物混合时，能引起着火和爆炸。例如，硝酸铵在加热到210℃时即能分解，在分解过程中，往往放出NH_3或NO_2、NO等有毒气体。一般来说，热分解的温度高低直接影响危险性的大小，受热分解温度越低的物质，其火灾爆炸危险性就越大。

所以，储运这些氧化剂时，应防止受热、摩擦、撞击，并与易燃物、还原剂、有机氧化剂、可燃粉末等隔离存放，遇有硝酸铵结块必须粉碎时，不得使用铁质等硬质工具敲打，可用木质等柔质工具破碎。

(3) 可燃性

虽然氧化剂大多数是不燃的，但也有少数有机氧化剂具有可燃性，如硝酸胍、硝酸脲、过氧化氢尿素、高氯酸醋酐溶液、二氯异氰尿酸、三氯异氰尿酸、四硝基甲烷等，不仅具有很强的氧化性，而且与可燃性物质结合可引起着火或爆炸，着火不需要外界的可燃物参与即可燃烧。因此，对于有机氧化剂，除了防止与任何可燃物相混外，还应隔离所有火种和热源，防止日光曝晒和任何高温作用。储存或运输时，应与无机氧化剂和有机过氧化物分开堆放。

(4) 自燃性

有些氧化剂与可燃液体接触能引起自燃。如高锰酸钾与甘油或乙二醇接触，过氧化钠与甲醇或醋酸接触，铬酸与丙酮或香蕉水（主要成分为二甲苯）接触等，都能自燃着火。

(5) 与酸作用的分解性

氧化剂遇酸后，大多数能发生反应，而且反应非常剧烈，甚至引起爆炸。如过氧化钠、高锰酸钾与硫酸，氯酸钾与硝酸接触等都十分危险。

(6) 与水作用的分解性

有些氧化剂，特别是过氧化钠、过氧化钾等活泼金属的过氧化物，遇水或吸收空气中的水蒸气和二氧化碳时，能分解放出原子氧，与可燃物接触能引起燃烧爆炸。

此外，漂白粉（主要成分是次氯酸钙）吸水后，不仅能放出原子氧，还能放出大量的氯；高锰酸锌吸水后形成的液体接触纸张、棉布等有机物能立即引起燃烧。所以，这类氧化剂在储运中，要严格包装，防止受潮、雨淋。着火时禁止用水扑救，也不能用二氧化碳扑救。

(7) 强氧化剂与弱氧化剂作用的分解性

在氧化剂中，强氧化剂与弱氧化剂相互之间能发生复分解反应，产生高热而引起燃烧或爆炸。因为弱氧化剂在遇到比其氧化性强的氧化剂时，又呈现还原性，如漂白粉、亚硝酸盐、亚氯酸盐、次氯酸盐等，当遇到氯酸盐、硝酸盐等氧化剂时，即显示还原性，并发生剧烈反应，引起燃烧或爆炸。如硝酸铵和亚硝酸钠作用能分解生成硝酸钠和比其危险更大的亚硝酸铵。

4.8.2 有机过氧化物

有机过氧化物的危险特性主要表现在以下几方面：

(1) 分解爆炸性

由于有机过氧化物都含有过氧基（—O—O—），而—O—O—是不稳定的结构，对热、振动、撞击或摩擦都极为敏感，所以当受到轻微作用时即分解，极易引起爆炸。如过氧化二甲酰，纯品制成后放置 24h 就可能发生强烈的爆炸；过氧化二苯甲酰当含水在 1%以下时，稍有摩擦即能爆炸；过氧化二碳酸二异丙酯在 10℃以上时不稳定，达到 17.22℃时即分解爆炸；过氧乙酸（过醋酸）纯品极不稳定，在—20℃时也会爆炸，浓度大于 45%时就有爆炸性，作为商品制成含量为 40%的溶液时，在存放过程中分解放出氧气，加热至 110℃时即爆炸。由此看出，有机过氧化物对温度和外力作用是十分敏感的，有机过氧化物比无机氧化剂有更大的火灾爆炸危险性。

(2) 易燃性

有机过氧化物不仅极易分解爆炸，而且有机过氧化物本身就是可燃物，易着火燃烧。如过氧化叔丁醇的闪点是 26.67℃，过氧化二叔丁酯的闪点只有 12℃。一些液体有机过氧化物的闪点如表 4-7 所示。

表 4-7　一些液体有机过氧化物的闪点

名称	闪点/℃	名称	闪点/℃
过氧化甲乙酮	50	过氧化二乙酰	45
过氧化叔丁醇	26.67	过甲酸	40
过氧化二叔丁醇	18.33	过氧化羟基异丙苯	79
过氧乙酸	40.56	过苯甲酸叔丁酯	87.8

(3) 人身伤害性

有机过氧化物的人身伤害性主要表现在容易伤害眼睛，如过氧化环己酮、叔丁基过氧化氢、过氧化二乙酰等，都对眼睛有伤害作用，其中有些即使与眼睛短暂接触，也会对角膜造成严重的伤害。因此，应避免眼睛接触有机过氧化物。

综上所述，有机过氧化物的火灾危险性主要取决于物质本身的过氧基含量和分解温度，过氧基含量越多，热分解温度越低，则火灾危险性就越大。所以，在存储或运输时，要特别注意它们的氧化性和着火爆炸性并存的双重危险性，并根据它们的危险特性，采取正确的防火、防爆措施，严禁受热，防止摩擦、撞击，避免与可燃物、还原剂、酸碱和无机氧化剂等接触。

有些物质活性很高，如醛类、二烯类，常温下与空气接触发生氧化反应，形成不稳定或爆炸性的有机过氧化物，由于此类物质的这种危险特征比较隐蔽，所以容易被人所忽视。一些常见的已形成有机过氧化物的化学结构如表 4-8 所示。容易形成有机过氧化物的物质结构特点主要是具有弱的 C—H 键，及容易引起聚合的双键，前者如异丙基醚，后者如丁二烯。丁二烯在聚合过程中可以形具有成爆炸性质的过氧化聚合物 $[CH_2—H═CH—CH_2—O—O]_n$。这类物质在氧化或聚合过程中，除形成不稳定的分子结构以外，还放出大量的热量，使物质体系温度升高，进一步加速这类化学反应的发生。

表 4-8 形成有机过氧化物的化学结构

基团	物质分类	基团	物质分类
>C(H)—O	缩醛类、酯类、环氧类	$(H_3C)_2$>C(H)—	异丙基化合物、萘烷类
>C═C—C(H)—	烯丙基化合物	>C═C(H)—X	卤代链烯类
>C═C(H)<	乙烯化合物(单体、酯、醚类)	>C═C(H)—C(H)═C<	二烯类
>C═C(H)—C≡C—	乙烯乙炔类	—C—C(H)—Ar	异丙基苯类、四氢萘类、苯乙烷类
—C(H)═O	醛类	—C(═O)—N(—)—C<	*N*-烷基酰胺，*N*-烷基脲类，内酰胺类、碱金属、特别是钾碱金属的烷氧及酰胺物，有机金属化合物

4.9 有毒品

列入有毒品管理的物品中，约 89%的都具有火灾危险性。主要有以下几方面：

(1) 遇湿易燃性

无机有毒品中的金属氰化物和硒化物大都本身不自燃，但都有遇湿易燃性。如钾、钠、钙、锌、银、汞、钡、铜、镉、铈、铅、镍等金属的氰化物，遇水或受潮都能放出极毒且易燃的氰化氢气体；硒化镉、硒化铁、硒化锌、硒化铅、硒粉等硒的化合物类，遇酸、高温、酸雾或水解能放出易燃且有毒的硒化氢气体；硒酸、氧氯化硒还能与磷、钾猛烈反应。

（2）氧化性

在无机有毒品中，锑、汞和铅等金属的氧化物大都本身不燃，但都具有氧化性。如五氧化二锑（锑酐）本身不燃，但氧化性很强，380℃时即分解；四氧化铅（红丹）、红降汞（红色氧化汞）、黄降汞（黄色氧化汞）、硝酸铊、硝酸汞、钒酸钾、钒酸铵、五氧化二钒等，它们本身都不燃，但都是弱氧化剂，在500℃时分解，当与可燃物接触后，易引起着火或爆炸，并产生毒性极强的气体。

（3）易燃性

在《危险货物品名表》（GB 12268—2012）所列的毒性物品中，有很多是透明或油状的易燃液体。并且是低闪点或中闪点易燃液体。如溴乙烷闪点小于－20℃，三氟丙酮闪点小于－1℃，三氟醋酸乙酯闪点－1℃，异丁基腈闪点3℃，四羰基镍闪点小于4℃。卤代醇、卤代酮、卤代醛卤代酯等有机的卤代物，以及有机磷、硫、氯、砷、硅、腈、胺等，都是甲、乙类或丙类液体及可燃粉剂，马拉硫磷、一〇五九等农药都是丙类液体。这些有毒品既有相当的毒害性，又有一定的易燃性。硝基苯、菲醌等芳香环、稠环及杂环化合物类毒害品，阿片生漆、尼古丁等天然有机有毒品类，遇明火都能燃烧，遇高热分解出有毒气体。

（4）易爆性

有毒品当中的叠氮化钠，芳香族含2、4位两个硝基的氯化物，萘酚、酚钠等化合物，遇高热、撞击等都可引起爆炸或着火的危险。如2,4-二硝基氯化苯，毒性很高，遇明火或受热至150℃以上有引起爆炸或着火的危险。砷酸钠、氟化砷、三碘化砷等砷及砷的化合物类，本身都不燃，但遇明火或高热时，易升华放出极毒的气体。三碘化砷遇金属钠、钾时，还能形成对撞击敏感的爆炸物。

4.10 放射性物品

（1）易燃性

放射性物品多数具有易燃性，有的燃烧十分强烈，甚至引起爆炸。如独居石遇明火能燃烧，金属钍在空气中280℃时可着火；粉状金属铀在200～400℃时有着火危险；硝酸铀、硝酸钍等遇高温分解，遇有机物、易燃物都能引起燃烧，且燃烧后均可形成放射性灰尘，污染环境、危害人们健康；硝酸铀的醚溶液在阳光照射下能引起爆炸。

（2）氧化性

有些放射性物质不仅具有易燃性，而且大部分兼有氧化性。如硝酸铀、硝酸钍、硝酸铀酰（固体）、硝酸铀酰六水合物等都具有强氧化性，遇可燃物可引起着火或爆炸。

4.11 腐蚀品

在列入管理的腐蚀品中，约83%的具有火灾危险性，有的还是相当易燃的液体和固体，其火灾危险性主要有以下几点：

（1）氧化性

有些腐蚀品如硫酸、硝酸、氯磺酸、漂白粉等都是氧化性很强的物质，与可燃物、还原剂接触易发生强烈的氧化反应，放出大量的热，容易引起燃烧。

(2) 易燃性

有机腐蚀品大都可燃，有的非常易燃。如有机酸性腐蚀品中的溴乙酰闪点为1℃，硫代乙酰闪点小于1℃。甲酸、冰醋酸、甲基丙烯酸、苯甲酰氯、乙酰氯等遇到火源引起燃烧，其蒸气与空气可形成爆炸性混合物；有机碱性腐蚀品甲基肼在空气中可自燃，1,2-丙二胺遇热可分解出有毒的氧化氮气体；其他有机腐蚀品如苯酚、甲酚、甲醛、松焦油、焦油酸、苯硫酚、蒽等，不仅本身可燃，而且都能挥发出有刺激性或毒性的气体。

(3) 遇水分解易燃性

有些腐蚀品，特别是五氯化磷、五氯化锑、五溴化磷、四氯化硅、三溴化硼等多卤化物，遇水分解、放热、冒烟，放出具有腐蚀性的气体，这些气体遇空气中的水蒸气还可形成酸雾；氯磺酸遇水猛烈分解，可产生大量的热和浓烟，甚至爆炸；无水溴化铝、氧化钙等腐蚀品遇水能产生高热，接触可燃物时引起着火；更加危险的是烷基醇钠类，本身可燃，遇水可引起燃烧；异戊醇钠、氯化硫本身可燃，遇水分解；无水的硫化钠本身有可燃性，且遇高温、撞击还有爆炸危险。

4.12 混合接触危险物系

两种或两种以上危险化学品混合接触时，在一定条件下发生化学反应，产生高热，反应激烈，引起着火或爆炸。危险性通常有三种情况：

① 危险化学品经过混合接触，在室温条件下，立即或经过一个短时间发生剧烈化学反应，放热，引起着火或爆炸。

② 危险化学品经过混合接触，形成爆炸性混合物或比原来物质敏感性强的混合物。

③ 两种或两种以上危险化学品在加热、加压或在反应釜内搅拌不均匀的情况下，发生剧烈反应，造成高热、着火或爆炸，化工厂的反应釜发生意外事故、爆炸事故往往就是这个原因。

容易发生燃烧爆炸危险的混合接触方式通常有三种：

(1) 强氧化性物质和还原性物质混合

属于氧化性物质的有硝酸盐、氯酸盐、过氯酸盐、高锰酸盐、过氧化物、发烟硝酸、浓硫酸、氧、氯、溴等。还原性物质有烃类、胺类、醇类、有机酸、油脂、硫、磷、碳、金属粉末等。

以上两类化学品混合后成为爆炸性混合物的，如黑火药（硝酸钾、硫黄、木炭粉）、液氧炸药（液氧、碳粉）、硝铵燃料油炸药（硝酸铵、矿物油）等。混合后能立即引起燃烧的，如将甲醇或乙醇浇在铬酐上，将甘油或乙二醇浇在高锰酸钾上，将亚氯酸钠粉末和草酸或硫代硫酸钠的粉末混合，发烟硝酸和苯胺混合以及润滑油接触氧气时均会立即着火燃烧。

(2) 氧化性盐类和强酸混合

两类物质混合会生成游离的酸和酸酐，呈现极强的氧化性，与有机物接触时，能发生爆炸或燃烧，如氯酸盐、亚氯酸盐、过氯酸盐、高锰酸盐与浓硫酸等强酸接触，假如还有其他易燃物存在，就会发生强烈的氧化反应而引起燃烧或爆炸。

(3) 危险化学品接触生成不稳定物质

液氮和液氯混合，在一定条件下会生成极不稳定的三氯化氮，有引起爆炸的危险；二乙烯基乙炔吸收空气中的氧气能蓄积极敏感的过氧化物，稍一摩擦就会爆炸。此外，乙醛和氧、乙苯和氧在一定条件下能分别生成不稳定的过乙酸和过苯甲酸。

以上三类危险混合方式有很多个案，在生产、储存、运输过程中往往造成意外的事故。所以对于化学品混合的危险性，预先进行充分研究和评价是十分必要的。混合接触能引起危险的化学品组合有很多，有些可根据其化学性质进行判断，有些可参考以往发生过的混合接触危险事例，主要的还是依靠预测评估，评估方法主要是获取其混合过程的反应热和反应速率。表 4-9 中列举了部分常见的危险组合。

表 4-9　部分化学危险品混合危险性

品名	混合接触有危险性的化学品	危险性摘要
乙醛 (CH_3CHO)	氯酸钠、高氯酸钠、亚氯酸钠、过氧化氢(浓)、硝酸铵、硝酸钠、硝酸、溴酸钠	混合有激烈的放热反应
	醋酸、乙酐、氢氧化钠、氨	混合有聚合反应的危险性
	醋酸钴＋氧	由于放热的氧化反应，生成不稳定的物质，有爆炸的危险性
乙酸 (CH_3COOH)	铬酸酐、过氧化钠、硝酸铵、高氯酸、高锰酸钾	混合后，有着火燃烧或在加热条件下发生燃烧、爆炸的危险性
	过氧化氢(浓)	能生成不稳定的爆炸性酸
	氯酸钠、高氯酸钠、亚氯酸钠、硝酸钠、硝酸	混合后有激烈的放热反应
乙酐 [$(CH_3CO)_2O$]	高氯酸、过氧化钠、浓硝酸、高锰酸钾(加热)	混合后摩擦、冲击有爆炸危险性
	铬酸酐(在酸催化剂作用下)、四氧化二氮	有激烈沸腾和爆炸的危险性
	氯酸钠、高氯酸钠、亚氯酸钠、硝酸铵、硝酸钠、过氧化氢(浓)	混合后有激烈的放热反应
丙酮 (CH_3COCH_3)	铬酸酐、重铬酸钾(＋硫酸)	有着火的危险性
	硝酸(＋醋酸)、硫酸(密闭条件下)、次溴酸钠	有激烈分解爆炸的危险性
	三氯乙烷(＋酸)、氯仿	混合后有聚合放热反应的危险性
	氯酸钠、高氯酸钠、亚氯酸钠、硝酸铵、硝酸钠、溴酸钠	混合后有激烈的放热反应
乙炔 (C_2H_2)	铜、银、汞、硝酸银、硝酸汞	混合接触有生成爆炸性物质的危险性
	钾、碘、氯、碳化亚铜	混合有着火或爆炸的危险性
	钴、氢化钠	有分解聚合或激烈反应的危险性
丙烯腈 (CH_2═CHCN)	硝酸银(混合存放一定时间)、氢氧化钾	有激烈聚合或着火的危险性
	溴	在一定条件下有爆炸的危险性
	氯酸钠、高氯酸钠、亚氯酸钠、硝酸铵、硝酸钠、溴酸钠、硝酸、硫酸	混合后有激烈放热反应的危险性
氨 (NH_3)	硝酸	接触气体有着火的危险性
	亚氯酸钾、亚氯酸钠、次氯酸	接触后能生成对冲击敏感的亚氯酸铵；对次氯酸有爆炸的危险性
硝酸铵 (NH_4NO_3)	乙醚、二硫化碳、丙酮、甲苯、己烷、乙醇、氯苯、苯胺、乙二醇、尿素、炭(加热)	能生成爆炸性混合物或有爆炸危险性
	硫、铝、镁、锌、铅、钠	在一定温度下，有激烈爆炸反应的危险性
	醋酸(加热)、磷	有着火的危险性
苯胺 ($C_6H_5NH_2$)	过氢化钠、硝酸、硫酸(在二氧化碳、硝酸共存下)	有着火或立即着火危险性
	氯酸钠、高氯酸钠、过氧化氢(浓)、过甲酸、高锰酸钾、硝基苯	有激烈放热反应的危险性
	硝基甲苯、臭氧	能生产敏感爆炸性混合物

续表

品名	混合接触有危险性的化学品	危险性摘要
苯 (C_6H_6)	硝酸铵、高锰酸、氟化溴、臭氧	有起火或爆炸的危险性
	氯酸钠、高氯酸钠、过氧化氢(浓)、过氧化钠、高锰酸钾、硝酸、亚氯酸钠、溴酸钠	有激烈放热反应的危险性
溴 (Br_2)	磷、乙醚	在一定条件下能着火或爆炸
	铝、乙醛、丙酮、甲醇、乙醇(+磷)	有激烈反应的危险性
	乙炔、氢、丙烯腈、叠氮化银、叠氮化钠、钾、钠	有爆炸或爆炸反应的危险性
	氨	能生成爆炸性混合物(三溴化氮)
碳化钙 (CaC_2)	硫酸、盐酸、氯化氢、四氯化碳	有发生放热反应的危险性
	硫黄	受热、摩擦有爆炸的危险性
	过氧化钠	加热有爆炸危险性,暴露在潮湿的空气中有火灾危险性
氢化钙 (CaH_2)	氯酸钾、氯酸钡、氯酸铵、高氯酸钠、溴酸钠	混合后摩擦有激烈爆炸的危险性
	硫酸	有激烈放热并着火的危险性
二硫化碳 (CS_2)	过氧化氢(浓)、高锰酸钾(+硫酸)	有着火、爆炸的危险性
	氯(在铁的催化作用下)	有爆炸或着火的危险性
	氯酸钠、高氯酸钠、硝酸铵、硝酸钠、亚氯酸钠、硝酸、锌	有激烈放热反应的危险性
氯 (Cl_2)	铝、钾、钙、氢化钾、磷、二乙基锌、三氧化二磷、羟胺、松节油、镁、锌、钠	有着火危险性,与镁、锌、钠在潮气中有着火危险性
	乙醚、苯(在光的作用下),叔丁醇,乙炔、乙硼烷、氨(在加热条件下)	有爆炸或爆炸性反应的危险性
氯磺酸 (HSO_3Cl)	硝酸钠、碳化钙	有着火、爆炸的危险性
	氯化钠、铝、镁、锌、铅、铁粉	在一定条件下能着火、爆炸
	过氧化氢(浓)、过氧化二苯甲酰	有激烈的放热反应
铬酸酐 (CrO_3)	丙酮、乙醇、甘油、硫(加热)	有起火的危险性
	黄磷、钾、钠、吡啶(加热)、醋酸(加热)、乙酐、铁氰化钾(加热、摩擦)	有爆炸或爆炸性反应的危险性
	乙醚、甲苯、己烷、乙醇、苯酚、苯胺、二硝基苯、硝酸甲酯、过氧化二苯甲酰	有激烈的放热反应
过氧化二乙酰 ($CH_3COOOCOCH_3$)	丙酮、甲苯、乙醇、苯胺、乙二醇	有着火的危险性
	乙醚	有激烈爆炸的危险性
	磷、硫、铝、镁、铁粉、钠、二硫化碳、己烷、氯苯	有激烈的放热反应
二乙胺 [$(C_2H_5)_2NH$]	氯酸钠、高氯酸钠、亚氯酸钠、硝酸铵、硝酸钠、过氧化钠、过氧化氢(浓)、硝酸、铬酸酐、溴酸钠	混合后有激烈放热反应的危险性
乙醚 [$(C_2H_5)_2O$]	氯酸钠、高氯酸钠、亚氯酸钠、硝酸铵、硝酸钠、过氧化钠、过氧化氢(浓)、硝酸、铬酸酐、溴酸钠	混合后有激烈放热反应的危险性
乙醇 (CH_3CH_2OH)	过氧化氢(浓)+浓硫酸	受热、冲击有爆炸的危险性
	氯酸钠、高氯酸钠、硝酸铵、硝酸钠、硝酸、亚氯酸钠	混合后有激烈的放热反应
	硝酸银	在一定条件下能生成爆炸性酸

续表

品名	混合接触有危险性的化学品	危险性摘要
乙烯 （$CH_2=CH_2$）	氯、四氯化碳、三氯一溴代甲烷、四氟乙烯、氯化铝、过氧化二苯甲酚	在一定条件下混合后有发生爆炸的危险性
	臭氧	有爆炸性反应的危险性
环氧乙烷 （C_2H_4O）	氯酸钠、高氯酸钠、亚氯酸钠、硝酸铵、硝酸钠、过氧化氢（浓）、过氧化钠、硝酸、硫酸、溴酸钠、重铬酸钾、镁、铁、铝（包括氧化物和氯化物）	混合后有激烈放热反应，有可能发生爆炸性分解
甲醛 （HCHO）	氯酸钠、高氯酸钠、亚氯酸钠、硝酸铵、硝酸钠、过氧化氢（浓）、过氧化钠、硝酸、硫酸、溴酸钠、过甲酸、高锰酸钾、高氯酸	混合后有激烈放热反应的危险性
己烷 ［$CH_3(CH_2)_4CH_3$］	氯酸钠、高氯酸钠、亚氯酸钠、硝酸铵、硝酸钠、过氧化氢、硝酸、溴酸钠	混合后有激烈放热反应的危险性
肼 （N_2H_4）	过氧化氢（浓）、硝酸（浓）	有着火危险性
	硝酸银	有爆炸危险性
	氯酸钠、高氯酸钠、亚氯酸钠、硝酸铵、溴酸钠、硝酸钠、铬酸酐	混合后有激烈的放热反应
氯化氢 （HCl）	氯酸钠、亚氯酸钠、氟	有着火危险性
	铝、钠、碳化钙、硝酸甲酯	混合后有激烈的放热反应
过氧化氢 （H_2O_2）	镁、铝、铁粉、钠、磷	有着火危险性
	丙酮、甲苯、己烷、乙醇、乙醚、铅	受热、冲击有爆炸或激烈放热分解的危险性
硫化氢 （H_2S）	过氧化钠、氯化钙、铬酸酐、氧化铜、二氧化铅、氯化磷	有起火、爆炸的危险性
	硝酸、三氯化氟、氧化氯	有爆炸性反应的危险性
羟胺 （NH_2OH）	钠、过氧化钡、高锰酸钾、氯、二氧化铅、氯化磷	有着火危险性
	铬酸钠、锌（加热）、钙（加热）、重铬酸钾	有爆炸危险性
	次氯酸钠、次氯酸钙	有激烈氧化反应的危险性
甲烷 （CH_4）	氯酸钠、高氯酸钠、过氧化氢（浓）、硝酸铵、硝酸钠、硝酸、溴酸钠	混合后有激烈的放热反应
醋酸甲酯 （CH_3COOCH_3）	氯酸钠、高氯酸钠、过氧化氢（浓）、硝酸铵、硝酸钠、硝酸、亚氯酸钠、溴酸钠	混合后有激烈的放热反应
萘 （$C_{10}H_8$）	铬酸酐	有猛烈着火的危险性
	氯酸钠、高氯酸钠、过氧化氢（浓）、硝酸铵、硝酸钠、硝酸、亚氯酸钠、溴酸钠	混合后有激烈的放热反应
硝酸 （HNO_3）	苯胺、丁硫醇、二乙烯醚、呋喃甲醇	有着火的危险性
	钠、镁、乙腈、丙酮、乙醇、环己烷、乙酐、硝基苯	有爆炸或激烈分解的危险性
	乙醚、甲苯、己烷、苯酚、二硝基苯、硝酸甲酯	混合后有激烈的放热反应
苯酚 （C_6H_5OH）	氯酸钠、高氯酸钠、亚氯酸钠、过氧化氢（浓）、硝酸铵、硝酸钠、硝酸、溴酸钠	混合后有激烈的放热反应
氯酸钾 （$KClO_3$）	镁、铝、铁粉、碳粉、钠、硫、磷、乙醚、乙醇、硫化锑	加热、冲击、摩擦有引起爆炸的危险性
	二硫化碳、丙酮、甲苯、己烷、乙醇、氯苯、苯胺、乙二醇、硫化银（加热）、氨（加热）	接触后，有激烈的放热反应，或引起燃烧
	硫酸、二氧化锰（加热）	有爆炸性氧化反应的危险性
	氯化铵	能生成不稳定化合物（高氯酸铵）

续表

品名	混合接触有危险性的化学品	危险性摘要
硝酸钾 (KNO_3)	铝、二硫化钛、硫化锑	加热有爆炸性反应
	醋酸钠,碳粉	可生成爆炸性混合物
	硫、磷、镁、铁粉、钠、乙醚、二硫化碳、丙酮、甲苯、己烷、乙醇、氯苯、苯胺、乙二醇	混合后有激烈放热反应或有起火危险性
高锰酸钾 ($KMnO_4$)	乙二醇、甘油、羟胺、过氧化氢(浓)、纤维素	有着火的危险性
	红磷、硫、硝酸铵、硫酸、氯化氢(浓)、锑+砷、醋酐+醋酸铵	有爆炸或爆炸性反应的危险性
	铝、镁、二硫化碳、丙酮、甲苯、己烷、乙醇、苯胺、氨+硫	混合后有激烈放热反应或氧化放热燃烧的危险性
丙烷 (C_3H_8)	氯酸钠、高氯酸钠、亚氯酸钠、过氧化氢(浓)、硝酸铵、硝酸钠、硝酸、溴酸钠	混合后有激烈的放热反应或有起火的危险性
钠 (Na)	硝酸、氯、氯乙烯、羟胺	有生成自然性气体而着火的危险性
	硫、氨、氯化铁、五氯化钒、炭粉、铜、硫酸、盐酸、四氯化碳(加热)、过氧化氢(加热)、铬酸酐(加热)、氟化氢、乙醚、顺丁烯二酸酐	有爆炸或爆炸性反应的危险性
	硝酸铵、三氯甲烷	可生成爆炸性混合物
溴酸钠 ($NaBrO_3$)	磷、硫、铝、甘油、硫化钠、硫化亚铜、硫化锌、硫化钾、硫化锑、硫化钡、炭粉、纤维素、二氧化锰、硫化铜、硫化铵	受热、冲击、摩擦有爆炸的危险性,遇酸有引燃的危险性
氢氧化钠 (NaOH)	铝	发生反应生成大量氢气
	乙醛、丙烯腈	有激烈聚合反应的危险性
	氯硝基甲苯、硝基乙烷、硝基甲烷、顺丁烯二酸酐、氢醌、三氯硝基甲烷	有发热分解爆炸性的危险性,对撞击引起爆炸有敏感性
	三氯乙烯、氯仿+甲醇	有激烈的放热反应,三氯乙烯加热可生成爆炸性物质
高氯酸钠 ($NaClO_4$)	铝、镁、铁粉、钠、炭粉、磷、硫、氢氧化钙	在一定条件下有爆炸的危险性
	乙醚、二硫化碳、乙醇、丙酮、甲苯、己烷、氯苯、苯胺、乙二醇	接触后有激烈的放热反应或能引起燃烧
重铬酸钠 ($Na_2Cr_2O_7$)	乙酐、羟胺、乙醇+硫酸	有发热、爆炸的危险性
	三硝基甲苯+硫酸	有着火的危险性
	镁、铝、硫、磷、硫酸	有放热或激烈反应的危险性
过氧化钠 (Na_2O_2)	磷、硫、铝、镁、碳化钙、乙醚、苯、甘油、硫化氢、六亚甲基四胺、纤维素、炭+氯化银	混合后在空气或在潮气中有着火的危险性
	过硫酸铵(加热)、铝(加热)、钾、钠、醋酸、苯胺、二硫化碳、乙炔	在一定条件下有爆炸或激烈氧化反应的危险性
硫黄 (S)	氯酸钾、高氯酸钾、过氧化氢(浓)、硝酸汞、高锰酸钾、次氯酸钠、亚氯酸钠、溴酸钡、溴酸钠	加热或受热冲击有爆炸危险性
	赤磷、铝、锌、钠、锂、钙、二氧化氯、氯化铬酰	稍加热有着火危险性
	硝酸铵、硝酸钠、硝酸、铬酸酐、重铬酸钾、浓硫酸	有生成爆炸性混合物或激烈放热反应的危险性
硫酸 (H_2SO_4)	氯酸钾、氯酸钠	接触时激烈反应,有引燃危险性
	环戊二烯、硝基苯胺、硝基甲酯、苦味酸	有爆炸反应的危险性
	磷、钠、二亚硝基五次甲基四胺	有着火危险性

续表

品名	混合接触有危险性的化学品	危险性摘要
三乙基铝 $[(C_2H_5)_3Al]$	甲醇、丁醇、四氯化碳	有激烈反应或爆炸性反应的危险性
	氯酸钠、高氯酸钠、过氧化氢(浓)、硝酸铵、硝酸钠、高锰酸钾、硝酸、铬酸酐、亚氯酸钠	混合后有放热反应
黄磷 (P)	氯酸钠、高氯酸钠、过氧化钾、过氧化氢(浓)、过甲酸、硝酸铵、硝酸银、二硫化碳、溴酸钾、铬酸酐、二氧化铅、氟、氯、溴、氧化铜+二氧化锰	受热、冲击、摩擦有爆炸或着火的危险性
	硝酸钾、硫、三氧化硫、二氧化氯、重铬酸钙、硝酸、硫酸	有放热或激烈反应的危险性
镁 (Mg)	氯酸钠、高氯酸钠、硝酸铵、硝酸钾、过氧化钠、硝酸、环氧乙烷、溴酸钠、重铬酸钾、硫(加热)	有爆炸或爆炸反应的危险性
	过氧化氢(浓)、四氯化碳、三氯乙烯、二氧化氮、氟	有着火的危险性
	甲醇、硫酸、铬酸酐、二氧化铅、二氧化碳(加热)	有激烈的放热反应

思考与练习

1. 可燃气体、液体和固体的燃烧爆炸危险判据是什么？
2. 某车间需处理的工艺气体为 H_2，已知其爆炸极限为 4%～75%，经实际检测，车间内的 H_2 浓度达到了 1%，请问该气体的危险度和环境危险度各为多少？
3. 液体火灾危险分级标准是怎样的？
4. 如何判断固体可燃物的危险特征？
5. 爆炸性物质结构中常含有哪些特征官能团？
6. 如何有效预防物质的自燃危险？在存储环节应注意哪些问题？
7. 忌水性物质的消防措施应怎样制定？
8. 容易形成过氧化物的有机物在结构上常具有哪些特征？
9. 容易发生燃烧爆炸危险的混合接触方式有哪些？在存储过程中应如何避免？

第5章 点火源控制

典型案例：上海静安胶州路公寓大楼“11·15”特别重大火灾事故

2010年11月15日，上海市静安区胶州路728号公寓大楼发生一起因企业违规造成的特别重大火灾事故，造成58人死亡、71人受伤，建筑物过火面积$12000m^2$，直接经济损失1.58亿元。调查认定，这起事故是一起因企业违规造成的责任事故。

事故经过：上海市静安区胶州路728号公寓大楼所在的胶州路教师公寓小区于2010年9月24日开始实施节能综合改造项目施工，建设单位为上海市静安区建设和交通委员会，总承包单位为上海市静安区建设总公司，设计单位为上海静安置业设计有限公司，监理单位为上海市静安建设工程监理有限公司。施工内容主要包括外立面搭设脚手架、外墙喷涂聚氨酯硬泡体保温材料、更换外窗等。

上海市静安区建设总公司承接该工程后，将工程转包给其子公司上海佳艺建筑装饰工程公司（以下简称佳艺公司），佳艺公司又将工程拆分成建筑保温、窗户改建、脚手架搭建、拆除窗户、外墙整修和门厅粉刷、线管整理等，分包给7家施工单位。其中上海亮迪化工科技有限公司出借资质给个体人员张利分包外墙保温工程，上海迪姆物业管理有限公司（以下简称迪姆公司）出借资质给个体人员支上邦和沈建丰合伙分包脚手架搭建工程。支上邦和沈建丰合伙借用迪姆公司资质承接脚手架搭建工程后，又进行了内部分工，其中支上邦负责胶州路728号公寓大楼的脚手架搭建，同时支上邦与沈建丰又将胶州路教师公寓小区三栋大楼脚手架搭建的电焊作业分包给个体人员沈建新。

2010年11月15日14时14分，两名工人在加固胶州路728号公寓大楼10层脚手架的悬挑支架过程中，违规进行电焊作业引发火灾。

事故原因：在胶州路728号公寓大楼节能综合改造项目施工过程中，施工人员违规在10层电梯前室北窗外进行电焊作业，电焊溅落的金属熔融物引燃下方9层位置脚手架防护平台上堆积的聚氨酯保温材料碎块、碎屑引发火灾。

点火源是指具有一定能量，能够引起可燃物燃烧的能源。点火源这一燃烧条件的实质是提供一个初始能量（热能、光能、电能或机械能等）。在这能量的激发下，可燃物与氧化剂才能发生剧烈的氧化反应，引起燃烧。根据引发燃烧的能量种类可将点火源分为机械火源、热火源、电火源或化学火源四大类。机械火源包括摩擦、撞击火花等；热火源包括高温表面或炽热物体等；电火源包括电火花、静电火花或雷电火花等；化学火源主要是明火、自燃发热、化学反应热等，如电、气焊割火花、炉火，煤的堆积。

5.1　明火

典型案例：焊割作业引发的重大火灾

20 世纪 90 年代以来，因焊割作业引起的重特大火灾事故频繁发生，给人们留下了惨痛的教训。表 5-1 列举了几起典型电焊作业过程引起的火灾情况。

表 5-1　几起典型电焊作业火灾事故

序号	时间	事故概况	损失情况
1	1993 年 2 月 14 日	河北唐山东矿区林西百货大楼因焊工作业时电焊熔渣落在家具厅可燃物上引起火灾	死亡 81 人，伤 53 人，直接经济损失 401.2 万元
2	1994 年 11 月 25 日	海南省儋州市一商场内个体户违章电焊，电焊火花点燃衣物引发火灾	烧毁摊位 393 个，直接经济损失 1500 万元
3	1996 年 11 月 20 日	香港嘉利大厦违章电焊引起火灾，大火持续燃烧 21 个小时，造成严重的经济损失	死亡 40 人，受伤 81 人
4	1998 年 8 月 26 日	江苏省常州市第一人民医院一无证焊工在住院楼四楼净化室拆风机时，违章切割，熔珠溅落在海绵等可燃物上引发大火	死亡 14 人，受伤 14 人
5	2000 年 12 月 25 日	河南省洛阳市东都大厦因电焊工电焊作业时电焊火花溅落到地下二层的可燃物上引发火灾	死亡 309 人，伤 7 人，直接经济损失 275 万元
6	2003 年 9 月 4 日	前苏联“基辅号”航母在河北省秦皇岛市山海关船厂进行改装，在电焊时点燃可燃物发生火灾	2 名工人死亡
7	2005 年 7 月 21 日	山东省栖霞市蛇窝泊镇某冷藏厂因电焊工操作失误，致使发生火灾	直接经济损失 150 余万元
8	2010 年 11 月 5 日	上海市静安区胶州路 728 号公寓大楼发生一起因企业违规造成的特别重大火灾事故	58 人死亡、71 人受伤，直接经济损失 1.58 亿元

焊割工艺与典型火灾案例焊割是焊接与切割的合称，在实际生产与生活中，人们通常将电弧焊接与电弧切割统称为电焊作业。由于焊接与切割均属于明火作业，具有高温、高压、易燃易爆的特点，又常常与可燃、易燃物质以及压力容器打交道，存在着较大的火灾爆炸危险性。

焊割作业的火灾危险性：焊割作业的对象为金属器件，按照物质燃烧理论，其本身不能燃烧，并无多大的火灾危险性。焊割作业之所以存在火灾危险性，主要是由作业的高温性、周围环境物质的可燃性及作业人员消防安全知识的缺乏性等多方面因素综合造成的。

首先是焊割作业的高温性。电弧焊接时的中心温度可达 6000～7000℃，电弧切割的中心温度可高达 16000℃左右，焊割作业时，焊花在飞溅过程中温度虽有所下降，但其温度也在 1000℃左右，开始飞溅时呈燃烧状态，有的较大颗粒的熔化金属持续燃烧时间在 30s 以上，燃烧金属在自重力的作用下会使炽热的金属颗粒穿越垂直管道和建筑物的缝隙、孔洞。由于大多数可燃物的燃点都小于 500℃，尤其是木材，它的燃点在 250～300℃之间，所以焊花极易点燃可燃物而引发火灾。如果是在可燃气体存在的场所，就会发生爆炸事故。当焊花沿管道、孔洞、缝隙垂直降落到可燃物上，又往往容易引起异域火灾。因此，焊割作业的高温给火灾发生提供了良好的能源（温度）基础。

其次是焊割作业周围环境物质的可燃性。焊割作业的环境十分往往复杂，常见的焊割场所与对象有进行室内装修装饰的建筑、用以存放可燃液体或气体的管道与容器、周围存在可燃性物质的堆垛或易燃性物品容器的场地等。这些场所或对象都不同程度地存放着可燃性物质或易燃易爆物品，一旦造成焊割火花或熔珠，极易引起燃烧甚至爆炸。

明火具有温度高、引燃能力强的特点，使用和控制不当很容易引起大的火灾、爆炸事故。明火种类很多，除了焊接火焰、切割氧炔焰以及锅炉、加热炉、分解炉、反应炉、焙烧炉等燃烧火焰外，火柴、打火机、炉灶、暖房等小火炉都可以成为点火源。

5.1.1 生产火

(1) 加热用明火

加热易燃物料应尽量避免使用明火，而是采用蒸汽、热水或其他加热载体。对于必须使用明火的场所，设备应严格密闭，燃烧室与设备应分开建筑或隔离。此外，为防止易燃物漏火燃烧，还应对设备进行定期强度和水压试验，以检验设备强度和密闭性。

明火加热设备要布置在火灾爆炸危险区域外，与爆炸危险生产装置之间必须设有足够的距离隔离，而且应布置在会散发出易燃物料的设备或储罐侧风或上风方向，以防止因装置泄漏而引起着火。对于有多个明火的设备，应集中布置在装置或罐区边缘，并同时考虑相互之间的安全距离。在爆炸危险场所或装运可燃物料的储罐和管道内部，不得使用明火和普通电灯照明，而应采用防爆型灯具。可燃气体的钢瓶距明火设备防火间距不应小于15m。

常用的加热用明火设备有各种工业炉，如锅炉、煅烧炉、电炉、裂解炉以及以一些电热装置等。对于这些设备应掌握正确使用方法，了解其危险性，并由专业人员负责使用和维护。

(2) 维修用明火

维修用明火主要是指焊割、喷灯等作业明火。由于这些明火形式的使用位置往往不确定，具有移动性，所以造成的安全隐患最大。在爆炸危险厂房或罐区内，应尽量避免焊割作业，焊割作业地点应与爆炸危险厂房、生产设备、管道、储罐保持一定的安全距离，操作时应严格遵守安全动火规定。对于输送或盛装可燃物料的设备或管道，动火前应先对系统进行彻底清洗，采用惰性气体吹扫置换，当可燃物浓度符合一定标准后才能动火。对于爆炸下限大于4%的可燃气体或蒸气，吹扫置换后的浓度应小于0.4%，而爆炸下限小于4%的可燃气体或蒸气，吹扫置换后的浓度应小于0.2%。

当检修系统与其他设备连通时，应将连接管道拆下或加堵金属盲板隔绝，阻止易燃物料进入系统，以防动火时引起爆炸事故。在不停产条件下动火检修设备时，一般要求有良好的通风环境，并备有灭火设施，且保持装置内的正压，同时装置内可燃气体或蒸气中含氧量则应保持在极低水平，浓度保持在爆炸上限以上。对于积存有可燃气体或蒸气的管沟、深坑、下水道内及附近区域，在消除危险之前不得进行明火作业。此外，电焊用电线破损应及时更换，不得用与有爆炸危险生产设备相连接的金属物件作为电焊地线，以防在电路接触不良处产生高温或电火花引起危险。

(3) 其他明火

在工业生产过程中经常会设置有烟囱、烟道和火炬。由于烟囱或烟道过热会喷出火星或火焰，为防止这些飞火引起火灾爆炸，燃料在炉膛内要燃烧充分，且烟囱应有足够高度，必要时可安装火星熄灭器，烟囱周围一定距离内不得堆放易燃易爆物品，不准搭建易燃建筑。火炬用于燃烧废气中的可燃成分，以明火焰的形式存在，在很多化工生产厂是不可避免的设施。火炬的设置应严格遵守《石油化工企业设计防火规范》(GB 50160—2008) 的要求，宜位于生产区全年最小频率风向的上风侧，防止灰烬、火星落到生产区，且距离 30m 范围内不应设置可燃气体放空。

在化工生产过程中，蒸馏操作需要有加热过程才能完成。在常压下加热蒸馏易燃液体不能使用明火加热，应采用水蒸气和过热蒸汽。塔顶馏出物料蒸气应保持充分有效的冷凝，防止冷却水或冷冻水中断，导致气体逸出或储罐中物料温度升高。对于直接用火加热蒸馏的高沸点物质（如苯二甲酸酐等），必须防止蒸干，造成结焦，引起局部过热而着火。对于沸点较高而在高温蒸馏时分解爆炸或聚合的物质，如硝基甲苯在高温下容易分解爆炸，苯乙烯则易在高温下聚合，在加热时须采用减压措施以降低其液体沸点。

5.1.2 非生产用明火

非生产火是与生产过程没有直接关系，但在生产中可能伴随作业人员的日常活动存在的明火。非生产火的存在往往需要通过严格的工作制度加以控制。

(1) 吸烟

据消防部门统计，近年来吸烟（包括打火机、火柴）所引起的火灾约占全部火灾数的7%。香烟燃烧温度放置时为 450～500℃，吸烟时达到 650～800℃，可以引起纸张、棉、麻、织物的燃烧，更不用说一些易燃易爆的气体和液体。《消防法》规定，禁止在具有火灾、爆炸危险的场所吸烟、使用明火。原化工部《四十一条禁令》第一条就是“加强明火管理，厂区内不准吸烟”。后来又进一步加强对吸烟的控制，明确生产易燃易爆物质的企业、厂区内皆为禁火区，严禁吸烟；油库、化学品库视为易燃易爆场所，其周围 30m 内视为禁烟区，设立明显的禁烟标志；与禁烟区联通的各种排液沟、电缆沟附近和出口严禁吸烟，严禁停放机动车和进行其他明火作业；禁烟区内不准设立吸烟室。

(2) 取暖器具

由电炉、取暖用火炉等引起的火灾占全部火灾的 5%，是冬季火险的重点。它引起火灾的危险有三方面：辐射加热、火焰接触、热源本身。预防措施主要包括：

① 了解正确的使用方法。如燃气（油）炉点火时先送火，再进气（油）；熄火时，先停料，再停空气；

② 对取暖器具要设定围栏或安全区域，避免人员频繁接触，避免接触可燃基座、垫台；防止辐射和火焰烘烤；

③ 输料管路防止脱落、泄漏，保持良好通风；

④ 禁止燃烧过程中移动、加油；

⑤ 对于产生灰烬的燃料，应合理处理灰烬，防止形成次生点火源。

(3) 其他火源

企业中各类可能产生明火的设备都要严格管理，特别是机动车辆，严禁未安装阻火器的车辆进入禁火区。

5.2 绝热压缩

典型案例：绝热压缩对溶解乙炔生产的危害及原因分析

1991 年 5 月 26 日 16 时左右，上海新光气体厂的溶解乙炔生产正在进行中。两个充瓶架上的乙炔瓶均已充气完毕。操作工将气瓶上的阀门及进气总阀全部关闭，准备卸瓶。此时，操作工准备先把汇流排管道中的乙炔气排回到气柜里，再打开回气阀时，在距离回气阀 10cm 处的管道突然爆炸，乙炔气喷出着火。在充瓶架上的 42 支乙炔瓶被烧坏，一名工人烧伤。事故发生后，经有关人员分析，认为这是由绝热压缩引起的乙炔爆炸事故。由于在回气阀与气柜之间还有一个阀门，操作工在开此阀门前就开回气阀，导致高压的乙炔气急速充向前边的低压死区，产生绝热压缩，导致高压乙炔分解爆炸。

1996 年 8 月 15 日 17 时左右，原太原电石厂溶解乙炔分厂正在生产中。维修工由于在 15 时巡检时发现第六充气排架上的压力表失灵，准备更换。更换压力表时，系统压力为 2.14MPa。维修工先关闭压力表下边的阀门，换完压力表后在打开阀门瞬时，压力表末端发生破裂并起火。接着，在压缩机厂房内的高压干燥器爆炸并着了火。事故发生后，经有关安全技术专业人员分析，认为也是由绝缘压缩引起的事故。由于压力表弹簧管内存有空气，在极短的时间内从常压到系统的 2.14MPa，产生了绝热压缩，导致事故的发生。

早在 1919 年前乙炔就用于工业中，在早期的使用过程中曾多次发生爆炸事故。后来的研究结果表明：乙炔即使在没有氧的情况下，若被压缩到 202.66kPa 以上，遇到火星也能引起爆炸，这种现象称为分解爆炸。化学反应方程式如下：

$$C_2H_2 \xlongequal{} C(s) + H_2 \qquad \Delta H = -232.3\text{kJ/mol}$$

乙炔的分解爆炸需要一定的能量，这个能量叫点火能量。实验证明：随着乙炔的压力升高，乙炔的最小点火能量也将急剧降低。

我们假设纯乙炔的初始压力为 0.1MPa，温度为 20℃，绝热压缩后压力变为 2.0MPa 时，那么根据以上公式计算，温度为 250℃。实验证明：纯乙炔在 2.0MPa 的压力时，其自然分解温度仅为 200℃左右，显然低于当时乙炔气的温度，故自然便会发生分解爆炸。

5.2.1 理论依据

根据热功当量原理：在与环境不进行热交换的状态下压缩气体时，压缩过程所耗功全部转化为热能。这种热能蓄于气体内使其温度上升，当达到其自燃点时就会引起燃烧或爆炸。实际过程中，如果气体压缩的速度特别快，气体本身所产生的热量还来不及与外界交换，就几乎全部用于升高气体温度，这种情况接近于绝热压缩。绝热压缩后的温度可按下式计算：

$$T_2 = T_1\left(\frac{p_2}{p_1}\right)^{\frac{K-1}{K}} \tag{5-1}$$

$$或\ T_2 = T_1\left(\frac{V_1}{V_2}\right)^{K-1} \tag{5-2}$$

式中　T_1, T_2——气体压缩前后的温度，K；

p_1, p_2——气体压缩前后的绝对压力，Pa；

V_1, V_2——气体压缩前后的体积，m^3；

K——气体绝热压缩指数。

空气在绝热压缩时的压力及温度见表 5-2。

表 5-2　空气绝热压缩时的温度与压力变化

（$p_1=0.1$MPa，$T_1=20$℃）

V_1/V_2	p_2/MPa	T_2/℃
2	0.26	120
3	0.47	181
5	0.95	283
10	2.50	462
15	4.42	594
20	66.0	697

高压气体喷射时很容易产生绝热压缩现象。例如，高压氧气瓶在打开出气阀和截止阀之间的管路时，压差作用形成气体的高速流动，当气团的一部分边界以很大的加速度运动或受到强扰动时，气体状态发生明显变化，以波的形式向前传播，产生激波现象，熵值增大，温度上升，这种情况很容易产生引起内部可燃物质着火的引燃能，可用下式表示：

$$T_2 = T_1 \frac{1+\dfrac{K_1-1}{K_1+1}\times\dfrac{p_2}{p_1}}{1+\dfrac{K_1-1}{K_1+1}\times\dfrac{p_1}{p_2}} \tag{5-3}$$

5.2.2　应用——压缩点火

压缩点火也称为“自行点火”，是利用压缩时气体温度升高的原理，使燃料在汽缸内自行着火燃烧的方法。其特点是：

① 不必在汽缸外预制可燃混合气；

② 不需点火设备；

③ 燃料必须易于自燃；柴油比汽油自燃点低，轻柴油 300～380℃，汽油 510～530℃，所以，柴油燃料可以用于压缩点火式的内燃机；

④ 燃料由喷油嘴高压高速喷入汽缸；

⑤ 随喷随燃烧，压力增长缓和，压力增长可由喷油控制。

汽车汽缸内的汽油和空气在被压缩到超过自然温度的某一绝热温度时，就会被引燃，这就是发动机内所发生缸内爆震的原因；同时，这也是在点火装置关闭后一些过热的发动机继续运行的原因。

5.2.3 事故及预防

在工业生产中，一些压缩机在运行过程出现较严重的事故很多都是由可燃性蒸气被吸入到空气压缩机的入口，随后被压缩导致自燃而引起的。如果制冷机上存在污物，那么压缩机就特别容易受自燃的影响。在进行设计时必须增设安全装置，以防止由绝热压缩引发的不必要的点火。在化工厂中，绝热温度升高的潜在后果可通过下述例题进行说明。

【例 5-1】 将正已烷上方的空气由 101.3kPa 压缩至 3445.6kPa，如果初始温度为 37.8℃，那么最终的温度是多少？正已烷的自燃点为 487℃，空气的绝热压缩指数为 1.4。

【解】 由式（5-1）得：

$$T_2=(37.8+273.15)\times\left(\frac{3445.6}{101.3}\right)^{(0.4/1.4)}=852.15\text{K}=579℃$$

所以，该温度超过了正已烷的自燃温度，将导致爆炸。

在生产过程中，经常会遇到一些易燃易爆气体或液体，如硝化甘油、硝化甘醇、硝酸酯等爆炸感度高的液体以及二硫化碳（燃点 102℃）等易燃易爆气体，在进行绝热压缩过程中极易起火爆炸。

需要注意的是，一些非压缩处理的操作也可能使介质产生受压效果。例如，在关闭压缩机的排水阀、放出塔、槽中的排放物以及抽出成品时开关动作过快，都可能造成绝热压缩而异常升温。乙炔发生绝热压缩爆炸往往与工艺设备设置不当和操作方法不当有关。生产实际中，启动高压系统阀门时，在气流前方存有低压死区，由于启动阀门的速度过快，高压气体便急速压向前边的低压死区，形成近于绝热压缩的过程。

除了绝热压缩升温会导致燃烧或爆炸后果，绝热压缩点火过程还往往与积碳的形成密切相关。石油化工用压缩机的汽缸润滑油大都采用矿物润滑油，它是一种可燃物。当气体温度骤然升高，超过润滑油闪点后会强烈氧化，易发生爆炸。另外油分子在高温高压下易氧化，特别是一些沉积在金属壁上的油膜，氧化更为加剧，生成酸、沥青等化合物，与其他粉尘、微粒结合在一起形成积碳。积碳在过热、撞击、气流冲击、火花等条件下引起自燃，甚至爆炸。

防止绝热压缩的对策有：

① 在设置工艺设备、管道阀门时，尽量不留有可能产生绝热压缩的条件——“死区”；

② 在系统压力较高时，尽量减少不必要的操作；

③ 阀门开启和关闭要有严格的顺序规定；

④ 防止空气混入系统；

⑤ 除油，避免可压缩气体中出现可燃物质；

⑥ 压缩机启动前用惰性气体彻底置换其中空气。氧含量超过 4%或含有可燃物都易引起燃烧爆炸。

5.3 冲击和摩擦

典型案例：山东省青岛市"11·22"中石化东黄输油管道泄漏爆炸特别重大事故

2013 年 11 月 22 日 10 时 25 分，位于山东省青岛经济技术开发区的中国石油化工股份有限公司管道储运分公司东黄输油管道泄漏原油进入市政排水暗渠，在形成密闭空间的暗渠内油气积聚遇火花发生爆炸，造成 62 人死亡、136 人受伤，直接经济损失 75172 万元。

事故经过：11 月 22 日 2 时 12 分，潍坊输油处调度中心通过数据采集与监视控制系统发现东黄输油管道黄岛油库出站压力从 4.56MPa 降至 4.52MPa，两次电话确认黄岛油库无操作因素后，判断管道泄漏；2 时 25 分，东黄输油管道紧急停泵停输。

为处理泄漏的管道，现场决定打开暗渠盖板。现场动用挖掘机，采用液压破碎锤进行打孔破碎作业，作业期间发生爆炸。爆炸时间为 2013 年 11 月 22 日 10 时 25 分。

爆炸造成秦皇岛路桥涵以北至入海口、以南沿斋堂岛街至刘公岛路排水暗渠的预制混凝土盖板大部分被炸开，与刘公岛路排水暗渠西南端相连接的长兴岛街、唐岛路、舟山岛街排水暗渠的现浇混凝土盖板拱起、开裂和局部炸开，全长波及 5000 余米。爆炸产生的冲击波及飞溅物造成现场抢修人员、过往行人、周边单位和社区人员，以及青岛丽东化工有限公司厂区内排水暗渠上方临时工棚及附近作业人员，共 62 人死亡、136 人受伤。爆炸还造成周边多处建筑物不同程度损坏，多台车辆及设备损毁，供水、供电、供暖、供气多条管线受损。泄漏原油通过排水暗渠进入附近海域，造成胶州湾局部污染。

事故原因：输油管道与排水暗渠交汇处管道腐蚀减薄、管道破裂、原油泄漏，流入排水暗渠及反冲到路面。原油泄漏后，现场处置人员采用液压破碎锤在暗渠盖板上打孔破碎，产生撞击火花，引发暗渠内油气爆炸。

原因分析：通过现场勘验、物证检测、调查询问、查阅资料，并经综合分析，认定：由于与排水暗渠交叉段的输油管道所处区域土壤盐碱和地下水氯化物含量高，同时排水暗渠内随着潮汐变化海水倒灌，输油管道长期处于干湿交替的海水及盐雾腐蚀环境，加之管道受到道路承重和振动等因素影响，导致管道加速腐蚀减薄、破裂，造成原油泄漏。泄漏点位于秦皇岛路桥涵东侧墙体外 15cm，处于管道正下部位置。经计算，认定原油泄漏量约 2000t。

泄漏原油部分反冲出路面，大部分从穿越处直接进入排水暗渠。泄漏原油挥发的油气与排水暗渠空间内的空气形成易燃易爆的混合气体，并在相对密闭的排水暗渠内积聚。由于原油泄漏到发生爆炸达 8 个多小时，受海水倒灌影响，泄漏原油及其混合气体在排水暗渠内蔓延、扩散、积聚，最终造成大范围连续爆炸。

撞击和摩擦属于物体间的机械作用。一般来说，在撞击和摩擦过程中机械能转变成热能。当两个表面粗糙的坚硬物体互相猛烈撞击或摩擦时，往往会产生火花或火星，这种火花实质上是撞击和摩擦物体产生的高温发光的固体微粒。

撞击和摩擦发出的火花通常能点燃沉积的可燃粉尘、棉花等松散的易燃物质，以及易燃的气体、蒸气、粉尘与空气的爆炸性混合物。实际中的火镰引火、打火机（火石型）点火都是撞击和摩擦火花具体应用的实例。实际中也有许多撞击和摩擦火花引起火灾的案例，如铁器互相撞击点燃棉花、乙炔气体等。在易燃易爆场所发生的不适当的机械撞击和摩擦都可能成为点火源。在实际工作场所，摩擦和冲击成为点火源的方式多种多样，同时这种点火源的形成也与某些自身或环境因素密切相关。

5.3.1 冲击摩擦点火源的形成方式

冲击摩擦点火实际上是机械作用点火。就产生机械火花的方式而言，不外乎有机械摩擦和机械碰撞两种。摩擦是指相对运动的两个表面的快速接触摩擦（20～50ms）或较长时间的滑动摩擦（0.5～20s）。碰撞也就是冲击，是指相对运动的两个表面的单个接触。冲击摩擦点火源可以在多种情形下形成：

（1）由于机械设备损伤成为点火源

飞散物的冲击，坠落物体冲击，倒塌物冲击，管道、设备破裂时产生的冲击，搅拌桨与罐体的冲击，气锤冲击及其他飞来物冲击。

（2）由于设备之间的摩擦或冲击成为点火源

塔、罐、槽的振动而产生的摩擦，容器内残存物的摇晃，罐体与浮筒的冲击，开闭管出入口时的冲击，汽缸缺油干磨而造成的摩擦等等。

（3）工具撞击成为点火源

由于使用手锤、扳手、凿刀等工具产生的冲击。

（4）物料的输送、投放过程成为点火源

管道内高速流动的流体在管道拐弯或出口处产生撞击和摩擦容易产生高热，块状物料投放到容器中物料间及其与器壁的撞击。对于可燃气体和蒸气中的二硫化碳、乙醚、乙醛、汽油、环已烷、糠醛、乙炔等物质要特别注意避免冲击和摩擦。

5.3.2 机械作用点火机理

冲击和摩擦作为点火源是因为形成了高温质点，这种质点的表现形式可能是局部升温的可燃物，也可能是冲击摩擦所产生的高温颗粒，其点火机理是相似的：当固体或液体爆炸物受到冲击或摩擦时，机械能首先转化成热能，并聚集在小的局部范围内形成“热点”，爆炸物在热点处发生热分解反应。分解的放热性致使分解速度迅速增加，在热点内形成强烈反应区，并以爆轰传播的特有速度向爆炸物的深处传播，引起全部或部分爆炸物的爆炸。

热点的产生有四条途径：

（1）爆炸物内含有微小的气泡受到绝热压缩

流体输送管道弯头、阀门处易产生滞留气泡，流体突然快速运动时容易产生绝热压缩，使气泡内的气体温度升高，形成局部热点。所以，某些流体管道在选择阀门时要慎重，应尽量避免使用快开/闭型的阀门。如内径大于 50mm 的乙炔管道上不应有盲板或死端，并不应选用闸阀。

（2）由于摩擦使爆炸物局部加热

结晶物之间，爆炸物与其接触的固体之间，固体物的摩擦或爆炸物与其中的杂质摩擦都会产生局部温升。波登等人认为，固体表面一般都有细微的凹凸之处，由许多小的突起部分所组成。两个固体表面的接触仅仅在最高突起部位的顶点上，实际接触面积很小。所以在摩擦时，摩擦能变为热能集中在接触点上，使接触点的固体表面局部达到极高的温度。

（3）爆炸物的黏滞流动而产生热点

由于流体的黏性，在管道截面上的流体往往会产生速度梯度，也就是说流体内部产生相对位移，同时流体与管道也会产生摩擦力，高速流动过程中会产生温度升高的现象而形成热点。所以，在化工工艺设计过程中，要充分考虑管道内流体的速度而选择适当的管径，其目的就是为管道内流体的流动设置流速限制。例如，乙炔厂区和车间内管道最大流速为 8m/s，乙炔站内最大流速限制在 4m/s 范围内。

（4）冲击摩擦过程产生高温颗粒或能量区

摩擦火花实质上是从一块较大的物体在打击表面上接触时分裂出来的炽热固体小颗粒，其温度取决于物体是惰性物质还是活性物质，也取决于其熔点和氧化温度。冲击火花是由金属打击岩石或金属打击金属而产生的由于岩石晶体的破坏而转变成的带电的高能火花。

对第四种点火方式而言，可燃混合气体能否被点燃不仅取决于高温物体表面附近的薄层气体能否着火，还取决于火焰能否在混合气中自行传播。假定高温质点处于可燃混合气为无限大、温度为 T_0 的环境中，高温质点温度为 T_w。由于温差的存在，热量会由高温质点表面像临近的混合气传递，在质点周围薄层内的混合气温度从 T_w 降至 T_0。对于可燃混合气体，由于化学反应放热会加热混合气体，因此热边界层内的温度分布曲线高于不燃混合气体中的温度分布曲线，如图 5-1 所示。图中 a 曲线表示混合气不可燃，b 曲线表示混合气可燃。

如果 T_w 不是很高，在高温质点附近温度下降很快［图 5-1(a)］，$dT/dx<0$，表现为高温质点的热量不断向周围散失；当 T_w 升高至某一临界温度 T_{cr} 时，在高温质点附近薄层内的温度梯度 $dT/dx=0$［图 5-1(b)］，此时质点的热流为零；T_w 继续升高，周围介质的化学反应加剧，大量反应热会使实际温度分布曲线的起始阶段上翘，$dT/dx>0$［图 5-1(c)］，最高温度点出现在离开质点表面的可燃气体介质中，且 T_w 越大，最高温度点离高温质点的距离越远。此时表现为燃烧反应可以进行，高温质点反而接收燃烧反应所放出来的热量。

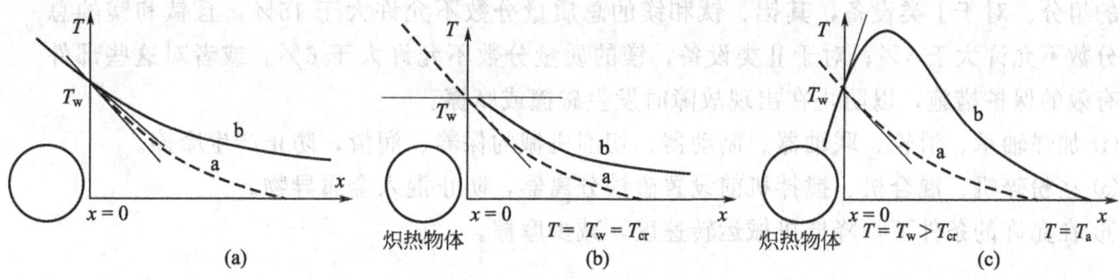

图 5-1　高温质点附近的温度场

5.3.3　冲击、摩擦点火源的影响因素

（1）材质

① 材质热导率越小，冲击、摩擦过程中产生的热量越不容易散发，所以接触点的温度越高；

② 材质熔点低，冲击、摩擦物体间的温度不会超过材料的熔点，所以可以控制接触点温度不会太高，从而点火能力减弱；

③ 硬度高有利于升高冲击点的温度，硬度较低的两个物体，或一个较硬与另一个较软的物体之间互相撞击和摩擦时，硬度较低的物体通常熔点、软化点较低，则使物体表面变软

或变形，因而不能产生高温发光的微粒，即不能产生火花。

(2) 环境温度

高温环境中可燃物本身具有较高的能量，需要的点火能量会降低，轻微冲击也可能形成点火源。

(3) 冲击角度

经试验测定，冲击角度为45°时，点火率最高，即最容易形成点火源。

(4) 冲击物体

使用较大的工具不易使移动的颗粒具有适合的温度、热量和能量；另外，大的运动物体由于自身蓄热能力较高，不易产生高温，形成点火源的危险性较小。

5.3.4 预防措施

为避免冲击摩擦可能带来的燃烧爆炸后果，需要在操作、工艺、设备结构等方面采取有效措施，或将这些措施进行有效组合。

① 紧固设备，防止零部件松动。某化工厂 PVC 聚合釜曾发生一次事故：在维修过程中，工人安装聚合釜搅拌器的电机时，少用了两个螺钉，而且所用的螺钉的长度不足。开车后电动机从釜顶坠落砸断向釜内通入 VCM 的管线，由于 VCM 具有很强的可燃性，在砸断管线的同时产生了冲击火花，造成了火灾，幸未发生爆炸。

② 不使用铁、钢等易氧化、发热量大的工具。铁器的冲击一般容易形成点火源，因此在容易直流易燃液体蒸气的场所，必须避免使用铁制工具，并禁穿带有铁钉的鞋子。铁制工具可用铍铜合金等质地软、不易氧化、发热的工具（木槌、橡胶锤、青铜扳手等）代替。铍铜合金是一种含铍 2%～3%、含钴 0.35%～0.65%的铜合金，它比其他铜合金强度大，硬度高。

③ 对于可能发生碰撞或摩擦的由轻合金制成的旋转部件或其他部件，应控制这些部件材料的组分。对于Ⅰ类设备，其铝、钛和镁的总质量分数不允许大于 15%，且钛和镁的总质量分数不允许大于 6%；对于Ⅱ类设备，镁的质量分数不允许大于 6%。或者对这些部件采取有效的保护措施，以防止在出现故障时发生碰撞或摩擦。

④ 加强轴承、滑轮、联轴器、制动器、切削机械的保养、润滑，防止产生摩擦。

⑤ 在粉碎机、混合机、搅拌机前设置磁铁分离器，防止混入金属异物。

⑥ 在允许的条件下，降低机械运转速度，减少摩擦。

5.4 热表面

典型案例：宾夕法尼亚油气爆炸事故

1975 年 8 月 17 日，美国宾夕法尼亚费城，一艘油轮正将原油卸入炼油厂一座改装的 950m^3 内浮顶油罐。有迹象表明，在初始着火爆炸时，油罐实际上未溢流，但油已超过最大装油高度，导致挥发性蒸气迅速从罐排气孔排出。蒸气飘浮到锅炉房，被那里的一条未保温的高温高压蒸汽管道的热表面点燃，引起锅炉房烟囱的瞬时超压而遭彻底毁坏，并立即逆燃到原油储罐。油罐管汇的管道断裂，大量原油流向油罐防火堤外。

瞬间，原油罐发生爆炸，原油进一步溢入防火堤内。邻近一座储存着 6 号燃料油的油罐被大火吞没，防火堤内几条管线遭到破坏。大火燃烧了 9d 才被扑灭。此间，大火烧毁了 4 座储罐、炼油厂机关大楼和其他次要设施。受 11 处火警调动的 200 名市政消防人员和几家炼油厂消防人员一同灭火。大火越过油覆水面时，3 台泡沫车和 2 台泵车遭破坏。灭火用水达 819L/s。事件损失 1300 万美元，间接损失 2650 万美元。

当管道、容器或其他表面达到足以引燃特定的蒸气或气体的热度时，便发生热表面的引燃现象。在工业生产过程中，因高温表面成为点火源而引起的燃烧或爆炸事故时有发生。例如，泄漏易燃易爆气体与空气混合形成的爆炸混合物与高温蒸汽管道等高温表面接触时，就会成为可爆性混合物的点火源；管道内被加热到着火温度以上的可燃性液体泄漏到空气中，无需其他点火源作用，就能发生自燃着火。

常见热表面引燃源有高温蒸汽管道保温层表面，高温工艺流体管道及热交换器的金属表面，高温管道的托梁、滑板及轨道等，加热炉、干燥炉炉壁，裂解炉、加热釜、废热锅等，混入空气的还原催化剂，电灯等。此外，许多加热装置、高温物料管线、高压蒸气管道及某些反应设备表面温度往往较高，应防止与易燃易爆物料接触，以免发生着火或爆炸事故。

5.4.1　热表面点火机理

与高温质点的点火条件不同，大的热表面在点火时，由于具有较大的加热面积，可以使得可燃混合物在较大范围内保持高温，容易形成更大范围的燃烧反应区域，有利于燃烧的持续进行。

设有一温度为 T_a 的可燃混合气体流经表面温度为 T_w（$T_w > T_{cr}$）的惰性平板。随着可燃气体流经平板距离的加长，化学反应放热使可燃混合气体的温度分布曲线变形加剧，混合气体内的温度梯度从负值增大到零，再由零增大到正值，如图 5-2 所示。

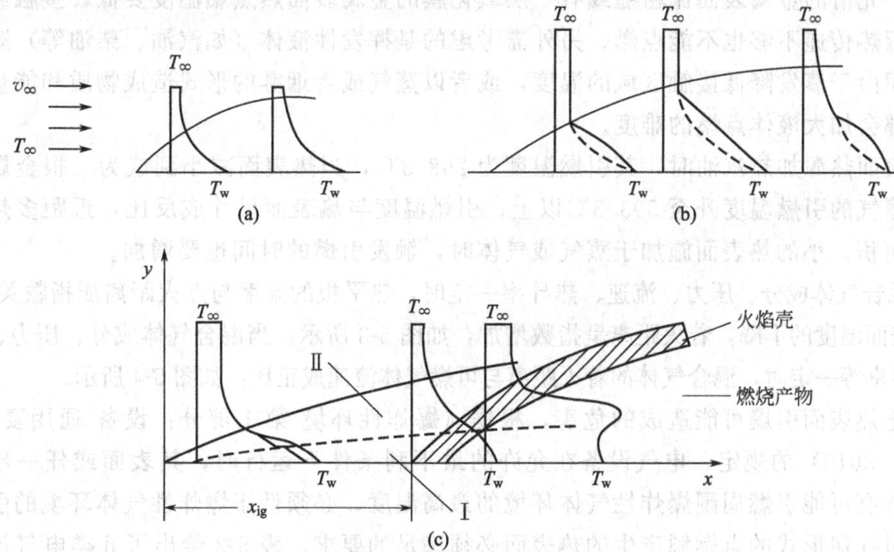

图 5-2　可燃气体流经热平板的温度分布

图 5-2(a) 表示流向热平板的气流是惰性气体，气流中无化学变化。平板附近气流的温度分布主要由平板与气流间的热传导产生。图 5-2(b) 是可燃混合气流向热平板，可燃混合气体在一定温度下反应放热使得平板附近可燃混合气体的温度分布曲线发生变形。

如前所述，通常以$\frac{\partial T}{\partial x}=0$时认为开始着火，出现火焰，此时可燃混合气流过的距离称为着火距离x_{ig}。显然，若平板长度$L\geqslant x_{ig}$，则可燃气体可以被点燃；若$L<x_{ig}$，则可燃气体不能被点燃。

很容易理解，平板温度越高，着火距离就会越短。另外，可燃气体与平板间的传热状态也会影响着火距离，它们之间的关系式可表达为：

$$\frac{Nu}{L}=\sqrt{\frac{2k_0c_{A0}^nQR}{\lambda E}\frac{T_w^2}{(T_w-T_0)^2}\exp\left(\frac{-E}{RT_w}\right)} \tag{5-4}$$

式中，Nu 为努谢尔特数，$Nu=\frac{\eta L}{\lambda}$；$\eta$ 是表面换热系数；λ 是气体热导率；k_0是燃烧反应速率常数；c_{A0}为可燃气体浓度；n 为燃烧反应级数；Q 为燃烧反应热；R 为摩尔气体常数；E 为气体燃烧反应的活化能；T_w和 T_0分别为平板和可燃气体环境的温度。当 $T_w=T_c$时，计算得到的 $L=x_{ig}$。

对圆球形热表面而言，球体半径大小也会影响其点燃能力，其临界半径可表示为：

$$r=\sqrt{\frac{Nu^2\lambda(T_c-T_0)\exp\left(\frac{E}{RT_c}\right)}{4Qk_0c_{A0}^nE}} \tag{5-5}$$

5.4.2 热表面点火源的影响因素与控制

如前所述，热表面能否成为引火源主要与其温度有关，此外热表面的性质（包括其形状、面积大小、表面粗糙度和干净程度）、接触状况、接触时间以及通风情况等也会直接影响其引燃能力。

干净的、光滑的金属表面比粗糙或有一层氧化膜的金属表面热点燃温度要低，接触或者停留时间太短热传递不够也不能点燃。另外需考虑的是挥发性液体（如汽油、柴油等）滴落到热金属表面由于蒸发降低接触区域的温度，或者以蒸气或者烟雾的形式造成物质和能量的逸失，这些都会加大液体点燃的难度。

采用大表面热源加热汽油时，其引燃温度为 268.3℃，当热表面减小到成为一根金属丝时，则汽油蒸气的引燃温度升至 593.3℃以上。引燃温度与热表面尺寸成反比，近距多热表面要考虑总面积。小的热表面施加于蒸气或气体时，触发引燃的时间也要增加。

当可燃混合气体成分、压力、流速、热导率一定时，热平板的温度与点火距离成指数关系，及随着平板表面温度的下降，着火距离呈指数增加，如图 5-3 所示；当混合气体成分、压力、平板温度、热导率等一定时，混合气体的着火距离与可燃气体流速成正比，如图 5-4 所示。

为了防止热表面引爆可能造成的危害，根据《爆炸性环境 第 1 部分：设备 通用要求》(GB 3836.1—2010) 的规定，电气设备在允许的最不利条件下运行时，其表面或任一部分可能达到的并有可能引燃周围爆炸性气体环境的最高温度，必须低于爆炸性气体环境的引燃温度。这是对任何形式的点燃源产生的热表面必须满足的要求。表 5-3 给出了Ⅱ类电气设备的最高表面温度分组。

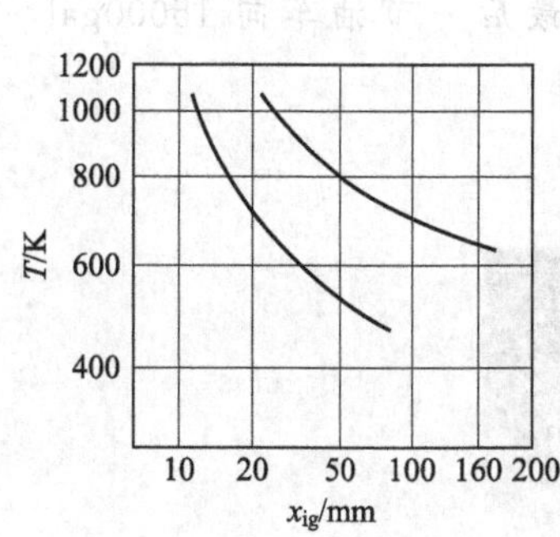

图 5-3 热平板着火距离与板温的关系

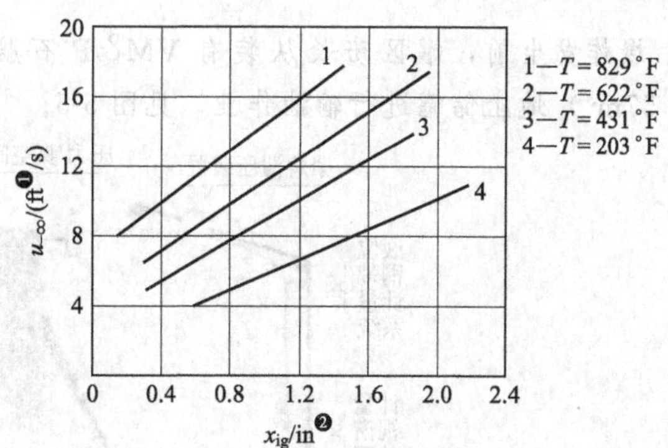

图 5-4 热平板着火距离与混合气速的关系

表 5-3 设备温度组别

温度组别	最高表面温度/℃
T1	450
T2	300
T3	200
T4	135
T5	100
T6	85

控制高温表面成为点火源主要是采取隔热措施，采用绝热材料对热表面进行保温绝热处理。同时，易燃易爆物排放口应远离高温表面，附着在高温表面上的易燃易爆物料及污垢应经常清除，防止引起自燃分解。例如，油品在管道表面上长期沉积形成油膜，在热作用下就会发生燃烧。

5.5 电火花

典型案例：巴顿溶剂公司静电火花引爆可燃液体储罐事故

2007 年 7 月 17 日 9 时左右，位于美国堪萨斯州山谷中心的巴顿溶剂公司威奇托工厂发生了爆炸和火灾事故。11 名当地牧民和 1 名消防队员接受了医学治疗。这次事故导致大约山谷中心 6000 名居民撤离，摧毁了 1 个储罐区，并且极大地影响了巴顿溶剂公司的经营业务。美国化学安全和危险调查委员会（CSB）的调查结论是：最初的爆炸发生在一个装有清漆和涂料制造公司（VM&P）石脑油的立式地面储罐内。石脑油是美国消防协会（NFPA）的一类 B 级可燃液体，它能够在储罐内部产生可燃蒸气-空气混合物，并且因为它的导电性低，能够积累达到危险程度的静电等级。

❶ 1ft＝0.3048m。

❷ 1in＝0.0254m。

爆炸发生前，罐区班长从装有 VM&P 石脑油槽车的最后一节油车向 15000gal（约 57m³）地上储罐进行输油作业，见图 5-5。

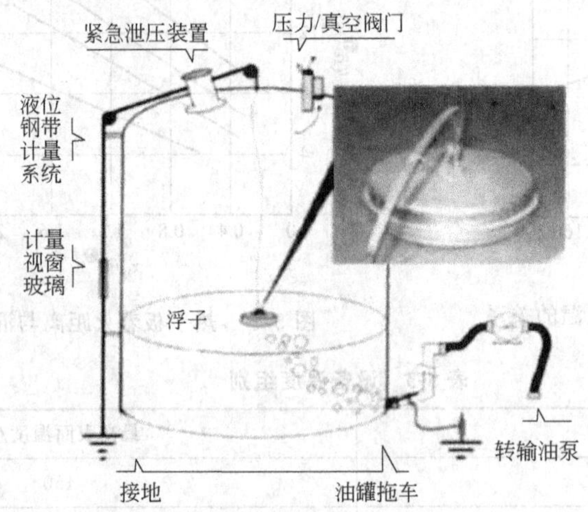

图 5-5　VM&P 石脑油罐和浮子

输油作业不久爆炸将 VM&P 石脑油储罐冲上了天，石脑油储罐落在了 130ft（40m）远的地方。目击证人从几英里远的地方都听到了爆炸声并看见了火球。不久两个油罐发生破裂，罐内的油品泄漏到罐群的溢流堰内，燃起大火。在大火燃烧期间，其他油罐的油品出现了过压或被点燃，将直径 10～12ft（3.0～3.7m）的钢质罐顶崩了出去，排气阀门、管件和钢制部件离开了原来的位置，飞到了附近的社区。一个钢质罐顶击中了大约 300ft（90m）远的一座移动房屋，而一个压力/真空阀门飞到 400ft 远的一家公司。

经 CSB 调查，认为此次事故与以下原因有关：

① 储罐顶部有可燃蒸气和空气的混合物；

② 停止-开始装料、输送管路中的空气、沉积物和水导致石脑油储罐内部快速积累静电荷；

③ 储罐液位计量系统连接松散，松散连接处分离可能产生静电火花，如图 5-6 所示。

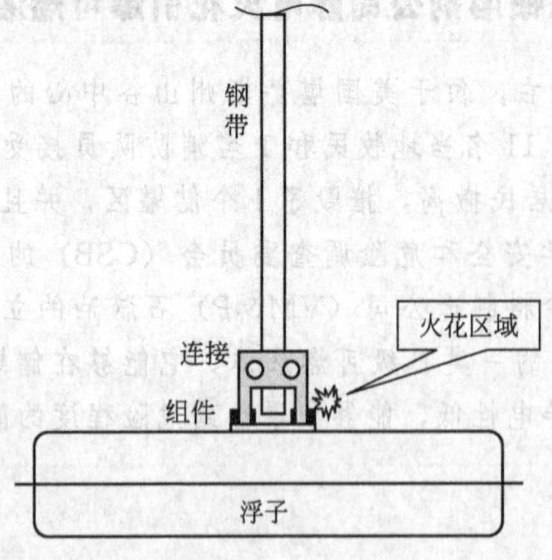

图 5-6　浮子连接和火花可能产生的区域

5.5.1　电火花点火机理

电火花点火是强迫着火的典型点火方式。关于电火花点火机理通常有两种观点：一种是基于着火的热理论，认为电火花是一个外加的高温热源，它使局部可燃混合气体温度升高，达到着火温度而被点燃，然后火焰向整个可燃气体空间传播；另一种是着火的电理论，认为混合气着火是由于火花附近气体被电离形成活化中心，提供了链式反应的条件，按照链式反应的自由基传播形式完成燃烧反应。实验表明，两种机理是同时存在的。电火花能否点燃可燃物与其能量大小有关。电火花能量太小，火花附近的气体因为散热很强是不能被点燃的。电火花点燃的最小点火能一般为几十毫焦。

与所有燃烧过程一样，电火花点火引发燃烧也是由发火过程和传播过程两步构成。发火过程中能否形成初始火焰取决于火花间隙的距离、间隙内的混合比、混合气压力、初温、流动状况、混合器性质及活化提供的能量等，而火焰传播还与传播区域气体的流动状态有关。

假定火花加热区是球形；产生火花的电极间距足够大以致不会对火花产生熄火作用；最高温度是可燃气体的绝热燃烧温度 T_m；燃烧反应为二级反应；球心到球面的温度均匀，而点燃后球面附近厚度为 δ 的薄层内温度呈线性分布；周围环境气体温度为 T_∞，其物理模型如图 5-7 所示。

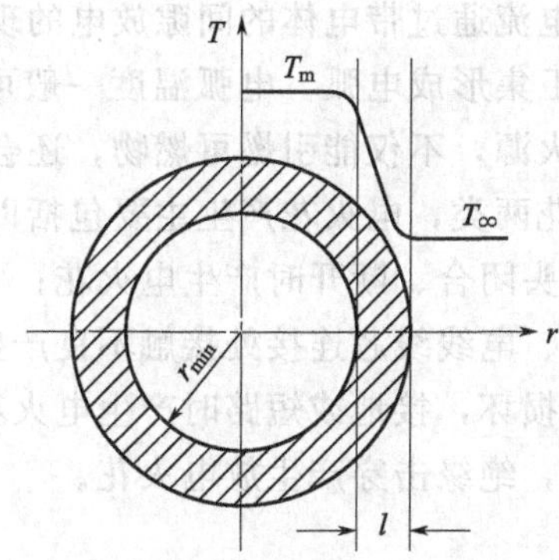

图 5-7　电火花点火模型

在电火花点燃并开始传播的瞬间，燃烧反应所放出的热量等于火球表面向外散失的热量，即

$$\frac{4}{3}\pi r_{\min}^{2} k_0 Q\rho y_i y_{ox}\exp\left(\frac{-E}{RT_m}\right)=4\pi r_{\min}^{2}\lambda\left(\frac{dT}{dr}\right)_{r=r_{\min}} \tag{5-6}$$

式中，r_{min}为电火花球面半径；k_0为反应速率常数；Q 为燃烧反应热；ρ 为可燃混合气的密度；y_i和 y_{ox}分别为可燃气体和氧气的体积分数；E 为活化能；R 为摩尔气体常数；λ 为热导率。

由于在火花表面表层内温度变化呈线性分布，所以可以将式（5-6）右侧温度梯度进行简化：

$$\left(\frac{dT}{dr}\right)_{r=r_{\min}}=\frac{T_m-T_\infty}{\delta} \tag{5-7}$$

进一步假设火焰厚度与火球表面半径满足：

$$\delta=Cr_{\min} \tag{5-8}$$

式中，C 为常数，将式（5-7）和式（5-8）代入式（5-6）中，得：

$$r_{\min}=\left[\frac{3\lambda(T_m-T_\infty)\exp\left(\frac{-E}{RT_m}\right)}{Ck_0Qy_iy_{ox}}\right]^{1/2} \tag{5-9}$$

对半径为$r_{\min}$的火球内的混合气，温度从初始温度T_∞升到理论燃烧温度T_m，其能量是由电火花提供的，这个能量就是最小点火能，其计算式为：

$$E_{\min}=K_1\frac{4}{3}\pi r_{\min}^3\bar{c}_pk_0Q\rho_\infty(T_m-T_\infty) \tag{5-10}$$

式中，K_1为经验修正系数；$\bar{c}_p$为混合气平均定压比热容。由于散热、电离等能量消耗，实际最小点火能$E_{\min}$往往需要将混合气体温度升高到比理论燃烧温度T_m更高的温度，所以该公式需要进一步修正，将式（5-9）代入式（5-10），得到：

$$E_{\min}=K_2\bar{c}_p\left(\frac{\lambda}{Qy_iy_{ox}}\right)^{3/2}\rho_\infty^{-2}(T_m-T_\infty)^{5/2}\exp\left(\frac{3}{2}\frac{E}{RT_\infty}\right) \tag{5-11}$$

式中，K_2为常数，且

$$K_2=K_1\frac{4}{3}\pi\left(\frac{3}{Ck_0}\right)^{3/2} \tag{5-12}$$

5.5.2 电火花的产生及控制

两个带电体彼此间极为接近，电流通过带电体的间隙放电的现象就是电火花。当电极击穿时就会产生电火花，大量电火花汇集形成电弧，电弧温度一般可达3000～6000℃。因此，电火花和电弧是一种非常危险的点火源，不仅能引燃可燃物，还会导致金属熔化和飞溅。电火花又可以分为工作火花和事故火花两类，电火花产生主要包括以下几种情况：

① 启动器、开关、继电器等接头闭合、断开时产生电火花；

② 电机、电器接线端子与电缆、电线线芯连接处接触不良产生电火花；

③ 电气设备、电缆、电线绝缘损坏，接地或短路时产生电火花；

④ 电气设备、电缆耐压试验中，绝缘击穿产生放电火花。

（1）工作电火花

工作电火花放电能量一般很小，只会对可燃气体、易燃液体蒸气、可燃粉尘等最小点火能极低的爆炸性混合物构成危险。这些场所要求选用防爆型电气设备及配线，并按规定安装。工作电火花的产生主要分以下两种情况：

① 开闭回路、断开配线、接触不良等情况下发生短时间弧光放电；

② 在自动控制用的继电器节点上，或在电机整流子、滑环等器件上，即使在低压情况下，随接点的开闭仍产生用肉眼可见的微小火花。

（2）事故电火花

事故电火花主要分短时间弧光放电和高压火花放电两种情况。低压电器维修不当造成绝缘下降、断线、接点松动等电路故障，都会产生接触不良、短路、漏电及保险丝熔断等情况，产生短时间弧光放电。当电极带高压电时，在电极周围的部分空气绝缘被破坏，产生电晕放电；当电压继续升高时产生火花放电。空气中产生火花放电至少需要400V电压。如变压器中绝缘质量降低可能会发生闪燃，导致绝缘油分解引起燃烧或爆炸；当多路断路器油面过低或操作机构失灵而不能有效熄灭电弧时，可引起火灾或爆炸；静电喷漆、X射线发生器等高压电气设备也会产生高电压火花放电。另外，雷电、静电及高频感应电火花等也属高电压火花放电。由此可见，电气设备在正常运行和事故运行时都会产生电火花，因此，必须采取严格的设计、安装、使用、维护、检修制度和适当的防爆措施，使危害降至最低。

(3) 电火花的预防措施

① 选用非防爆的电气设备时应首先考虑电气设备安装在爆炸危险场所以外或另室隔离。

② 安装在室外的非防爆开关应采用机械传动或气压控制。

③ 在爆炸危险场所内，应尽可能少用携带式电气设备。

④ 采用非防爆型照明灯具时，可在墙上用两层玻璃密封外窗，或通过嵌有双层玻璃的墙洞、天窗照明。还可以将一般荧光灯装入钢化玻璃管内，两端用橡胶塞密封作为临时防爆措施。

⑤ 将防雨瓷拉线开关放入塑料容器内，并注入变压器油，使油面高于需要防护的部位（即易产生火花处）10mm 以上，防止尘土落入，及时换油，可作为临时防爆措施。小型非防爆电气设备用塑料袋密封，也是临时防爆措施的一种。

5.5.3　静电火花的产生及控制

5.5.3.1　静电的产生

(1) 接触起电

接触起电发生在固固、液液或固液的分界面上。单纯的气体不能由这种方式带电，但当气体中含有液滴或固体颗粒时，可能使气体携带静电电荷。两种不同的固体紧密接触其间距离小于 25×10^{-8}cm 时，少量电荷从一种材料迁移到另一种材料上，于是两种材料带异性电荷，材料之间出现 1V 量级的接触电位差。将两种材料分离，必须做功以克服异性电荷之间的吸引力，同时，两种材料之间电位差也将增大。在分离过程中，若还有一些接触，这个增大的电位差有将电荷跨过分界面拉回的趋势。若是两种导体，在分离时电荷完全复合，每一导体带电都为零。如果一种材料或两种材料都是非导体，则不能完全复合，分开的材料上会保留部分电荷。因为接触时两表面间的空隙极小，所以，尽管保留的电荷量极小，但在分离后面表面之间的电位差很容易达到数千伏。如果将相接触的两材料互相摩擦，分离后带电将会增加，如流体流动静电。

液体的接触带电主要取决于离子的出现。一种极性的离子（或粒子）吸附于分界面上，并吸引极性相反的离子，于是在邻近表面处形成一个电荷扩散层。当液体相对分界面流动时，就将扩散层带走，产生异性电荷的分离。同固体中的情况一样，只要液体的非导电性可以阻止电荷复合，分离时将因做功而产生高电压。这种过程在固液和液液交界面都会发生。

(2) 破裂起电

不论材料破裂前其内电荷分布是否均匀，破裂后均可能在宏观范围导致正负电荷分离，即产生静电。这种起电即破裂起电。固体粉碎、液体分裂过程的起电都属于破裂起电。

(3) 感应带电

任何带电体周围都有电场，放入此电场中的导体能改变周围电场的分布，同时在电场作用下，导体上分离出极性相反的两种电荷。如果该导体与周围绝缘则将带有电位，称为感应带电。由于导体带有电位，加上它带有分离开来的电荷，因此，该导体能够发生静电放电。如电器电场感应。

(4) 电荷迁移

当一个带电体与一个非带电体相接触时，电荷将按各自电导率所允许的程度在它们之间分配。这就是电荷迁移。当带电雾滴或粉尘撞击在固态物体上（如静电除尘）时，会产生游离的电荷迁移。当气体粒子流射在初始不带电的物体上时，也会出现类似的电荷迁移。

5.5.3.2 静电放电

积聚在液体或固体上的电荷对其他物体或接地导体放电时可能引起灾害。静电放电在形式上和引燃能力上有很大差别。

(1) 火花放电

① 发生场合：发生在液态或固态导体之间。

② 放电特征：有明亮的放电通道，通道内有密度很高的电流，整个通道内的气体完全电离。放电很快且有很响的爆裂声。所有电荷几乎全部进入火花，即火花几乎消耗所有的静电能量，如图 5-8 所示。

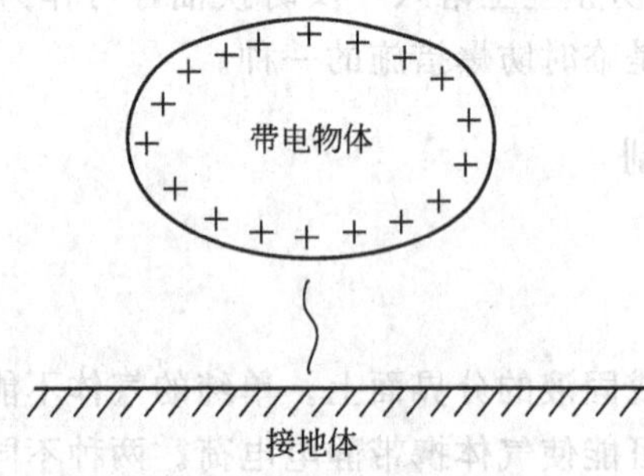

图 5-8 火花放电

③ 放电能量：火花放电产生的能量可表示为：

$$W=\frac{1}{2}QU=\frac{1}{2}CU^2 \tag{5-13}$$

式中 Q——导体上的电量，C；

U——导体上的电位，V；

C——导体的电容，F。

【例 5-2】 从磨具上落下的金属粉末流入一个未接地的金属圆筒。如取电流 $I=1\times10^{-7}$A，圆筒对地的泄漏电阻 $R=1\times10^{12}\Omega$，圆筒电容 $C=50$pF。求放电火花最大能量。

【解】 筒上最高电位：

$$U_{max}=IR=100\text{kV}$$

放电火花释放的最大能量： $1\text{pF}=1\times10^{-12}\text{F}$

$$W_{max}=1/2CU_{max}^2=250\text{mJ}$$

圆筒产生 100kV 电位时的带电量：

$Q_{max}=CU_{max}=5\times10^{-6}$C

(2) 电晕放电

① 发生场合：当导体上有曲率半径很小的尖端存在时，则发生电晕放电。电晕放电可能指向其他物体，也可能不指向某一特定方向。

② 放电特征：电晕放电时，尖端附近的场强很强，尖端附近气体被电离，电荷可以离开导体；而远离尖端处场强急剧减弱，电离不完全，因而只能建立起微小的电流。电晕放电的特征是伴有“嘶嘶”的响声，有时有微弱的晕光，如图 5-9 所示。

③ 放电能量：电晕放电可以是连续放电，也可以是不连续的脉冲放电。电晕放电的能量密度远小于火花放电的能量密度。在某些情况下，如果升高尖端导体的电位，电晕会发展成为通向另一物体的火花。

④ 应用：由于它放电能量小，可应用于感应式静电消除器（如图 5-10 所示），以消除静电，这种操作方式实质上是使静电以微小能量释放，降低危险性。

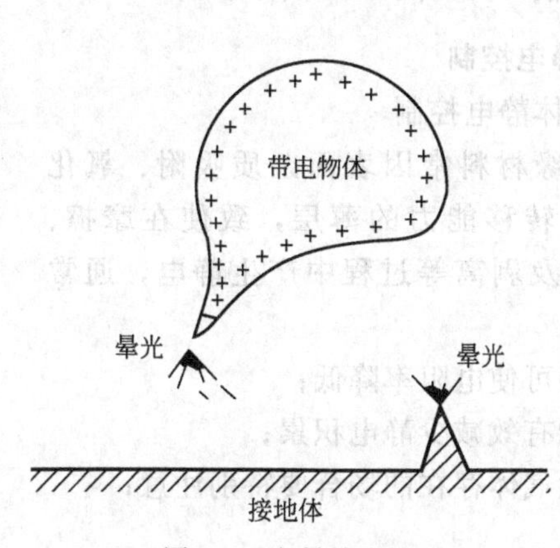

图 5-9　电晕放电图

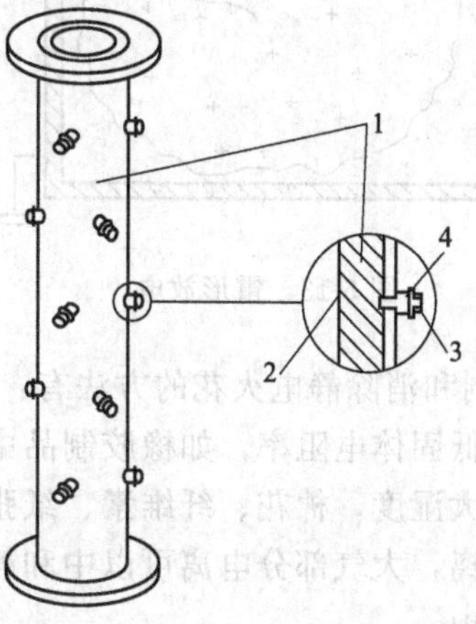

图 5-10　感应式静电消除器

1—长 1～2mm、直径 250mm 的聚乙烯管；
2—半径 0.05mm 的指尖；
3—直径 12mm 的堵塞；4—定位垫圈

(3) 刷形放电

刷形放电的局部能量密度可能具有引燃能力，释放的能量一般不超过 4mJ。

当高电阻率绝缘薄膜背面贴有金属导体，薄膜两平面带有异性电荷时，薄膜被极化，处于类似充电的电容内的电介质状态。如果一导体从另一面接近非导体表面，则总的静电场将促使表面上大面积的电离。这时非导体表面较大面积上的电荷会通过周围的电离了的气体快速流向初始放电点，构成所谓传播型刷形放电，如图 5-11 和图 5-12 所示。这种放电沿绝缘表面进行，并能形成能量很大的密集火花，有时是很危险的。

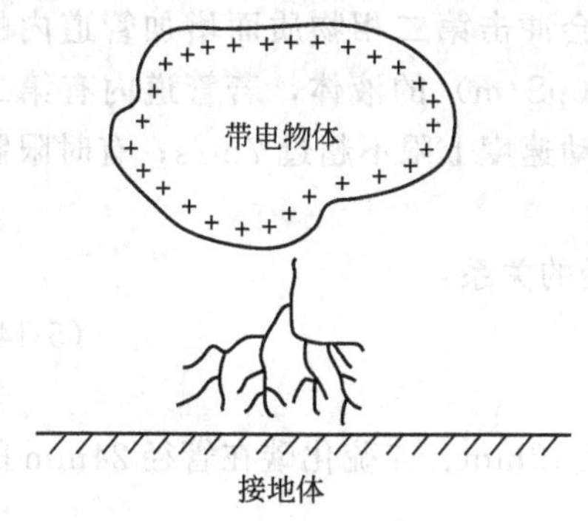

图 5-11　刷形放电

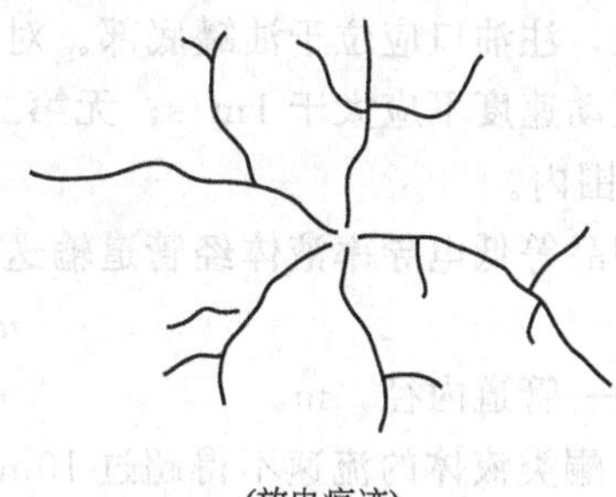

图 5-12　传播型刷形放电

(4) 场致发射放电

从物体表面发射出电子的放电。这种放电能量很小。两导体之间距离小于 1μm，电压大于等于 50V 时可观察到放电现象。

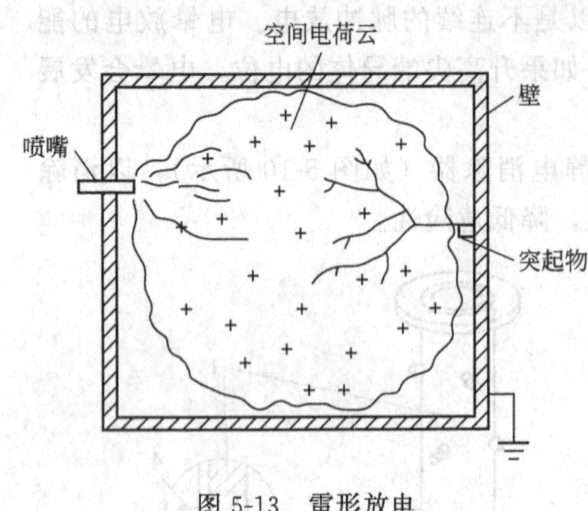

图 5-13　雷形放电

(5) 雷形放电

当悬浮在空气中的带电粒子形成大范围、高电荷密度的空间电荷云时，可发生闪雷状的所谓雷形放电。受压液体、液化气高速喷出时可能发生雷形放电。雷形放电能量很大，引燃危险也很大，如图 5-13 所示。

5.5.3.3　静电控制

(1) 固体静电控制

固体绝缘材料常因表面杂质吸附、氧化形成有电子转移能力的薄层，致使在摩擦、液压、挤压及剥离等过程中产生静电，通常可用的控制和消除静电火花的方法有：

① 降低固体电阻率，如橡胶制品中添加炭黑等添加剂可使电阻率降低；

② 增大湿度，棉花、纤维素、纸张等物品增大湿度能有效减少静电积累；

③ 电离，大气部分电离可以中和静电，但对有可燃性气体存在的场合要特别注意；

④ 接地。

在橡胶制品生产压延工序中，胶料在压延机滚筒滚压下，由于压力较高、受压面积较大，电荷转移较快，产生的静电电压可高达数十万伏。一般可采用局部增湿法使空气相对湿度在 75%以上，以减少静电积聚和火花放电。

在橡胶带、塑料带、合成纤维带、皮带等高速转动和输送设备上常有静电产生，静电电压有时可高达 4.5kV。因此，在有可燃气体或粉尘的场所，传动带传动轴、辊均不应使用电阻率较高的绝缘材料，以免静电放电引起燃烧和爆炸。

不同磨料相互摩擦也可以产生静电压。实验测试表明，在温度为 (20±3)℃，空气相对湿度为 65%±5%条件下，涤纶和蚕丝或羊毛、锦纶等相互摩擦，静电压有时可高达 5kV。因此，在易燃易爆场所，操作人员不应穿合成纤维织物的制服，以免发生静电危险。

(2) 液体静电控制

① 控制静电产生。

a. 限制流速：流速增加，静电荷增加，且高速流动会冲击第二相物质而增加管道内的静电。为此，注油口应位于油罐底部。对电导率低（<50pS/m）的液体，若管道内有第二相物质，流动速度不应大于 1m/s；无第二相物质时，流动速度上限不超过 7m/s；有时限制在 2m/s 范围内。

石油制品等低电导率液体经管道输送时，流速与管径的关系：

$$u^2 D \leqslant 0.64 \tag{5-14}$$

式中　D——管道内径，m。

酯类、酮类液体的流速不得超过 10m/s；乙醚在管径 12mm、二硫化碳在管径 24mm 的管道内输送时，流速不得超过 1.5m/s。

b. 避免顶部喷溅：低电阻率液体自由喷入引起液体表面飞溅和撞击是导致静电产生的重要原因之一，因此，油罐应避免顶部喷溅进油，而采用底部注入或将输油管伸到底部注油的方法。

c. 减少搅动和搅拌：搅拌器应选用产生静电最小的导电材料来制造并接地，搅拌应缓慢而全面地进行，不应进行高速局部搅拌，使搅动和机械搅拌保持在最低限度。

运输易燃液体时，中途颠簸会使槽车或油舱内液体摇荡激溅产生静电危险。因此，槽车充装量超过 85%以上较适宜，且槽车中间要设隔仓板，用铁链接地并保持匀速行驶以便移除静电。

d. 消除不相溶成分：低电阻率液体中出现第二相会大大增加静电产生，应尽量消除第二相。水是最常见的第二相液体，应尽量减少罐内和管道内的水。

② 液体电荷的泄漏。

a. 松弛：在松弛容器（大直径管道或容器）内短暂停留可使绝大部分静电电荷泄漏。在向易燃液体储罐或储槽中送料、采样、测量时，都有可能产生静电火花，因此，上述工作应在灌装后静止一段时间再进行，相应的静止时间取决于液体电阻率和储存容器的容积大小，并不应使用金属取样器或金属标尺。当液体高度带电时（如流过细孔过滤器后），绝大部分静电荷可在松弛容器内泄漏。对于电导率 1pS/m 以下的液体，在松弛室内的停留时间不应小于 3τ。这里 τ 是该液体的泄漏时间常数。停留时间一般不应短于 30s。对于导电性更差的液体，停留时间一般不应短于 100s。

b. 抗静电添加剂：在液体中加入抗静电剂可将其电阻率提高到 50pS/m 以上，从而可将泄漏时间常数降低到完全消除静电灾害的程度。

c. 电离：利用辐射中和液体内的电荷也可以达到消除静电、减少危害的目的。

d. 跨接：《工业金属管道工程施工规范》(GB 50235—2010) 的 7.13.1 款规定，设计有静电接地要求的管道，当每对法兰或其他接头间电阻值超过 0.03Ω 时，应设导线跨接。HG/T 20675—1990《化工企业静电接地设计规程》2.7.5 款规定，当金属法兰采用金属螺栓或卡子相紧固时，一般情况下不必另装静电连接线。在腐蚀条件下，应保证至少有两个螺栓或卡子间的接触面在安装前去锈和除油污，以及在安装时加放松螺帽等。GB 50057—2010《建筑物防雷设计规范》4.2.2 第一类防雷建筑物放闪电感应应符合下列规定：平行敷设的管道、构架和电缆金属外皮等长金属物，其净距离小于 100mm 时，应采用金属线跨接，跨接点的间距不应大于 30mm；交叉净距离小于 100mm 时，其交叉处也应跨接。当长金属物的弯头、阀门、法兰盘等连接处的过渡电阻大于 0.03Ω 时，连接处应用金属线跨接。对有不少于 5 根螺栓连接的法兰盘，在非腐蚀环境下，可不跨接。

(3) 粉体静电的控制

在工业生产加工过程中，粉尘物料颗粒之间或器壁之间免不了会发生相互碰撞和摩擦，这种相互之间的反复接触和分离就会发生电子转移，只是粉体及器壁分别带上不同种极性的静电。筛分、破碎和履带输送过程中，粉体都可能会带有静电，可采用以下措施加以控制。

① 增大湿度。增大环境湿度可降低粉尘表面电阻率，使处于接地金属容器中的集结状粉体的静电得到泄漏。在允许的条件下，可将空气相对湿度增加到 65%以上，以减少静电产生。

② 限制管道中粉尘输送速度。粉尘越细，摩擦碰撞机会就越多，也就越容易产生静电。因此，粉尘越细，输送速度应越慢，具体速度视粉尘种类、空气相对湿度、环境温度及器壁粗糙度等情况而定，并应通过静电压测试对其进行控制。

③ 抗静电添加剂。抗静电剂的作用同固体粉尘静电控制相同。

(4) 气体静电控制

纯净气体并不会产生静电，但几乎所有气体中都含有固态或液态杂质，如管道铁锈，空气中的水分、尘埃等。这些含微量杂质的气体在压缩、排放、喷射或固态气化过程中，阀门、喷嘴、放气管或缝隙等处极易产生静电。常见气体带电过程主要包括以下几种情况：

① 气体放空时高速喷出会产生静电。如氢气瓶放空时，因氢气在瓶颈部位大量聚集，当气流冲出时便会产生静电积聚并发生火花放电，从而引起燃烧爆炸。

② 气体冲入易产生静电的液体时，在气泡及液面上会产生双电层，其中某种电荷虽随气泡上升被带走，却使下部绝缘液体带有一定的静电。

③ 易燃易爆气体、水蒸气或其他气体，在遇到输送管道发生破裂而泄漏高压喷出时，均可产生高压静电和火花放电，从而引起燃烧爆炸。

④ 高压蒸气冲洗油舱或储槽时，蒸气与油雾高速冲击摩擦，使油粒产生大量负电荷，与接地体发生火花放电，造成油气爆炸。

在所有可燃气体处理系统中，主要防范措施是将系统内所有金属设备连成整体，并予以接地。气体能撞击到的外部金属部件也连成整体，并予以接地。可能积聚电荷的地方避免使用非导体。在工艺上控制喷气压力是有效防止气体产生静电放电火花的主要技术措施。研究表明，喷射压力在1.5MPa以下的蒸气一般不易发生静电灾害危险。此外，气体超纯净，所含悬浮物少，静电危险也会相应减小。

(5) 人体静电控制

带了电的人体接近接地体时，会因为静电放电产生的瞬间冲击电流流过人体某一部位引起电击，电击释放的能量与静电电量、电压和带电体电容有关。人体静电和电击感受程度的关系见表5-4。人体电容一般为100pF，假设人体电位为2kV，则人体储存的静电量$W=1/2CU^2=0.2mJ$，而静电放电可在$0.15\mu s$内完成，这样水平的能量足以引发部分气体混合物的燃烧和爆炸。一般而言，粉尘的最小引燃能量值较高，故人体静电放电引发粉尘爆炸的可能性较小，但对于钛粉、锆粉等最小引燃能量较低的层状粉尘云，同样构成威胁。

表5-4 人体静电和电击感受程度的关系

人体带电电位/kV	电击感受程度
1.0	无任何感觉
2.0	手指外侧有感觉,但不痛
2.5	放电部分有针刺感,有微颤抖感觉,但不痛
3.0	有像针刺状痛感
4.0	手指有微痛感,好像用针长长地刺一下
5.0	手掌至前腕有电击的痛感
6.0	感到手指强烈疼痛,电击后手腕有沉重感
7.0	手指手掌感到强烈疼痛,有麻木感
8.0	手掌至前腕有麻木感
9.0	手腕感到强烈疼痛,手麻木而沉重
10.0	全手感到疼痛和电流流过感
11.0	手指感到剧烈麻木,全手有强烈触电感
12.0	在较强的触电下,全手有被狠打的感觉

人体静电控制应注意以下几点：

① 在有防爆要求的车间内不得使用塑料、橡胶等绝缘地面，并尽可能保持湿润。操作

人员应穿防静电鞋，以减少人体带电。

② 在易燃易爆场所，工作人员不应穿由合成纤维织物制成的衣服。

③ 在易燃易爆场所，不宜使用由人造革之类的高阻材料制造的座椅。

④ 高压带电体应加设屏蔽措施，人体应避免与高速喷射气体接近，以防静电感应。

5.6　其他点火源

典型案例：黄岛油库爆炸事故

1989 年 8 月 12 日 9 时起，黄岛地区下起雷暴雨，9 时 55 分，正在进行作业的黄岛油库 5 号储油罐突然遭到雷击发生爆炸起火，形成了约 3500m^2 的火场，10 时 15 分，青岛市的消防机构立即调派距火场较近的黄岛开发区、胶州市和胶南县消防队和设备赶往灭火，并从青岛市区派遣了 8 个消防中队的 10 辆消防车从海路赶往，10 时 40 分，市区的消防力量到达。14 时 35 分，5 号罐的火势急剧变得猛烈，并呈现耀眼的白色火光，消防指挥人员立即下令撤退，14 时 36 分 36 秒，和 5 号罐相邻的 4 号罐也突然发生爆炸，3000 多平方米的水泥罐顶被掀开，原油夹杂火焰、浓烟冲出的高度达到几十米。4 号罐顶的混凝土碎块将相邻 1 号、2 号和 3 号金属油罐顶部震裂，造成油气外漏。约 1min 后，5 号罐喷溅的油火又先后点燃了 1 号、2 号和 3 号油罐的外漏油气，引起爆燃，黄岛油库的老罐区均发生火情。救火现场撤退不及，扑救人员伤亡惨重，三名消防员在救火中死亡。该起事故共 19 人死亡，100 多人受伤，直接经济损失 3540 万元人民币。

直接原因：黄岛油库特大火灾事故的直接原因是非金属油罐本身存在缺陷，遭受对地雷击，产生的感应火花引爆油气。

事故调查组在排除了人为破坏、明火作业、静电等因素和实测避雷针接地良好的基础上，根据当时气象情况和有关证词，将事故原因的焦点集中在雷击形式上。混凝土油罐遭受雷击的形式有六种：一是球类雷击；二是直击避雷针感应电压产生火花；三是雷击直接引爆油气；四是空中雷放电引起感应电压产生火花；五是绕击雷直击；六是罐区周围对地雷击感应电压产生火花。最终确认为对地雷击产生感应火花引爆油气。根据是：①有 6 人从不同地点目击到对地雷击；②中国科学院空间中心测得，当时该地有两三次落地雷，最大一次电流 104A；③事故油罐的罐体结构及罐顶设施随着使用年限的延长，预制板缝隙和保护层脱落，使钢筋外漏，钢筋及金属部件连接不可靠的地方颇多，有因感应电压产生火花放电的可能；④根据电气原理，50～60m 以外的天空或地面雷感应可造成电气设施 100～200mm 的间隙放电，事故罐金属间隙具有放电的可能性；⑤事故罐在起火前一直在进油，灌顶周围必有一定体积的油气，罐内大部分空间的油气虽然处于爆炸上限以上，但由于油气分布不均，通气孔及罐体裂缝处的油气浓度较低，仍处于爆炸极限范围之内。

5.6.1　雷电

雷电是一种自然放电现象，也是一种强烈的静电放电现象。雷击房屋、线路及电力设备等物体时，会产生雷电过压，雷电所波及的范围内会严重损坏设施、设备并危及人身安全。如黄岛油库大爆炸就是由雷电造成的。

5.6.1.1 雷电种类

按雷电的危害方式，可分为：

(1) 直击雷

大气中带有电荷的积云对地电压可高达几亿伏。积云同地面突出物之间的电场强度达到空气的击穿强度时，产生的放电现象称为直击雷。

(2) 雷电感应

又称感应雷，分静电感应和电磁感应两种。静电感应是积云接近地面时在地面突出物顶端感应出大量异性电荷，在积云与其他部位或其他雷云放电后，凸出物顶部电荷失去束缚，以雷电波的形式高速传播形成。电磁感应是发生雷击后，雷电流在周围空间产生迅速变化的强磁场，在附近的金属导体上感应出很高的电压形成的。

(3) 球雷

积云放电时形成的发红光或白光的球状带电气体，直径大约为 20cm，移动速度约 2m/s，持续时间达数秒至数分钟。

(4) 雷电波侵入

又称传导雷。由于雷击，在架空线路或空中金属管道上产生的冲击电压沿线路或管道的两个方向迅速传播的雷电波。

5.6.1.2 雷电危害

雷电危害及破坏力主要体现在以下三个方面。

(1) 电性质破坏作用

数十至数百万伏的雷电冲击电压会使发电机、变压器、断路器及绝缘子等发生绝缘破坏，烧断电线，引起短路和大规模停电，造成人身触电伤亡及引发邻近易燃易爆危险品发生燃烧爆炸事故。

(2) 热性破坏性质

巨大的雷电流在极短时间内转化成大量热能，会引起易燃易爆物燃烧或金属熔化，并引发火灾、爆炸事故。

(3) 机械性破坏作用

巨大的雷电流通过被击物时，被击物缝隙中的气体及水分发生剧烈膨胀和蒸发，产生大量气体，使被击物遭到破坏或发生爆炸。

5.6.1.3 防雷装置

常用的防雷装置包括避雷针、避雷线、避雷网、避雷带及避雷器等，避雷线用于保护电力线路，避雷网和避雷带常用来保护高层建筑物，避雷器则常用来保护电缆设备。防雷装置主要由接闪器、引下线和接地装置等组成。

5.6.2 光照与辐射作用

波长小于 380nm 的紫外线及波长大于 770nm 的红外线均有促进化学反应的作用。具有很高的热效应，可使某些不稳定物质着火或爆炸。放射线能使气体电离，显示曝光作用、荧光作用，并能促进化学反应而放热。

光线照射和聚焦点燃主要是指太阳热辐射线对可燃物的照射（暴晒）点火和凸透镜、凹面镜等类似物体使太阳热辐射线聚焦点火。另外，太阳光线和其他一些光源的光线还会引发某些自由基连锁反应，如氢气与氯气、乙炔与氯气等爆炸性混合气体在日光或其他强光（如镁条燃烧发出的光）的照射下会发生爆炸，这种情况也应引起注意。

日光照射引起露天堆放的硝化棉发热而造成的火灾在国内已发生多起。因此，易燃易爆物品应严禁露天堆放，避免日光暴晒。还应对某些易燃易爆容器采取洒水降温和加设防晒棚措施，以防容器受热膨胀破裂，导致火灾爆炸。

日光聚焦点火引起的火灾也时有所闻。引起聚焦的物体大多为类似凸透镜和凹面镜的物体。如盛水的球形玻璃鱼缸及植物栽培瓶、四氯化碳灭火弹（球状玻璃瓶）、塑料大棚积雨水形成的类似凸透镜、不锈钢圆底（球面一部分）锅及道路反射镜的不锈钢球面镶板等。因此，对可燃物品仓库和堆场，应注意日光聚焦点火现象。易燃易爆化学物品仓库的玻璃应涂白色或用毛玻璃。

德国、英国、法国等世界上众多国家的国际性研究机构，借助钕-钇-铝石榴石激光器，完成了大量光辐射点燃特性的试验研究工作。图 5-14 给出了经长期试验研究后获得的试验结果。

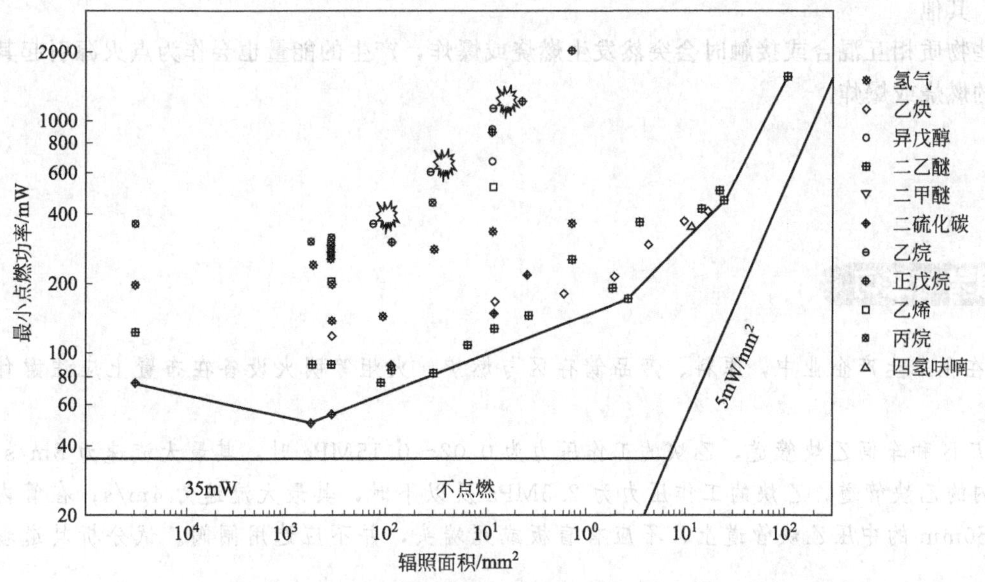

图 5-14 辐照面积与点燃能力的关系

与光辐射不同的是，无线电电磁波辐射则是一种“火花”点燃源。试验已经证明：当电磁波辐射功率超过一定数值时，将成为有效点燃源。根据欧洲有关规范的规定，对于适用于爆炸性危险场所的无线电设备，其电磁辐射功率必须满足以下限值要求：①ⅡA 设备，6W；②ⅡB 设备，4W；③ⅡC 设备，2W。

5.6.3 自然发热及化学反应热

(1) 因氧化而发热

因氧化而发热的常见物有油浸物、煤、黄磷、金属粉末等。对于这些物质，应采用不同的方法加以控制，如油浸物要充分干燥、保证通风，避免热源和直晒，防止混入杂物；煤炭要防水、隔热、小体积堆积（200t 以下）；黄磷应防止接触空气，水中存放；金属粉末要防湿气、酸碱，小体积堆放等。

（2）因分解反应而发热

因分解反应而发热代表性的有硝化纤维类的硝化棉、赛璐珞、火药等。化学药品有过氯酸盐、氯酸盐、硝酸盐、过锰酸盐等。由于这些物质常常会自发地进行分解反应而放出热量，也是一种比较危险的潜在点火源。

（3）发酵放热

一些植物和农副产品会因为生物作用而出现发酵放热的现象，热量蓄积导致温度升高，引起自燃而形成点火源。

（4）忌水性物质

一些金属及其合金、化合物遇水会发生剧烈反应放出热量和可燃性气体而燃烧，如碱金属、保险粉等。此外，生石灰、无水氯化铝、过氧化钠、苛性钠、发烟硫酸、氯磺酸及三氯化磷等，这些物质与水接触虽不会产生可燃气体，但放热量很大，可将邻近可燃物引燃。同时，忌水性物质还能与酸类或氧化剂发生剧烈化学反应，而且反应比遇水更剧烈，发生燃烧和爆炸的危险性也更大。

（5）其他

有些物质相互混合或接触时会突然发生燃烧或爆炸，产生的能量也会作为点火源引起其他物质的燃烧或爆炸。

思考与练习

1. 在化工生产企业中，原料、产品储存区与燃炉、火炬等明火设备在布置上应注意什么问题？

2. 厂区和车间乙炔管道，乙炔的工作压力为 0.02～0.15MPa 时，其最大流速为 8m/s；乙炔站内的乙炔管道，乙炔的工作压力为 2.5MPa 及以下时，其最大流速为 4m/s；在管内径大于 50mm 的中压乙炔管道上，不应有盲板或死端头，并不应选用闸阀。试分析其道理何在？

3. 某活塞式压缩机内的润滑油出现在汽缸的空腔内，为防止爆炸发生，汽缸上设置了起跳压力为 2MPa 的安全阀。该压缩机所用润滑油的自燃温度为 400℃。试分析该压缩机的安全阀设置是否合理。假设初始空气温度为 25℃，压缩机吸入压力为 101.3kPa。空气的绝热压缩指数为 1.4。

4. 分析化工企业高温热表面的形式及引燃能力，如何防范？

5. 简述液体静电的产生原因及控制方案有哪些。

6. 雷击分几类？主要有哪些危害？

第6章 事故后果模拟分析

典型案例：深圳市清水河化学危险品仓库“8·5”特大爆炸火灾事故

1993年8月5日13时26分，深圳市清水河化学危险品仓库发生特大爆炸事故，爆炸引起大火，1个小时后，着火区又发生第二次强烈爆炸，造成更大范围的破坏和火灾，大火历时16个小时。事故中共有15人死亡，截至8月12日仍有101人住院治疗，其中重伤员25人。事故造成的直接经济损失超过2亿元。

第一次爆炸点的确定：经深圳市勘察测量公司对事故现场的勘测，测得第一次爆炸形成的爆坑直径为23m，深7m，坑为锅底形，爆坑中心距南面1号仓北墙55m，距东侧中间铁轨29m。对照这个地域（DF212—86）工程“中转仓库小区总平面布置图”和“杂品中转仓库（4）的建筑平面、立面、剖面及墙图”，确定第一次爆炸点在4号仓中部偏南处。

起火物质的确定：安贸危险品储运公司提供的事故前4号仓内存放货物的名称、数量和位置，以及当事人提供的证词和装卸队提供的旁证，均言证4号仓内东北角处的“过硫酸钠”首先冒烟起火。调查组对“过硫酸钠”提出怀疑和异议。经追查铁路运输发票和安贸公司财务处收款票据，确证4号仓东北角存放的是过硫酸铵而不是过硫酸钠。根据过硫酸铵的特性，它先起火是可能的。

第一次爆炸物数量的确定：4号仓内存放的可爆物品有：多孔硝酸铵49.6t，硝酸铵15.75t，过硫酸铵20t，高锰酸钾10t，硫化碱10t。其中过硫酸铵、高锰酸钾等爆炸威力较弱，而多孔硝酸铵在高温或足够的起爆能量的作用下爆炸威力较强，常被用来制造工业炸药。4号仓内爆炸的主要物质是多孔硝酸铵，其他可爆物品也有可能参与了爆炸。

据炸坑直径23m，深7m，依下式算出爆炸的硝酸铵为29t。

$$Q=4.1888(R_2/K_2)^3\rho$$

式中 Q——2号硝铵炸药的药量，g，若换算成TNT，则需除以1.05，若以硝酸铵计则需要再除以0.35ρ；

R_2——炸坑半径，cm；

K_2——系数，一般为7～10，本估算中取$K_2=8.5$；

ρ——炸药密度，g/cm³。

起火原因分析：市公安部门证实未发现人为破坏。调查组认为4号仓内货物自燃、电火花引燃、明火引燃和叉车摩擦撞击引燃的可能性很小，而忌混物品混存接触反应放热引起危险物品燃烧的可能性很大，理由如下：

① 大量氧化剂高锰酸钾、过硫酸铵、硝酸铵、硝酸钾等与强还原剂硫化碱、可燃物樟脑精等混存在4号仓内，此外，仓内还有数千箱火柴，为火灾爆炸提供了物质条件。

② 一千多袋硝酸铵堆在该仓外东北角站台上。事故现场勘察发现了这堆残留物。

③ 4号仓内多处存放袋装硫化碱，有的码在氧化剂旁边。北京理工大学实验结果证明，过硫酸铵遇硫化碱立即激烈反应，放热，产生硫化氢，同时生成深褐色黏稠液体；差热实验出现陡峭放热峰。

以上分析说明：4号仓内强氧化剂和强还原剂混存、接触，发生激烈氧化还原反应，形成热积累，导致起火燃烧。这是发生事故的直接原因。

6.1 爆炸效应

6.1.1 爆炸效应的定义

爆炸物在爆炸时形成的高温高压对周围介质产生强烈的冲击和压缩作用，使与其接触或接近的物体产生运动、变形、破坏与飞散等有害效应，这些统称为爆炸效应。

爆炸的后果往往造成高热、火灾、机械破坏、物体振动、飞散、抛掷、摇晃和冲击。这种后果可表现为高压气体快速移动所形成空间内的冲击波峰、波压的破坏作用与真空，有害物质的蔓延与扩散以及瞬时的声光现象和电离现象。

在遍及爆炸破坏作用内，有一个能使物体震荡、使之松散的力量，能使物体震荡、松散，从而使物体遭到破坏，如建（构）筑物倒塌等。

爆炸效应可以分成5类。

热效应：化学爆炸往往会放出大量的热量，这是化学能与热能之间的转换。爆炸热效应是爆炸破坏作用的能源。爆炸气体扩散通常在瞬间完成，一般可燃物不会造成火灾，而且形成的冲击波尚有灭火作用。但余热及余火引燃破损设备内不断流出可燃气体或液体的蒸气而造成火灾。如果是物理爆炸，如液体爆炸，爆炸过程中也会有介质气化、吸热等热量交换过程。

机械效应：爆炸过程中产生大量气体，会发生急剧膨胀，从而做机械功，形成对物体的抛掷作用。机械设备、装置、容器等爆炸后产生许多碎片，飞出后会在相当大的范围内造成危害。一般碎片在100～500m范围内飞散。

空间效应：爆炸产物在空间的扩散，能量（波）、声光在空间的传播过程。爆炸能量作用于外物主要是以冲击波的形式完成。冲击波是正压、负压交替出现的结果，先出现正压，后出现负压。爆炸物的量与冲击波强度成正比，而冲击波压力又与距离成反比。

声光效应：爆炸过程产生声和光的过程。爆炸过程产生高温、高压。高压下，爆炸中心周围的介质（空气）快速压缩和伸展，造成空气的振动而形成巨大声响。同时，爆炸形成的高温使物质产生热辐射，较低温度（800～1000℃）下会辐射红外线，高温（2500℃以上）时会辐射白光。爆炸产生的超声波在介质（空气）中传播时，由于介质（空气）的弹性应变而产生时间和空间上的周期性变化，还会导致介质的折射率发生变化。

毒害效应：由于爆炸反应速度非常快，有些物质可能未来及完全氧化，形成具有毒性的气体产物 CO，或者是爆炸物中含有 N、Cl 等元素，爆炸后会形成 HCN、HCl 等有毒气体，这些爆炸产物会对人造成中毒伤害。

6.1.2 爆炸基本参数

6.1.2.1 做功能力与 TNT 当量

评价爆炸物的爆炸效应，往往是用爆炸物的做功能力来表示，做功能力又称为爆炸威力或爆炸能量。

$$L=VH \tag{6-1}$$

式中 L——化学爆炸时的爆炸功，kJ；

V——参与反应的可燃气体的体积，m^3；

H——可燃气体的高热值，kJ/m^3。

实践中常以 TNT 当量来评价爆炸物的爆炸效应。所谓 TNT 当量是指爆炸时所释放的能量相当于多少吨 TNT 炸药爆炸所释放的能量。TNT 爆炸所放出的爆破能量为 4230～4836kJ/kg，一般取平均爆破能量为 4520kJ/kg；算出来的爆破能量除以 4520kJ/kg，就是 TNT 当量。TNT 当量法是把爆炸的破坏作用转化成 TNT 爆炸的破坏作用，从而把爆炸物的量转化成 TNT 当量。

6.1.2.2 爆热

爆热是指 1mol 爆炸物爆炸时放出的热量。因爆炸速度极快，所以可以视爆炸在定容条件下进行，一般用 Q_V 表示。

(1) 理论计算法

在确定了爆炸反应方程式后，爆热的计算可以根据盖斯定律进行，即

$$Q_V=Q_{V,产物}-Q_{V,爆炸物} \tag{6-2}$$

通常，我们在热力学手册中查到的产物生成热为定压生成热。由热力学基本概念可知：

$$Q_V=\Delta U, Q_p=\Delta H, H=U+pV$$

所以

$$Q_p=Q_V+\Delta(pV)=Q_V+\Delta nRT$$

由此可得：

$$Q_V=Q_p-nRT=\Delta H-\Delta nRT$$

其中，Δn 是爆炸反应前后气体组分的摩尔变化。

【例 6-1】 已知泰安 $M_n=316$，生成热为－540.77kJ/mol，爆炸变换方程为：

$$C(CH_2NO_3)_4 \longrightarrow 4H_2O+3CO_2+2CO+2N_2+Q_V$$

求：18℃时的爆热 Q_V。

【解】 查有关物质热力学数据的手册可得，H_2O、CO_2、CO 的生成热分别为－241.52kJ/mol、－395.05kJ/mol、－112.36kJ/mol。

所以

$$\begin{aligned}Q_V&=\Delta H-\Delta nRT\\&=[(-241.52\times4)+(-395.05\times3)+(-112.36\times2)-(-540.77)-\\&\quad(4+3+2+2)\times8.314\times(273+18)/1000]\text{kJ/mol}=-1861.79\text{kJ/mol}\end{aligned}$$

(2) 经验计算方法

对于由碳、氢、氧、氮四种元素构成的化合物 $C_aH_bO_cN_d$：

氧系数 $A \geqslant 100\%$ 时

$$Q_V = 1.34A^{0.24}(94a + 28.75b) - Q_{V,f} \tag{6-3}$$

氧系数 $A < 100\%$ 时

$$Q_V = 1.34A^{0.24}(47c + 5.25b) - Q_{V,f} \tag{6-4}$$

式中，$Q_{V,f}$ 为恒容生成热，kJ/mol。

【例 6-2】 已知黑索金的 $Q_{V,f} = -93.21$kJ/mol，求黑索金的爆热（$C_3H_6O_6N_6$）。

【解】 计算氧系数：

$$A = \frac{6}{2\times3 + 0.5\times6} = 66.67\% < 100\%$$

所以：

$$Q_V = [1.34\times66.67^{0.24}\times(47\times6 + 5.25\times6) - (-93.21)]\text{kJ/mol} = 1242.30\text{kJ/mol}$$

【例 6-3】 1kg 汽油完全蒸发并与空气混合，达到爆炸极限，遇火花在 1s 内爆炸，试求所做的功。

【解】 汽油燃烧热为 10300kcal/kg。

做功：$L_r = 10300\text{kcal} = 4.37\times10^4\text{kJ}$

1s 内完成爆炸，功率为：4.37×10^4kW

1/10s 内完成爆炸，功率为：4.37×10^5kW

10min 内完成爆炸，功率为：72kW，不足以发生爆炸。

6.1.2.3 爆温

爆温是物质完成爆炸反应后所能达到的最高温度。爆温取决于爆热和爆炸产物的组成，可以通过理论计算或实验的方式获得，但由于爆温很高，且在达到最大温度时又会在极短的时间内下降，所以实验测量很困难，通常采用理论计算获得。简化理论计算的假设前提是：

第一，爆炸过程近似视为定容过程。由于爆炸过程时间非常短，反应产物来不及扩散，所以可以看作是定容过程。

第二，爆炸过程绝热，全部放热用来加热爆炸产物；由于爆炸过程时间非常短，反应体系产生的热量来不及向外散失，所以也可以看作是绝热过程。

第三，产物热容仅是温度的函数，与压力（密度）无关。

由于爆炸放出的热全部用来加热爆炸产物，由卡斯特平均热容式 $\overline{C_V} = a + bt$（此式是用于 4000℃以下温度范围）

$$Q_V = \overline{C_V}(t - t_0) = (a + bt)(t - t_0)$$

因为爆温 t 远远高于初始温度 t_0

所以 $t - t_0 \approx t$

由此可得：

$$Q_V = \overline{C_V}t = (a + bt)t$$

$$所以\ bt^2+at-Q_V=0$$

$$t=\frac{-a+\sqrt{a^2+4bQ_V}}{2b} \tag{6-5}$$

式中，a、b 为产物等容热容表达式的系数。

【例 6-4】 已知改性铵油炸药的爆炸反应方程式如下：

$C_{4.384}H_{53.18}O_{35.76}N_{23} \longrightarrow 26.59H_2O+4.384CO_2+0.201O_2+11.5N_2+3259.1kJ$

对于 H_2O　$C_V=26.59\times(16.7+90\times10^{-4}t)=444.1+2393\times10^{-4}t$

对于 CO_2　$\overline{C_V}=4.384\times(37.7+24.3\times10^{-4}t)=165.3+106.5\times10^{-4}t$

对于 O_2 和 N_2　$C_V=(0.201+11.5)\times(20.1+18.8\times10^{-4}t)=235.2+220\times10^{-4}t$

$$\sum\overline{C_V}=844.6+2719.5\times10^{-4}t$$

代入爆温计算公式：

$$t=\frac{-a+\sqrt{a^2+4bQ_V}}{2b}=\frac{-844.6+\sqrt{844.6^2+4\times2719.5\times10^{-4}\times3259.1\times1000}}{2\times2719.5\times10^{-4}}℃$$

$=2241.3℃$

6.1.2.4　爆压

爆炸产生的气体产物会使爆炸体系压力瞬间升高，能达到的最大压力称为爆压。当气体产物密度不大时，可采用理想气体状态方程近似计算爆压。对凝聚相爆炸物而言，气体产物的密度较大，一般采用阿贝尔（Abel）状态方程计算，计算式为：

$$p_c=\frac{nRT\rho_0}{1-\alpha\rho_0}=\frac{nRT}{1}\times\frac{\rho_0}{1-\alpha\rho_0}=\frac{V_1p_0T}{273}\times\frac{\rho_0}{1-\alpha\rho_0} \tag{6-6}$$

式中　p_c——爆压；

V_1——当温度为 0℃，气压为 1atm（1atm＝101325Pa），水为气态时的气体体积；

p_0——标准状态时的压力，$1.033kgf/cm^2$；

α——余容，近似值取 $0.001V_1$；

T——热力学温度；

ρ_0——装药密度。

【例 6-5】 对于前述改性铵油炸药，计算其爆压。

已知：$V_1=956L/kg$，$p_0=1.033kgf/cm^2$，$T=(2241+273)K=2514K$，$\alpha=0.001V_1=0.956$，$\rho_0=1$（相对水的密度）

代入公式：

$$p_c=\frac{V_1p_0T}{273}\times\frac{\rho_0}{1-\alpha\rho_0}=\frac{956\times1.033\times2514}{273}\times\frac{1}{1-0.956}=206709.4kgf/cm^2\approx2.07MPa$$

若 $\rho_0=0.9$

$$p_c=\frac{956\times1.033\times2514}{273}\times\frac{0.9}{1-0.956\times0.9}=58629.8kgf/cm^2\approx0.60MPa$$

式中，$\frac{V_1 p_0 T}{273}=f$，是炸药力，或称炸药的比值能，是一种假定值。

对气相爆炸物而言，最大爆炸压力的计算可采用如下计算方法：

$$p_{max}=\frac{T_{max}}{T_0}p_0\frac{n}{m} \tag{6-7}$$

式中 p_0，p_{max}——初始压力与最大爆压，MPa；

T_0，T_{max}——初始温度与最大爆温，K；

m，n——爆炸前后体系中的气体分子数。

【例 6-6】 乙醚蒸气在空气气氛中爆炸，$T_{max}=2826℃$。求最大爆压。（空气量按理论空气量计算）

【解】

$$C_4H_{10}O+6O_2 \longrightarrow 4CO_2+5H_2O$$

$m=1+6/0.21=29.6$　　　　$n=4+5+(1-0.21)\times 6/0.21=31.6$

所以 $p_{max}=\left(\frac{2826+273}{273}\times 0.1\times\frac{31.6}{29.6}\right)\text{MPa}=1.21\text{MPa}$

影响爆压的因素如下。

(1) 容器形状

实验证明，不同形状的容器中爆压的大小顺序为：

球形 ＞ 正方形 ＞ 圆柱 ＞ 长方形

(2) 点火位置

在外壳非中心处点火，爆炸压力降低，压力上升时间加长。

(3) 容器容积

$0.1m^3$以下，容积对爆压有明显影响；$0.1m^3$以上，容积对爆压没有明显影响，但需要较长的反应时间才能达到最大爆压。所以可以利用大容量容器中较长的反应时间来提供有效的防护体系。

(4) 其他

初始压力越高，最大爆压越大；初始温度越高，爆压有所降低。

6.2 物理爆炸模型

物理爆炸如压力容器破裂时，气体膨胀所释放的能量（及爆炸能量）不仅与气体压力和容器的容积有关，而且与容器内介质的物性、相态有关。有的介质以气态存在（如空气、氧气、氢气等），有的以液态存在（如液氨、液氯等液化气体，高温饱和水等）。容积与压力相同而相态不同的介质，在容器破裂时产生的爆炸能量不同，而且爆炸过程也不完全相同，其能量计算公式亦不相同。

6.2.1 盛装液体的压力容器的爆炸能量

当压缩液体盛装在容器内超压或容器受损发生爆炸时，所释放的能量为压缩液体、压力、体积变化的函数。计算公式为：

$$E_L = \frac{1}{2}\Delta p^2 \beta V \times 10^8 \tag{6-8}$$

式中 E_L——液体爆炸能量，J；

Δp——压缩液体的增压，按压缩液体的表压计，MPa；

β——液体的压缩系数，MPa^{-1}；

V——液体的体积，m^3。

在常温和 10MPa 以内的水，其压缩系数 β 为 $4.52 \times 10^{-4} MPa^{-1}$；在常温和 50MPa 以内的水，$\beta$ 为 $4.4 \times 10^{-4} MPa^{-1}$。

6.2.2 盛装气体的压力容器的爆炸能量

对于机械爆炸，不发生化学反应，能量来自于受限物质的内能。如果能量迅速释放，就会导致爆炸。典型的例子如疲劳的充满压缩空气的轮胎突然失效爆炸，压缩气体储罐突然破裂等。盛装气体的压力容器在破裂时气体膨胀所释放的能量（即爆炸能量）与压力容器的容积有关。通常可以有四种方法来估算压缩气体的爆炸能量。

6.2.2.1 Brode 法

估算压缩气体爆炸能量的最简单方法是 Brode 法。该方法在气体体积不变的情况下进行计算，将气体压力由大气压升高至最终容器内的压力所需的能量即为气体膨胀并最终达到大气压力时的做功能力，表达式为：

$$E_g = \frac{(p - p_0)V}{k - 1} \tag{6-9}$$

式中 E_g——容器内气体的爆炸能量，J；

p——系统压力，Pa；

p_0——环境压力，Pa；

V——气体体积，m^3；

k——气体绝热指数。

6.2.2.2 等熵膨胀法（Baker 法）

在理想情况下流体膨胀对外做出的功可以等于压缩消耗的功，是可逆绝热膨胀过程，膨胀前后熵值不变，叫等熵膨胀。例如，膨胀机的活塞向外输出机械功，膨胀后气体的内能要增加，从而要消耗气体本身的内功能来补偿，致使膨胀后温度显著降低。

压力容器爆破过程是容器内的气体由容器破裂前的压力降至大气压的一个简单膨胀过程，历时一般都很短，不管容器内介质的温度与周围大气存在多大的温差，都可以认为容器内的气体与大气无热量交换，即此时气体介质的膨胀是一个绝热膨胀过程，视此过程可逆，因此其爆炸能量亦即为气体介质膨胀所做之功，可按理想气体绝热膨胀做功公式计算：

$$E_g = \frac{pV}{k-1}\left[1 - \left(\frac{101325}{p}\right)^{\frac{k-1}{k}}\right] \tag{6-10}$$

式中 E_g——容器内气体的爆炸能量，即气体绝热膨胀所做的功，J；

p——气体爆炸前的绝对压力，Pa；

V——容器体积（无液体时），m^3；

k——气体绝热指数，见表 6-1。

表 6-1　常用气体的 k 值

气体	k 值	气体	k 值
空气	1.4	丙烯	1.15
氮气	1.4	一氧化碳	1.395
氧气	1.391	二氧化碳	1.295
氢气	1.412	一氧化氮	1.4
甲烷	1.315	一氧化二氮	1.274
乙烷	1.18	二氧化氮	1.31
丙烷	1.13	氢氰酸	1.31
正丁烷	1.10	硫化氢	1.33
乙烯	1.22	二氧化硫	1.25

$k \approx 1.4$ 的空气、氮气、氧气、氢气和一氧化碳等气体的容器爆炸过程都可以写成如下形式：

$$E_g = C_g V \tag{6-11}$$

式中　E_g——气体爆炸能量，J；

C_g——压缩气体爆炸能量系数，J/m³；

V——气体体积，m³。

对水蒸气：

$$E_s = C_s V \tag{6-12}$$

式中　E_s——水蒸气爆炸能量，J；

C_s——饱和水蒸气爆炸能量系数，J/m³。

6.2.2.3　等温膨胀法

假设容器爆炸过程是等温的，则爆炸能量可以按照气体的等温膨胀过程来计算，表达式为：

$$E_g = RT_0 \ln \frac{p}{p_0} = \frac{pV}{n} \ln\left(\frac{p}{p_0}\right) \tag{6-13}$$

6.2.2.4　热力学有效性方法

热力学有效性代表物质进入环境时所需的等效最大机械能。爆炸引起的超压是机械能的一种形式。因此，热力学有效性预测产生超压的机械能的最大上限值。Crowl 采用整体热力学有效性方法进行分析，得到了下面预测受限容器内的气体最大爆炸能量的表达式：

$$E_g = pV\left[\ln \frac{p}{p_0} - \left(1 - \frac{p}{p_0}\right)\right] \tag{6-14}$$

假设计算对象为初始温度为 298K 的惰性气体，绝热指数为 1.4，压缩气体进入一个大气压下的环境空气中。在上述四种方法中，等熵膨胀法得到的爆炸能量较低。等熵膨胀过程导致气体的温度很低，这与实际情况不符，因为最终温度应为环境温度。等温膨胀法预测的爆炸能量较大，因为该方法假设所有的压缩能都用于做功。实际上，一部分能量会因废热而浪费掉。热力学有效性方法的修正项说明了该损失。

一般认为Brode方程能够较准确地预测爆炸源附近的潜在爆炸能，而等熵膨胀法能较好地预测远距离处的爆炸能。然而，目前还不清楚转变点处于什么位置。在现实应用中，多采用等熵膨胀法进行压缩气体的物理爆炸能量的估算。

6.2.3 液化气、高温饱和水的爆炸能量

液氯、液氨储罐及锅炉汽包等压力容器以气、液两态存在，工作介质的压力大于大气压，介质温度高于其在大气压力下的沸点。当容器破裂时，气体迅速膨胀，液体迅速沸腾，剧烈蒸发，产生爆沸或水蒸气爆炸。

6.2.3.1 液化气体容器的爆炸能量

$$E_L=[(i_1-i_2)-(S_1-S_2)T_b]m \tag{6-15}$$

式中 E_L——过热状态下液体的爆炸能量，kJ；

i_1——爆炸前液化气体的焓，kJ/kg；

i_2——大气压下饱和液体的焓，kJ/kg；

S_1——爆炸前液化气体的熵，kJ/(kg·K)；

S_2——大气压下饱和液体的熵，kJ/(kg·K)；

m——饱和液体的质量，kg；

T_b——介质在大气压下的沸点，K。

例如，$5m^3$液氧储罐，充装量为80%，介质温度120K，压力1.0MPa，计算储罐的爆炸能量。此时的液氧密度为30.4mol/L（即$973.12kg/m^3$），$T_b=90.05K$，则：

$$E=\{[-79.84-(-133.69)]-(3.44-2.94)\times 90.05\}\times 973.12\times 5\times 80\%=34351.14kJ$$

6.2.3.2 饱和水的爆炸能量

$$E_w=C_wV \tag{6-16}$$

式中 E_w——饱和水容器的爆炸能量，kJ；

V——容器内饱和水所占容积，m^3；

C_w——饱和液体爆炸能量系数，kJ/m^3，见表6-2。

表6-2 水及蒸汽的爆炸能量系数

绝对压力 p/MPa	$C_w/(J/m^3)$	$C_s/(J/m^3)$
0.4	9.4×10^6	4.4×10^5
0.6	1.7×10^7	8.3×10^5
0.9	2.6×10^7	1.5×10^6
1.4	4.0×10^7	2.7×10^6
2.6	6.6×10^7	6.1×10^6
3.1	7.5×10^7	7.5×10^6

【例6-7】 一废热锅炉，直径2m，长5m，运行中（表压0.8MPa）破裂爆炸，炸前水位在汽包中心上边约0.2m处，计算汽包破裂时的爆炸能量。

【解】 汽包容积$15.7m^3$，饱和水体积$9.8m^3$，饱和蒸汽体积$5.9m^3$，查表6-2得到绝对压力$9kgf/cm^2$时饱和蒸汽和饱和水的爆炸能量系数分别为

$$C_s=1.5\times 10^6 J/m^3,\ C_w=2.7\times 10^7 J/m^3$$

饱和蒸汽爆炸能量：

$$E_s = C_s V = (1.5\times 5.9\times 10^6)\text{J} = 8.85\times 10^6\text{J}$$

饱和水爆炸能量：

$$E_w = C_w V = (2.7\times 9.8\times 10^7)\text{J} = 2.65\times 10^8\text{J}$$

故汽包爆炸时的爆炸能量：

$$E = E_s + E_w = (8.85\times 10^6 + 2.65\times 10^8)\text{J} = 2.74\times 10^8\text{J}$$

6.2.4 压力容器爆炸时冲击波能量计算

压力容器爆炸时，爆炸能量在向外释放时以冲击波能量、碎片能量和容器残余变形能量三种形式表现出来。后两种形式所消耗的能量只占总爆炸能量的3%～15%，亦即能量产生的主要形式是空气冲击波。

冲击波是一种强压缩波，波前、波后介质的状态参数（温度、压力、密度）具有急剧的变化。实质上，冲击波是介质状态参数急剧变化的分界石。

冲击波是由压缩波叠加而成的，是波阵面以突进形式在介质中传播的压缩波。容器破裂时，容器内的高压气体大量冲出，使它周围的空气受到冲击而发生扰动，使其状态（压力、温度、密度等）发生突跃变化，其传播速度大于扰动介质的声速，这种扰动在空气中传播就称为冲击波。在离爆炸中心一定距离的地方，空气压力会随着时间迅速发生悬殊变化。开始时，压力突然升高，产生一个很大的正压力，介质又迅速衰减，在很短时间内正压降至负压。如此反复循环数次，压力渐次衰减下去。开始时产生的最大正压力即是冲击波波阵面上的超压 Δp，多数情况下，冲击波的伤害、破坏作用是由超压引起的。超压 Δp 可以达到数千千帕甚至兆帕（数个甚至数十个大气压）。

冲击波超压对人体的伤害作用及对建筑物的破坏作用见表6-3和表6-4。

表6-3 冲击波超压对人体的伤害作用

超压 Δp/MPa	伤害作用	超压 Δp/MPa	伤害作用
0.02～0.03	轻微损伤	0.05～0.10	内脏严重损伤或死亡
0.03～0.05	听觉器官损伤或骨折	>0.10	大部分人死亡

表6-4 冲击波超压对建筑物的破坏作用

超压 Δp/MPa	破坏作用	超压 Δp/MPa	破坏作用
0.005～0.006	门窗玻璃部分破碎	0.06～0.07	木建筑厂房折断，房架松动
0.006～0.01	受压面的门窗玻璃大部分破碎	0.07～0.10	砖墙倒塌
0.015～0.02	窗框损坏	0.10～0.20	防震钢筋混凝土破坏，小房屋倒塌
0.02～0.03	墙裂缝	0.20～0.30	大型钢架结构破坏
0.04～0.05	墙大裂缝，房瓦掉下		

冲击波超压大小是冲击波阵面上爆炸气体与大气的压差。冲击波超压的存在是冲击波破坏作用的直接原因。随冲击波扩散半径增大，波阵面面积增大，超压逐渐减弱，最后 $\Delta p\to 0$，冲击波变成声波（冲击波都是超声波）。

冲击波阵面上的超压与产生冲击波的能量有关，同时也与距离爆炸中心的远近有关。冲击波超压与爆炸中心距离的关系为

$$\Delta p \propto R^{-n} \tag{6-17}$$

式中　Δp——冲击波波阵面上的超压，MPa；

R——距爆炸中心的距离，m；

n——衰减系数。

衰减系数在空气中随着超压的大小而变化，在爆炸中心附近为 2.5～3；当超压在数千千帕（数个大气压）以内时，$n=2$；小于 0.1MPa 时，$n=1.5$。

实验数据表明，不同数量的同类炸药发生爆炸时，如果距离爆炸中心的距离 R 之比与炸药量 q 的三次方根之比相等，则产生的冲击波超压相同，用公式表示如下：

$$\frac{R}{R_0}=\left(\frac{q}{q_0}\right)^{\frac{1}{3}}=\alpha$$

则

$$\Delta p=\Delta p_0 \tag{6-18}$$

式中　R——目标与爆炸中心的距离，m；

R_0——目标与基准爆炸中心的距离，m；

q_0——基准爆炸能量，TNT 当量，kg；

q——爆炸时产生冲击波所消耗的能量，TNT 当量，kg；

Δp——目标处的超压，MPa；

Δp_0——基准目标处的超压，MPa；

α——炸药爆炸实验的模拟比。

式（6-18）也可以写成：

$$\Delta p(R)=\Delta p_0(R/\alpha) \tag{6-19}$$

利用式（6-19），就可以根据某些已知药量的实验所测得的超压来确定在各种相应距离下爆炸时的超压，见表 6-5。

表 6-5　1000kg TNT 炸药在空气中爆炸时所产生的冲击波超压

距离,R_0/m	5	6	7	8	9	10	12	14	16	18	20
超压,Δp_0/MPa	2.94	2.06	1.67	1.27	0.95	0.76	0.50	0.33	0.235	0.17	0.126
距离,R_0/m	25	30	35	40	45	50	55	60	65	70	75
超压,Δp_0/MPa	0.079	0.057	0.043	0.033	0.027	0.0235	0.0205	0.018	0.016	0.0143	0.013

【例 6-8】 设有一储气（压缩空气）罐，容积 15m^3，压力 1MPa（表压），运行时容器破裂爆炸，试计算储气罐爆炸时的能量，估算距离为 10m 处的冲击波超压。

【解】 储气罐爆炸时的能量：

$$E_g=\frac{pV}{K-1}\left[1-\left(\frac{0.1013}{p}\right)^{\frac{K-1}{K}}\right]\times10^6=\left\{\frac{1.1\times15}{1.4-1}\left[1-\left(\frac{0.1013}{1.1}\right)^{\frac{1.4-1}{1.4}}\right]\times10^6\right\}\text{J}=20.38\times10^6\text{J}$$

TNT 当量：

$$W_{\text{TNT}}=\frac{20.38\times10^6}{4500\times10^3}\text{kg}=4.51\text{kg}$$

与 1000kg TNT 的模拟比为：

$$\alpha=\left(\frac{4.51}{1000}\right)^{\frac{1}{3}}=0.1652$$

与模拟实验中的相当距离为：

$$R_0=R/\alpha=10/0.1652\text{m}=60.53\text{m}$$

查表 6-5，用插入法求得离爆炸源 10m 处的冲击波超压为 0.0178MPa。

6.3 流体泄漏模型

6.3.1 泄漏形式及后果

一旦出现泄漏，其后果不但与物质的数量、易燃性、毒性有关，而且与泄漏物质的相态、压力、温度等状态有关。这些状态可有多种不同的结合，在后果分析中，常见可能结合有 4 种：常压液体；加压液化气体；低温液化气体；加压气体。泄漏物质的物性不同，其泄漏后果也不同。

(1) 可燃气体泄漏

可燃气体泄漏后遇到点火源就会发生燃烧，与空气混合达到爆炸极限时，遇引爆能量就会发生爆炸。泄漏后起火的时间不同，泄漏后果也不同。

① 立即起火。可燃气体从容器中往外泄出时即被点燃，发生扩散燃烧，产生喷射性火焰或形成火球，它能迅速地危及泄漏现场，但很少会影响到厂区的外部。

② 滞后起火。可燃气体泄出后与空气混合形成可燃性蒸气云团，并随风漂移，遇火源发生爆炸和爆轰，能引起较大范围的破坏。

(2) 有毒气体泄漏

有毒气体泄漏后形成云团在空气中扩散，有毒气体的浓密云团将笼罩很大的空间，影响范围很大。

(3) 液体泄漏

一般情况下液体泄漏，泄漏的液体在空气中蒸发而生成气体，泄漏后果与液体的性质和储存条件（温度、压力）有关。

① 常温常压液体泄漏。这种液体泄漏后聚集在防液堤内或在地势低洼处形成液池，液体由于池表面风的对流而缓慢蒸发，若遇火源就会发生池火灾。

② 加压液化气体泄漏。一些液体泄漏时将瞬时蒸发，剩下的液体形成一个液池，吸收周围的热量继续蒸发。液体瞬时蒸发的比例取决于物质的性质及环境温度，有些泄漏物可能在泄漏过程中全部蒸发。

③ 低温液体泄漏。这种液体泄漏时即形成液池，吸收周围热量蒸发，蒸发量低于加压液化气体的泄漏量、高于常温常压下的泄漏量。

6.3.2 泄漏量的计算

当发生泄漏设备的裂口是规则的，而且裂口尺寸及泄漏物质的有关热力学、物理化学性质及参数已知时，可根据流体力学中的有关方程计算泄漏量。当裂口不规则时，可采用等效尺寸代替；当遇到泄漏过程中压力变化等情况时，往往采用经验公式计算。

6.3.2.1 液体泄漏量

储罐侧壁孔泄漏如图 6-1 所示。根据伯努利方程：

$$\frac{p_1}{\rho}+\frac{u_1^2}{2}+gh_1=\frac{p_2}{\rho}+\frac{u_2^2}{2}+gh_2+\xi\frac{u_2^2}{2}$$

可以假定储罐中的液面速度为零，则泄漏孔处的液体流速：

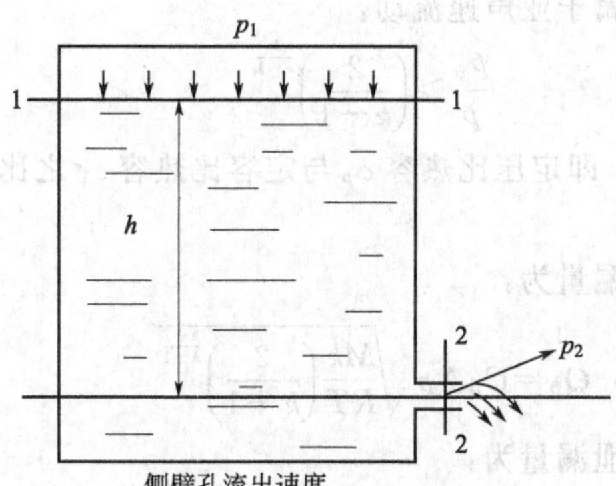

图 6-1 储罐泄漏示意图

$$u_2=\sqrt{\frac{1}{1+\xi}}\sqrt{\frac{2(p_1-p_2)}{\rho}+2g(h_1-h_2)}$$

定义液体泄漏系数：

$$C_d=\sqrt{\frac{1}{1+\xi}}$$

则液体泄漏质量流率为：

$$Q_0=\rho u_2 A=C_d A\rho\sqrt{\frac{2(p_1-p_2)}{\rho}+2gh} \tag{6-20}$$

式中 Q_0——液体泄漏质量流率，kg/s；

C_d——液体泄漏系数，按表 6-6 选取；

A——裂口面积，m^2；

ρ——泄漏液体密度，kg/m^3；

p_1——容器内介质压力，Pa；

p_2——环境压力，Pa；

g——重力加速度，$9.8m/s^2$；

h——裂口之上液位高度，h_1-h_2，m。

表 6-6 液体泄漏系数

雷诺数(Re)	裂口形状			雷诺数(Re)	裂口形状		
	圆形(多边形)	三角形	长方形		圆形(多边形)	三角形	长方形
>100	0.65	0.60	0.55	≤100	0.50	0.45	0.40

常压下液体泄漏速度取决于裂口之上液位的高低；非常压下的液体泄漏速度主要取决于容器内介质压力与环境压力之差和液位的高低。

6.3.2.2 气体泄漏量

气体从裂口泄漏的速度与其流动状态有关。因此，计算泄漏量时首先要判断泄漏时气体的流动属于声速还是亚声速，前者称为临界流，后者称为亚临界流。

当下式成立时，气体流动属于声速流动：

$$\frac{p_0}{p}\leqslant\left(\frac{2}{k+1}\right)^{\frac{k}{k-1}} \tag{6-21}$$

当下式成立时，气体流动属于亚声速流动：

$$\frac{p_0}{p}>\left(\frac{2}{k+1}\right)^{\frac{k}{k-1}} \tag{6-22}$$

式中　k——气体的绝热指数，即定压比热容 c_p 与定容比热容 c_V 之比。

p_0，p 意义同前。

气体呈声速流动时，其泄漏量为：

$$Q_0=C_dAp\sqrt{\frac{Mk}{RT}\left(\frac{2}{k+1}\right)^{\frac{k+1}{k-1}}} \tag{6-23}$$

气体呈亚声速流动时，其泄漏量为：

$$Q_0=C_dAp\sqrt{\frac{2k}{R-1}\frac{Mk}{RT}\left[\left(\frac{p_0}{p}\right)^{2/k}-\left(\frac{p_0}{p}\right)^{(k+1)/k}\right]} \tag{6-24}$$

式中　C_d——气体泄漏系数，当裂口形状为圆形时取 1.00，三角形时取 0.95，长方形时取 0.90；

M——分子量；

T——气体温度，K；

R——理想气体常数，$R=8.314$J/(mol·K)。

p，p_0 含义同上。

当容器中物质随泄漏而减少或压力降低而影响泄漏速度时，泄漏速度的计算比较复杂。如果流速小或时间短，在后果计算中可采取最初排放速度，否则应计算其等效泄漏速度。

6.3.2.3　两相流动泄漏量

过热液体发生泄漏时，有时会出现气、液两相流动。均匀两相流动的泄漏速率可按下式计算：

$$Q_0=C_dA\sqrt{2\rho(p-p_0)} \tag{6-25}$$

式中　Q_0——两相流动混合物泄漏速度，kg/s；

C_d——两相流动混合物泄漏系数，可取 0.8；

A——裂口面积，m^2；

p——两相混合物压力，Pa；

p_0——环境压力，Pa；

ρ——两相混合物的平均密度，kg/m^3，它由下式计算：

$$\rho=\frac{1}{\frac{F_v}{\rho_1}+\frac{1-F_v}{\rho_2}} \tag{6-26}$$

式中　ρ_1——液体蒸发的气体密度，kg/m^3；

ρ_2——液体密度，kg/m^3；

F_v——蒸发的液体占液体总量的比例，它由下式计算：

$$F_v=\frac{c_p(T-T_0)}{H} \tag{6-27}$$

式中　c_p——两相混合物的定压比热容，J/(kg·K)；

T——两相混合物的温度，K；

T_0——沸点温度，K；

H——液体的气化热，J/kg。

当 $F_v>1$ 时，表明液体将全部蒸发成气体，这时应按气体泄漏公式计算；如果 F_v 很小，则可近似按液体泄漏公式计算。

6.4 火灾模型

易燃易爆的气体、液体泄漏后遇到点火源就会被点燃而着火。它们被点燃后的燃烧方式有池火、喷射火、火球、突发火、固体火和普通火 6 种，本节将简要论述。

6.4.1 池火灾

可燃液体或易熔可燃固体泄漏后流到地面形成液池，或流到水面覆盖水面，遇到点火源燃烧而形成池火灾。

当液池中的可燃液体的沸点高于周围环境时，液体表面上单位面积的燃烧速度为

$$\frac{dm}{dt}=\frac{0.001H_c}{c_p(T_b-T_0)+H} \tag{6-28}$$

式中 $\frac{dm}{dt}$——单位表面积燃烧速度，kg/(m² · s)；

H_c——液体燃烧热，J/kg；

c_p——液体定压比热容，J/(kg · K)；

T_b——液体沸点，K；

T_0——环境温度，K；

H——液体汽化热，J/kg。

当液体的沸点低于环境温度时，如加压液化气或冷冻液化气，其单位面积的燃烧速率为

$$\frac{dm}{dt}=\frac{0.001H_c}{H} \tag{6-29}$$

式中符号意义同前。

燃烧速度也可以从手册中直接查到。表 6-7 列出了一些可燃液体的燃烧速度。

表 6-7 一些可燃液体的燃烧速度

物质名称	汽油	煤油	柴油	重油	苯	甲苯	乙醚	丙酮	甲醇
燃烧速度/[kg/(m² · s)]	81～92	55.11	49.33	78.1	165.37	138.37	125.84	66.36	57.6

池火灾的主要危害来自火源的强烈热辐射危害，而且火灾持续时间一般较长，因而采用稳态火灾下的热通量准则来确定人员伤亡及财产损失区域。

(1) 池火焰半径及高度

对于非圆形液池，有效液池半径是面积等于实际液池面积的圆形液池的半径，假设发生池火灾的池面积恒定，则火焰半径 R_f 由下式确定：

$$R_f=\sqrt{\frac{S}{\pi}} \tag{6-30}$$

应用 Thomas 经验公式计算火焰高度为：

$$L=84R_{\mathrm{f}}\left(\frac{m_{\mathrm{f}}}{\rho_0\sqrt{2gR_{\mathrm{f}}}}\right)^{0.61} \tag{6-31}$$

式中 m_{f}——燃料的燃烧速率，$\mathrm{kg/(m^2 \cdot s)}$；

ρ_0——空气密度，$\mathrm{kg/m^3}$。

(2) 火灾持续时间

假定燃料的燃烧速率恒定，在没有有效灭火措施的情况下，可以很容易地计算火灾持续时间：

$$t=\frac{W}{m_{\mathrm{f}}} \tag{6-32}$$

式中 W——燃料质量，kg。

(3) 火焰表面热辐射通量

$$Q_{\mathrm{f}}=\frac{\pi R_{\mathrm{f}}^2(H_{\mathrm{c}})m_{\mathrm{f}}\eta}{\pi R_{\mathrm{f}}^2+2\pi R_{\mathrm{f}}L} \tag{6-33}$$

式中 Q_{f}——热通量，$\mathrm{W/m^2}$；

η——热辐射系数，可取 0.15。

(4) 目标接受的热通量

$$q=Q_{\mathrm{f}}V(1-0.058\ln d) \tag{6-34}$$

式中 q——目标接受热通量，$\mathrm{W/m^2}$；

V——目标处视角系数；

d——目标离火焰表面的距离，m。

其中，视角系数的计算方法为：

$$a=\frac{h^2+s^2+1}{2s} \tag{6-35}$$

$$b=\frac{1+s^2}{2s} \tag{6-36}$$

$$K=\tan^{-1}\left(\frac{s-1}{s+1}\right)^{0.5} \tag{6-37}$$

$$J=\left(\frac{a}{\sqrt{a^2-1}}\right)\tan^{-1}\left[\frac{(a+1)(s-1)}{(a-1)(s+1)}\right]^{0.5} \tag{6-38}$$

$$V_{\mathrm{v}}=\frac{\tan^{-1}\left[\frac{h}{\sqrt{s^2-1}}\right]}{\pi s}+\frac{h(J-K)}{\pi s} \tag{6-39}$$

$$B=\frac{a-1}{s\,(a^2-1)^{0.5}}\tan^{-1}\left[\frac{(a+1)(s-1)}{(a-1)(s+1)}\right]^{0.5} \tag{6-40}$$

$$A=\frac{b-1}{s\,(b^2-1)^{0.5}}\tan^{-1}\left[\frac{(b+1)(s-1)}{(b-1)(s+1)}\right]^{0.5} \tag{6-41}$$

$$V=\sqrt{V_{\mathrm{v}}^2+\left(\frac{A-B}{\pi}\right)^2} \tag{6-42}$$

式中 s——目标到火焰垂直轴的距离与火焰半径 R_{f} 的比值；

h——火焰的高度和火焰半径 R_{f} 的比值；

a，b，K，V_{v}，A，B——中间变量。

从上面的公式可以看出，视角系数 V 的计算过程是相当复杂的，很难从中观察距离、火焰尺寸是如何影响火焰系数的。但是，可以从一些实例数据中发现一些规律，视角系数的值总是小于 1 的，且随着 s 的增大而急剧减小，随着 h 的增大而缓慢增大。

为简便起见，目标接受的热辐射通量也可用下式计算：

$$q=\frac{Q_f\xi}{4\pi r^2} \tag{6-43}$$

式中　ξ——辐射率，可取值 1.0；

r——液池中心到辐射点的距离，m。

其他符号意义同前。

(5) 破坏、伤害半径

破坏、伤害半径指热辐射作用下的死亡、重伤（二度烧伤）、轻伤（一度烧伤）的伤害半径和引燃木材的损失半径。现在比较通用的是 Pietersen 提出的热辐射伤害方程式：

$$P_{r1}=-36.38+2.56\ln(tq_r^{4/3}) \tag{6-44}$$

$$P_{r2}=-43.14+3.0188\ln(tq_r^{4/3}) \tag{6-45}$$

$$P_{r3}=-39.83+3.0186\ln(tq_r^{4/3}) \tag{6-46}$$

式中　P_{r1}，P_{r2}，P_{r3}——火灾辐射作用下的人员死亡、重伤、轻伤概率；

t——暴露于热辐射的时间，s。

木材引燃所需热通量按下式计算：

$$q=6730t^{-4/5}+25400 \tag{6-47}$$

式中的 t 为暴露时间，一般取燃烧持续时间。

稳态池火灾作用下的热通量伤害准则见表 6-8。

表 6-8　稳态池火灾下的热通量伤害效应

临界热通量/(kW/m²)	破坏类型	临界热通量/(kW/m²)	破坏类型
37.5	加工设备损坏	5.0	暴露 15s 的痛阈值
25.0	木材引燃(无引火)	4.5	暴露 20s 的痛阈值，一度烧伤
16.0	暴露 5s 后人严重灼伤	2.0	PVC 绝热电缆破坏
12.5	木材被引燃	1.75	暴露 1min 的痛阈值
6.4	暴露 8s 的痛阈值，20s 后二度烧伤	1.6	长时间暴露无不适感

6.4.2　喷射火

带压的可燃物质泄漏时，从破裂口高速喷出后，如果被点燃，可形成喷射火。喷射火的热量可以认为是从喷口中心轴线上一系列相等的辐射源发出，每一点热源每秒辐射的热量相等。

点热源每秒辐射的热量：

$$Q=\eta m_f H_c \tag{6-48}$$

式中　Q——点热源每秒辐射热量，W；

η——效率因子，可取 0.35；

m_f——泄漏流量，kg/s；

H_c——燃烧热，J/kg。

距离点热源 x 处接受的热通量：

$$q=\frac{Q\xi}{4\pi x^2} \tag{6-49}$$

式中 q——距离点热源 x 处接受的热通量，W/m^2；

Q——点热源每秒辐射热量，W；

x——点热源到目标的距离，m；

ξ——辐射率，可取值 0.2。

目标接受的热通量是全部点热源辐射热通量的总和，即

$$I=\sum_{i=1}^{n} q_i \tag{6-50}$$

式中 n——辐射点热源的数目，对于灾害后果分析，一般 $n=5$。

6.4.3 火球

容器或储罐内的低温可燃液化气体，由于过热，内压增大，导致容器或储罐爆炸，释放物被点燃，发生剧烈燃烧，产生强大的火球，并形成强烈的辐射热。它是泄漏的可燃气团或蒸气与空气混合后被点燃，发生的预混燃烧。

按 Moorhouse 和 Pritchard 模型，发生火球和爆燃燃烧时，火球的最大半径 r 为：

$$r=2.665M^{0.327} \tag{6-51}$$

式中，M 为急剧蒸发的可燃物质的质量，kg。

火球燃烧的持续时间 t 为：

$$t=1.089M^{0.327} \tag{6-52}$$

火球燃烧时发出的辐射通量为：

$$Q=\frac{\eta H_c M}{t} \tag{6-53}$$

式中 H_c——燃烧热，J/kg；

M——燃烧物的质量，kg；

t——燃烧持续时间，s；

η——效率因子，取决于设备中可燃物质的饱和蒸气压 p。

$$\eta=0.27p^{0.32} \tag{6-54}$$

距火球中心 x 处一点的入射热辐射强度 I 可按下式计算：

$$I=\frac{Qt_c}{4\pi x^2} \tag{6-55}$$

式中 Q——火球燃烧辐射通量，W；

t_c——空气热导率，保守取值为 1；

x——目标距火球中心的水平距离，m。

其他符号意义同前。

6.4.4 突发火

泄漏的可燃气体、液体蒸发的蒸气在空气中扩散，遇引火源突然燃烧而没有爆炸，此种情况下，处于气体燃烧范围内的全部室外人员将遇难死亡；建筑物内的部分人员将死亡。

突发火后果分析主要计算可燃混合气体燃烧下限随气团扩散到达的范围。为此可按气团扩散模型计算气团大小和可燃混合气体的浓度。

6.5 化学爆炸模型

6.5.1 蒸气云爆炸（UVCE）

蒸气云爆炸（UVCE）是由于气体或易于挥发的液体燃料的大量快速泄漏，与周围空气混合形成覆盖很大的范围的“预混云”，在某一有限制空间遇点火而导致的爆炸。气云点燃后的燃烧模式最可能是爆燃，而不是爆轰，爆燃是沿着波的前峰在压力和密度上都减小的膨胀波，属于亚声速的范围。可燃气云和空气的预混物在低能量点火下就会发生爆燃。

UVCE 具有以下特点：一般由火灾发展成爆燃，而不是爆轰；蒸气云的形成是加压存储的可燃液体和液化气大量泄漏的结果，存储温度一般大大高于它们的常压沸点；参与蒸气云爆炸的可燃气体或蒸气的量一般在 5×10^3kg 以上；参与蒸气云爆炸的燃料最常见的是低分子碳氢化合物，偶尔也有其他物质，如氯乙烯、氢气与异丙醇等；爆源初始尺寸与特征长度相当，并且蒸气云爆炸的能量释放速率比较小，是一种面源爆炸。

UVCE 发生后，云雾区内的爆炸波作用、云雾区外的冲击波作用、高温燃烧作用和热辐射作用，以及缺氧造成的窒息作用是造成对周围人员、建筑物、储罐等设备的伤害、破坏的主要因素。蒸气云爆炸的破坏效应表现为：形成相当大的火球，在大气中形成爆轰波，其强取决于气云的燃烧速度；碎片效应通常可以忽略。

蒸气云爆炸造成伤害的主要因素是冲击波。冲击波伤害、破坏作用评定准则有超压准则、冲量准则和超压-冲量准则。一般在估计死亡区半径时，使用超压-冲量准则，在估计重伤和轻伤半径时，使用超压准则。如上所述，超压准则的主要内容是：只要冲击波超压达到一定值，便会造成一定的伤害和破坏。下面对蒸气云爆炸能量和所形成冲击波造成的人员伤亡、财产损失等的计算方法做出进一步阐述。

(1) 可燃气体的 TNT 当量及爆炸总能量

可燃气体发生蒸气云爆炸的 TNT 当量为：

$$W_{\mathrm{TNT}}=\frac{\alpha WQ}{Q_{\mathrm{TNT}}} \tag{6-56}$$

式中 W_{TNT}——可燃气体的 TNT 当量，kg；

α——可燃气体蒸气云 TNT 当量系数（统计平均值为 0.04）；

W——蒸气云中可燃气体质量，kg；

Q——可燃气体的燃烧热，kJ/kg；

Q_{TNT}——TNT 炸药的爆炸热，一般取 4520kJ/kg。

可燃气体的爆炸总能量为：

$$E=1.8\alpha WQ \tag{6-57}$$

式中 E——可燃气体爆炸总能量，kJ；

1.8——地面爆炸系数。

(2) 爆炸伤害半径

$$R=C(NE)^{1/3} \tag{6-58}$$

式中　C——爆炸实验常数，取0.03～0.4；

N——有限空间内爆炸发生系数，取0.1。

(3) 冲击波正相超压

$$\ln\left(\frac{\Delta p}{p_0}\right)=-0.9126-1.5058\ln R'+0.167\ln^2 R'-0.0320\ln^3 R' \tag{6-59}$$

$$R'=\frac{D}{\left(\dfrac{E}{p_0}\right)^{1/3}} \tag{6-60}$$

式中　Δp——冲击波正相超压，Pa；

R'——无量纲距离；

D——目标到蒸气云中心的距离，m；

p_0——大气压，Pa。

上式的适用范围为$0.3\leqslant R'\leqslant 12$。

(4) 死亡区半径

假设丙烷-空气混合物在低空发生爆轰，在爆炸冲击波作用下，人的头部撞击致死的伤亡半径：

$$R_1=1.98W_p^{0.447} \tag{6-61}$$

式中，W_p为蒸气云中燃料的当量丙烷质量，kg；它与可燃气体质量W之间的换算关系为：

$$W_p=\frac{WQ}{Q_p} \tag{6-62}$$

式中，Q_p为丙烷的燃烧热，5.05×10^4kJ/kg；Q意义同前。

(5) 重伤区半径

重伤区是指人在冲击波作用下耳鼓膜50%破裂的区域。此种情况需要的超压为44kPa。

$$R_2=9.18W_p^{1/3} \tag{6-63}$$

(6) 轻伤区半径

轻伤区是指冲击波作用下耳鼓膜1%破裂的区域。此种情况需要的超压为17kPa。

$$R_3=17.87W_p^{1/3} \tag{6-64}$$

(7) 财产损失半径

财产损失半径是指冲击波作用下，建筑物第i级破坏的半径。

$$R_4=\frac{K_i W_{TNT}^{1/3}}{\left[1+\left(\dfrac{3175}{W_{TNT}}\right)^2\right]^{1/6}} \tag{6-65}$$

式中，K_i为建筑物i级破坏常数，取值见表6-9。

6.5.2 沸腾液体扩展蒸气爆炸（BLEVE）

装有液化气的容器当处于火焰环境下、受到撞击或机械失效等状态时，容器突然破裂，压力平衡破坏，LPG急剧气化，大量的气化的LPG释放出来，并随即被火焰点燃就会导致沸腾液体扩展蒸气爆炸。实验研究表明，BLEVE可以分为热BLEVE和冷BLEVE，根据BLEVE过热极限理论，热BLEVE指BLEVE的发生是由于LPG在爆炸前高于LPG大气过热极限温度，而冷BLEVE指BLEVE的发生是由于LPG在爆炸前低于LPG大气过热极

表 6-9 建筑物等级破坏常数

破坏等级	破坏系数	破坏常数 K_i	破坏状况
1	1.0	3.8	所有建筑物全部破坏
2	0.6	4.6	砖砌房外表 50%～70%破坏，墙壁下部危险
3	0.5	9.6	房屋不能再居住，房基部分或全部破坏，外墙 1～2 个面部分破坏，承重墙损失严重
4	0.3	28	建筑物受到一定程度的破坏，隔墙木结构要加固
5	0.2	56	房屋经修理可居住，天井瓷砖瓦管不同程度破坏，隔墙木结构要加固
6	0.1	+∞	房屋基本无破坏

限温度。冷 BLEVE 一般是强度比较差的容器由于机械或热的作用而引起的灾难性失效所导致的，而热 BLEVE 一般是过热液体在容器局部失效时发生喷射释放而引发的过热爆炸，它们的发生机理、条件及导致的后果分析与对比，见表 6-10。

表 6-10 热 BLEVE 和冷 BLEVE 的比较

比较内容	热 BLEVE	冷 BLEVE
发生初始步骤	液体处于过热极限上，容器局部失效，喷射释放，内压降低，液体沸腾汽化，容器受压，容器灾难性失效	液体处于过热极限下，机械作用或热作用导致容器灾难性失效
BLEVE 后容器形状	容器塌平在地面，可能有抛射物	容器塌平在地面，可能有抛射物
物质释放模式	所有或大部分气体闪蒸成气云	液体部分闪蒸形成包含小液滴的气云
爆炸火球	典型的上升球形火球	伴随球形上升火球有近地面浮质气云燃烧
爆炸超压	强爆炸冲击	弱爆炸冲击
抛射物	高失效压力可能导致远距离的抛射物	低失效压力可能导致近距离的抛射物
必要条件	过热液体、容器局部失效（引发过热爆炸，容器强度可能很强）	低强度的容器导致灾难性失效

BLEVE 的发生有它自身的规律和条件要求，不同的 BLEVE 事故的发生原因也不同，但它们都有一些共性的规律。导致 BELVE 的主要原因包括上文所统计分析出的外来火焰包围、热辐射冲击（火灾、太阳）、外来撞击、储罐破裂、管线泄漏、槽罐火灾（罐车出轨等）、储罐腐蚀泄漏、管线破裂（低温、撞击）、阀门泄漏（冻结、失效，无法关闭）等因素，其中大多数 BLEVE 的发生是外来热辐射作用使得容器内 LPG 处于过热状态，容器内压力超过对应温度下材料的爆炸压力，导致容器发生灾难性的失效，容器内 LPG 发生爆炸性气化而快速泄放，即 BLEVE 的发生。

装有液化气（LPG）的容器发生失效时，可能会有以下的结果：容器部分失效，伴有 LPG 的喷射泄放或产生喷射火焰；容器罐体产生抛射物；容器内 LPG 完全快速泄放（TLOC）及导致 BLEVE 的发生。导致 TLOC 和 BLEVE 的因素很多，包括罐体材料缺陷、材料疲劳、腐蚀、热应力、压应力、池火焰包围或喷射火炬环境下罐体材料强度下降、容器过载、操作不当等，通常 BLEVE 的发生是上述几个因素联合作用的结果。

BLEVE 的主要危害是火球产生的强烈热辐射伤害，采用瞬态火灾作用下的热剂量准则确定人员的伤亡和财产损失的区域。

(1) 火球当量半径及持续时间

$$R=2.9W^{1/3} \tag{6-66}$$

$$t=0.45W^{1/3} \tag{6-67}$$

式中 R——火球当量半径，m；

W——可燃气体储存质量，kg；

t——火球持续时间，s。

BLEVE 发生后，消防人员及紧急救灾人员最小安全工作建议距离为 $4R$，人群安全逃脱最小建议距离为 $15R$。

(2) 目标接受热剂量

$$Q_r=\frac{0.27p_0^{0.32}bc(1-0.058\ln r)WQ}{4\pi r^2} \tag{6-68}$$

式中 Q_r——目标接受热剂量，kJ/m^2；

b——储罐形状系数，柱形罐 $b=1$，球形罐 $b=0.747$；

c——储罐数量影响因子，单罐 $c=0.5$，双罐 $c=0.7$，多罐 $c=0.9$；

r——目标离储罐距离，m；

p_0——容器内压力，MPa。

(3) 破坏、伤害半径

BLEVE 的破坏、伤害半径可以按式 (6-61)～式 (6-64) 求得。

6.5.3 爆炸产物的扩散与蔓延

(1) 化学爆炸产物体积及扩散影响范围

液态烃 C_nH_{2n} ($n=3\sim6$)，分子量 $M=14n$，相对密度 $d=0.8$。

分子体积：$V=14n/d=17.5n$ mL/mol。

标准压力下的 1mol 20℃的液体蒸气体积为 24L，所以 1mol 液态烃气化体积增长 $24000/17.5=1370/n$ 倍。

液态烃完全燃烧：

$$C_nH_{2n}+1.5nO_2 \longrightarrow nCO_2+nH_2O$$

所需空气量为 $1.5n/0.21$。

按完全燃烧比例的混合气体积是蒸气体积的 $(7n+1)$ 倍，是液态烃体积的 $1370(7n+1)/n=(9590+1370/n)$倍，若爆炸产物温度为 t℃，则体积再膨胀：

$$\frac{t+273}{20+273}\text{倍}$$

例如：罐内存放 1000L 易燃液体，爆炸时产生的燃烧气体体积为 $60000m^3$，该气体在地面以半球形扩散，其扩散半径为 r：

$$1/2\times\frac{4}{3}\pi r^3=60000$$

解之得 $r=30.6$m。即以罐为中心在直径 60m、高 30m 的半球形空间内的可燃物会直接引起火灾。

(2) 液化气容器破裂的燃烧区

可燃液化气容器一旦破裂，在器外发生二次爆炸，则容器内液化气几乎全部烧掉。产生的热量将燃烧产物（水蒸气，CO_2）及空气中的 N_2 升温膨胀，形成体积巨大的高温燃气团，使周围形成一片燃烧区。所以，“燃烧区”即“高温燃气团”所笼罩的区域。

【例 6-9】 罐内液化气（以丙烷计）为 $w$kg，计算容器破裂后产生的燃烧区范围。

【解】 完全燃烧：

$$C_3H_8+5O_2 = 4H_2O+3CO_2$$

$w$kg 丙烷完全燃烧需空气量：

$$w(32\times 5/44)/0.21=17.33w\text{kg}$$

生成的燃气质量：

$$17.33w+w=18.33w$$

若已知燃气比热容 $C=1.26$kJ/(kg·℃)

丙烷燃烧热 $Q=46100$kJ/kg

则燃气温度：

$$t=wQ/(18.33wC)=2000℃$$

燃气标况密度 $\rho=1.25\text{kg/cm}^3$。

则 2000℃下燃气体积为：

$$\frac{18.33w}{1.25}\times\frac{273+2000}{273}\approx 122w\,\text{m}^3$$

高温燃气扩散半径，即燃烧区范围半径：

$$R=\sqrt[3]{\frac{122w}{\frac{1}{2}\times\frac{4}{3}\pi}}=3.9\sqrt[3]{w}\,\text{m}$$

6.6 中毒模型

液化介质在容器破裂时会发生蒸气爆炸。当液化介质为有毒物质时，爆炸后若不燃烧，便会造成大面积的毒害区域。常见的有毒液化介质有液氨、液氯、二氧化硫、二氧化氮、氰氢酸等。压力容器最常用的液氨、液氯、氟氢酸等有毒物质的有关物理化学性能列于表 6-11。一些有毒气体的危险浓度见表 6-12。

表 6-11 一些有毒物质的有关物化性能

物质名称	分子量 M	沸点 t_0/℃	液体平均比热容 c/[kJ/(kg/℃)]	汽化热 q/(kJ/kg)
氨	17	−33	4.6	1.37×10^3
氯	71	−34	0.96	2.89×10^2
二氧化硫	64	−10.8	1.76	3.93×10^2
丙烯醛	56.06	52.8	1.88	5.73×10^2
氢氰酸	27.03	25.7	3.35	9.75×10^2
四氯化碳	153.8	76.8	0.85	1.95×10^2

表 6-12 有毒气体的危险浓度

物质名称	吸入 5～10min 致死的浓度/%	吸入 0.5～1h 致死的浓度/%	吸入 0.5～1h 致重病的浓度/%
氨	0.5		
氯	0.09	0.0035～0.005	0.0014～0.0021
二氧化硫	0.05	0.053～0.065	0.015～0.019
氢氰酸	0.027	0.011～0.014	0.01
硫化氢	0.08～0.1	0.042～0.06	0.036～0.05
二氧化氮	0.05	0.032～0.053	0.011～0.021

6.6.1 有毒液化气体容器破裂时的毒害区估算

【例 6-10】 设有毒液化介质质量 w kg，容器破裂前介质温度 t℃，液体介质比热容 c kJ/(kg・℃)，液化介质沸点 t_0℃，气化潜热 q kJ/kg，毒物致死浓度 x，计算中毒伤亡区范围。

【解】 液化介质在容器破裂前往往处于过热状态，容器破裂后，器内压力瞬时降至大气压，温度降至标准沸点 t_0，液体降温放热量：

$$Q=wc(t-t_0)$$

热量全部用于介质气化，则气化量为：

$$w'=Q/q=\frac{wc(t-t_0)}{q}$$

沸点下蒸发气体的体积：

$$V=\frac{22.4w'}{M}\times\frac{273+t_0}{273}=\frac{22.4wc(t-t_0)}{Mq}\times\frac{273+t_0}{273}$$

致死气体体积：

$$V'=V/x=\frac{1}{2}\left(\frac{4}{3}\pi R^3\right)$$

致死半径：

$$R=\left(\frac{3V'}{2\pi}\right)^{1/3}$$

【例 6-11】 计算容量为 1000kg 的液氯储罐在 50℃破裂时蒸发氯气的毒害半径。

【解】 $w=1000$kg，$c=0.96$kJ/(kg・℃)，$t_0=-34$℃，$q=288.42$kJ/kg，$x=0.09\%$

$$V=\frac{22.4\times1000\times0.96\times[50-(-34)]}{71\times288.72}\times\frac{273-34}{273}=77.14\text{m}^3$$

氯气的致死浓度为 0.09%，所以致死半径 $R=\left(\frac{3V}{2\pi}\right)^{1/3}=\left(\frac{3\times77.14/0.09\%}{2\pi}\right)^{1/3}$

$$=34.5\text{m}(\text{气化 } 28\%)$$

注意：若时间足够长，且空气流通条件差，则液氯会全部气化造成更大的毒害面积。

6.6.2 泄漏后果的概率函数法

概率函数法是通过人们在一定时间接触一定毒物所造成的影响的概率来描述毒物泄漏后果的一种表示方法。概率与中毒死亡百分率有直接关系，二者可以相互换算，见表 6-13。概率值在 0～9 之间。

概率值 Y 与接触毒物浓度及接触时间的关系如下：

$$Y=A+B\ln(C^n t) \tag{6-69}$$

式中 A，B，n——取决于毒物性质的常数，表 6-14 列出了一些常见有毒物质的有关参数；

C——接触毒物的浓度，10^{-6}；

t——接触毒物的时间，min。

表 6-13 概率与中毒死亡百分率的换算关系

死亡百分率/%	0	1	2	3	4	5	6	7	8	9
0		2.67	2.95	3.12	3.25	3.36	3.45	3.52	3.59	3.66
10	3.72	3.77	3.82	3.87	3.92	3.96	4.01	4.05	4.08	4.12
20	4.16	4.19	4.23	4.26	4.29	4.33	4.26	4.39	4.42	4.45
30	4.48	4.50	4.53	4.56	4.59	4.61	4.64	4.67	4.69	4.72
40	4.75	4.77	4.80	4.82	4.85	4.87	4.90	4.92	4.95	4.97
50	5.00	5.03	5.05	5.08	5.10	5.13	5.15	5.18	5.20	5.23
60	5.25	5.28	5.31	5.33	5.36	5.39	5.44	5.44	5.47	5.50
70	5.52	5.55	5.58	5.61	5.64	5.67	5.71	5.74	5.77	5.81
80	5.84	5.88	5.92	5.95	5.99	6.04	6.08	6.13	6.18	6.23
90	6.28	6.34	6.41	6.48	6.55	6.64	6.75	6.88	7.05	7.33
99	7.33	7.37	7.41	7.46	7.51	7.58	7.58	7.65	7.88	8.09

表 6-14 一些毒性物质的参数

物质名称	A	B	n	参考资料
氯	−5.3	0.5	2.75	DCMR 1984
氨	−9.82	0.71	2.0	DC2dR 1984
丙烯醛	−9.93	2.05	1.0	USCG 1977
四氯化碳	0.54	1.01	0.5	USCG 1977
氯化氢	−21.76	2.65	1.0	USCG 1977
甲基溴	−19.92	5.16	1.0	USCG 1977
光气(碳酰氯)	−19.27	3.69	1.0	USCG 1977
氢氟酸(单体)	−26.4	3.35	1.0	USCG 1977
一氧化碳	−37.98	3.70	1.0	

使用概率函数表达式时，必须计算评价点的毒性负荷（$C^n t$），因为在一个已知点，有毒物质浓度随着气团的稀释而不断变化，瞬时泄漏就是这种情况。确定毒物泄漏范围内某点的毒性负荷，可把气团经过该点的时间划分为若干区段，计算每个区段内该点的毒物浓度，得到各时间区段的毒性负荷，然后再求出总毒性负荷：

$$总毒性负荷=\Sigma时间区段内毒性负荷\ s$$

一般说来，接触毒物的时间不会超过 30min，因为在这段时间里可以逃离现场或采取保护措施。

当毒物连续泄漏时，某点的毒物浓度在整个云团扩散期间没有变化。当设定某死亡百分率时，由表 6-14 得出相应的概率 Y 值，根据公式（6-70）有：

$$C^n t=\mathrm{e}^{\frac{Y-A}{B}} \tag{6-70}$$

可以计算出 C 值，于是按扩散公式可以算出中毒范围。

如果毒物泄漏是瞬时的，则有毒气团的某点通过时该点处毒物浓度是变化的。这种情况下，考虑浓度的变化情况，计算气团通过该点的毒性负荷，算出该点的概率值 Y，然后查表 6-13 就可得出相应的死亡百分率。

6.6.3 有毒介质喷射泄漏时的毒害区估算

在喷射轴线上距孔口 x 处的气体浓度 $C(x)$ 为：

$$C(x)=\frac{\dfrac{b_1+b_2}{b_1}}{0.32\dfrac{x}{D}\times\dfrac{\rho}{\sqrt{\rho_0}}+1-\rho} \tag{6-71}$$

式中 b_1，b_2——分布函数，其表达式为：

$$b_1=50.5+48.2\rho-9.95\rho^2 \tag{6-72}$$

$$b_2=23+41\rho \tag{6-73}$$

式中 D——等价喷射孔径，m。其表达式为：

$$D=D_0\sqrt{\frac{\rho_0}{\rho}} \tag{6-74}$$

式中 D_0——裂口孔径，m；

ρ_0——泄漏气体的密度，kg/m³；

ρ——周围环境条件下气体的密度，kg/m³。

如果将式 (6-71) 改写成 x 为 $C(x)$ 的函数形式，则给定某浓度值 $C(x)$，可以计算该浓度的点到孔口的距离 x。

在过喷射轴线上点 x 且垂直于喷射轴线的平面内任一点处的气体浓度为：

$$\frac{C(x,y)}{C(x)}=e^{-b_2(y/x)^2} \tag{6-75}$$

式中 $C(x, y)$——距裂口距离 x 且垂直于喷射轴线的平面内 y 点处的气体浓度，kg/m³；

$C(x)$——喷射轴线上距裂口 x 处的气体浓度，kg/m³；

b_2——分布参数；

y——目标点到喷射轴线的距离，m。

6.7 事故模拟分析软件介绍

6.7.1 ALOHA 软件

ALOHA（areal locations of hazardous atmospheres）是一种为应对化学品泄漏引起的突发事件而设计的计算机软件，由美国环保署（EPA）和国家海洋与大气管理局（NOAA）共同开发，是计算机辅助突发事件操作管理（CAMEO）套装中的一部分，它能够模拟化学品泄漏后有毒气云扩散及火灾爆炸场景的后果，可以帮助应急管理者快速响应以减小破坏带来的损失。ALOHA 自身带有一个近 1000 种常用化学品的数据库，并允许用户根据自己的特殊需要输入化学品有关的数据，并通过交互检验方式来减少数据输入错误，及时对用户提出警告。ALOHA 具有如下功能：

① 产生多种特定场景模拟结果，包括威胁区域边界，特定位置的危险以及泄漏源强度的变化情况；

② 计算化学品从容器、管道和敞开液面泄漏散逸的速度，预测泄漏速率随时间的变化情况；

③ 根据泄漏场景的不同，估算不同类型的危险，包括有毒气云、沸腾液体扩展蒸气爆炸（BLEVE）、喷射火、气云爆炸、池火灾等；

④ 模拟水面上泄漏的化学品在大气中的扩散情况。

ALOHA 还提供了与地理信息系统 GIS 等平台的兼容接口，可以将结果并且其预测的破坏范围输出绘制到 Google 地图上，从而可以直观显示受到威胁的区域，不同的危险程度采用不同的轮廓线来区分。还可以实时显示地图上特定点的威胁情况。目前，ALOHA 已经成为危险化学品事故应急救援、规划、培训及学术研究的重要工具。

6.7.2 DNV PHAST 软件

DNV PHAST（process hazard analysis software tool）是挪威 DNV Technical 公司开发的一款专门用于石油石化和天然气领域危险分析和安全计算的软件。该软件包括泄放和扩散、燃烧（包括池火、喷火和沸腾液体蒸气云燃烧）、爆炸和毒气扩散四种计算模型。

该软件的泄漏模块用来计算化学品泄漏到大气环境的速度和状态，同时考虑多种情况，包括：

① 液相、气相或者气液两相泄漏；

② 纯物质或混合物的泄漏；

③ 稳定泄漏或随时间变化的泄漏；

④ 室内泄漏；

⑤ 长输管道泄漏。

该软件的扩散模块可以根据计算结果与天气情况得到云团传播的实际情况，并考虑多种情形，包括：

① 云团中液滴的形成；

② 云团中液滴下落到地面；

③ 液滴下落形成液池；

④ 液池形成后的再次蒸发；

⑤ 与空气的混合、云团的传播；

⑥ 云团的降落与抬升；

⑦ 密云（重气云团）的扩算和浮云的扩散；

⑧ 被动（高斯）扩算。

燃烧性模块可以计算如下场景的后果：

① 沸腾液体扩展蒸气爆炸和火球；

② 喷射火；

③ 池火灾；

④ 闪火；

⑤ 蒸气云爆炸（UVCE）。

其后果包括辐射水平、闪火区域和超压水平三种。

该软件还有毒性模块和风险模块，提供有毒物质的危害预测及个人和社会风险水平报告。该软件可以快速地得到模拟事故的各种数据，计算的结果与实验数据也较为吻合。

6.7.3 fluent 软件

fluent 是目前市场上最流行的一种流体力学模拟软件，它可以用来计算流体从不可压缩到可压缩范围内的复杂流动问题及传热问题，在火灾情况下的烟气等流体的模拟过程是特别适用的。

fluent 使用非结构网格生成程序，可以有效解决复杂的几何结构网格生成问题。它能够生成多种网格，其中二维网格包括三角形网格和四边形网格；三维网格包括四面体网格、六面体网格和混合网格。另外，该软件还可以根据计算结果自动对网格进行调整，这种自动调整功能在大梯度流场的准确求解方面十分实用。同时，这种自动调整功能并不是应用于整个流场，而是仅在加密流动区域中实施，所以大大节省了计算时间。由于采用了多种求解方法和多重网格加速收敛技术，fluent 能达到最佳的收敛速度和求解精度。灵活的非结构化网格和基于解的自适应网格技术及成熟的物理模型，使 fluent 在传热与相变、化学反应与燃烧、多相流等方面有着广泛的应用。

6.7.4 建筑火灾模拟软件 FDS

FDS（fire dynamics simulator）是一种用来对火灾中的流体运动进行模拟，进行流体动力学计算的软件。该软件由美国国家标准研究所（National Institute of Standards and Technology，NIST）建筑火灾研究实验室（Building and Fire Research Laboratory）开发。该软件可以用来求解在火灾浮力驱动作用下低马赫数流动的 NS 方程（黏性流体 Navier Stokes），主要是对火灾中的热传递过程和烟气进行计算，计算方法为数值方法。FDS 的源代码是开放的，使用者可免费下载，根据自己的需要修改源代码，使软件具有更强的针对性。

FDS 的易用性强，对输入参数的要求相对简单，对计算资源要求较低，模拟结果可方便地实现可视化输出。该软件通过流体力学模型、燃烧模型、辐射传播模型、边界条件、固相模型和装置、喷雾模型这 6 大特点，发挥其强大的模拟计算功能，通过数值方法求解 Navier-Stokes 方程来分析灾害动态过程。FDS 已成为目前火灾风险评估领域应用最广泛的场模拟软件。火灾场景的模拟是为实验的设计、相关参数的设定等提供必要的支持，更有针对性地进行实验，以达到更好的实验效果。因此，FDS 软件广泛应用于火灾科学领域。

6.7.5 FLACS 气体扩散爆炸软件

FLACS 可以基于真实、复杂几何场景评估假定释放的可燃气体、粉尘的扩散以及潜在的后续爆炸情况的后果，以便确定作用在目标上的设计爆炸载荷。FLACS 可进行包括风冷指数分析的通风研究、扩散分析、最危险状况爆炸分析、爆炸概率分析、冲击波传播、连锁事故的潜在可能性、优化布局设计减压、气体检测系统优化、爆炸响应分析。FLACS 的模块包括如下几个。

FLACS-EXPLO：该模块可以提供充满高性能炸药，并给定场景时压力波模拟。可用于建筑物如楼房、机场、地铁系统、隧道的爆炸模拟。

FLACS-ENERGY：专门用于充油的高压设备，如变压器和开关相关的爆炸评估工具。

FLACS-DISPERSION：是 FLACS 模拟器在扩散和通风功能方面的子集，去掉了爆炸功能。能够通过分布多孔概念表现具体的几何模型，用于计算特定区域的释放现象，尤其是目标和管路密度较大的情况。该模块特别适用于计算爆炸云团的尺寸及其爆炸风险评估。

FLACS-FIRE：该模块是专门用于火灾模拟的新模块，涵盖可燃气体泄漏事件树中的多种事故场景。和爆炸事故相比，火灾具有非预混、近乎固定、持续时间长、损失主要由热辐射造成等特点。该模块可以模拟三维火焰面，并考虑外部风场影响，计算喷射火、池火、闪火等火灾场景的后果。

FLACS-GASEX：该模块是 FLACS 模拟器爆炸功能的子集，但去掉了通风和扩散功能。适用于海上装置、陆上设备、厂房、民房、生产设备、排气系统、隧道内的爆炸模拟。可以处理多种气体（10 种以上）或混合物体系，考虑燃料贫乏、理想配比及富余条件下与空气的混合情况，评估防爆片、减压面板和简化壁面失效的破坏，预测冲击波传播的危害等。

FLACS-HYDROGEN：该模块在氢扩散和爆炸方面或气体混合物中氢占主导的情况下与全 FLACS 有相同的功能，用于氢作为能源载体相关的风险评估，适用于核电站、化工厂、合成煤气和微处理器工厂。它可以模拟和评估给定场景下可燃气体泄漏的范围，从而进一步评估可燃气云可能带来的危险程度。

DESC：DESC 是基于 FLACS 的粉尘爆炸模拟器。它可以利用标准试验结果作为输入数据，输出二维或三维的模拟结果。粉尘云可以是由储罐释放到空气中，也可以是湍流或冲击波引起的粉尘扩散而形成。

6.7.6 安全评价与风险分析系统软件

南京工业大学参与研发的安全评价与风险分析系统软件可以实现对石油、化工等涉及危险化学品生产、储存的区域进行火灾、爆炸和泄漏等多种灾难事故的风险分析与定量计算，能够满足不同用户的需求。该软件的主要功能包括：

① 重大危险源辨识与分析系统；

② 重大事故概率风险定量评价；

③ 重大事故后果模拟分析；

④ 区域定量风险评价。

该软件采用的风险数据和评价模型是国内外安全工程领域的最新研究成果，能够结合我国对重大危险源的管理标准进行定量评价和分析，并自动生成模拟评价结果报表，具有较为鲜明的实用性。该软件在设计上采用自主开发的模拟仿真算法，并尽量降低软件的使用难度和评价人员对风险知识的依赖性，从而实现软件的简洁易用。

该软件运用了多种安全评价方法，如指数评价法、定性定量分析方法、重大事故模拟评价法等，并结合了安全综合数据库。因此，该软件能够应用在诸多领域，如对我国企业进行重大危险源的辨识和分级，评估企业风险，规划公共安全，安全评价以及进行区域性风险评估分析等等。

6.7.7 环境风险评价系统 RiskSystem

《环境风险评价系统（RiskSystem）》1.2版是在《建设项目环境风险评价技术导则》（HJ/T 169—2004）的基础上，结合安全评价中与环境风险评价关系密切的部分内容编制而成的。软件将科学计算、绘图与数据库支持相结合，可用于环境风险评价与相应安全评价中，也可用于环境和安全管理部门日常管理工作。

软件分为源项分析、火灾爆炸事故模型预测和泄漏事故模型预测三个模块。源项分析模块提供6种排放事故模型的计算；火灾爆炸模块提供3种事故预测模型，即蒸气云爆炸模型（TNT模型）、池火灾模型、沸腾液体扩展蒸气爆炸（BLEVE火球）；泄漏事故模型提供两个事故泄漏扩散预测，直接预测6种典型泄漏事故后果，同时预测不同风速、不同稳定度、不同时刻、不同下风向距离污染物浓度及多个关心点浓度；可进行点源、面源和体源模型的模拟计算。

1. 某锅炉内径1.5m，长4.5m，设计压力2.5MPa。在运行过程中由于操作原因造成满罐并超压引起爆炸。试计算该锅炉爆炸的能量。

2. 一台直径为1.6m、容积约为$10m^3$的空气储气罐，因超载而在约5MPa压力下发生爆炸事故。(1) 试估算爆炸能量及10m远处的冲击波峰压。(2) 试估算该压力容器爆炸的致死范围。假设人的致死超压临界值为0.05MPa。

3. 某圆柱形储罐高6m，直径2.5m，里面存储有苯。储罐内充氮气保护，为防止爆炸，罐内保持压力恒定不变，压力为101.3kPa（绝压）。目前，罐内液面高度5m，由于疏忽，铲车驾驶员将距地面1.5m的罐壁碰出一个直径为6cm的圆孔。已知苯的相对密度为0.879，取$C_d=0.5$。请估算：

(1) 罐内苯泄漏的最大质量流率。

(2) 如果不采取措施，苯将会泄漏多长时间？

(3) 若出罐内保持0.3MPa（绝压）的压力，则需要多长时间储罐内的苯会泄漏完？

(4) 若储罐置于直径为4m的圆形围堰中存留，泄漏后员工进入围堰紧急封堵，结果产生火花点燃其中的液体苯，人员从围堰逃出5m以外需要的时间为15s，计算该作业人员的死亡、重伤和轻伤概率。已知：苯的燃烧热为40258kJ/kg，苯的燃烧速度为0.0459 $kg/(m^2 \cdot s)$。

4. 某天然气输送管道因施工误操作造成管线断裂，泄漏出的气体被引爆，发生气云爆炸。已知：该管道输送压力为6MPa，管径为600mm，温度为20℃，天然气的燃烧热为5×10^4kJ/kg，天然气分子量取17，相对于空气的密度为0.7，天然气的泄漏流动属于声速流，泄漏时间为30s。试计算爆炸引起的死亡、重伤、轻伤范围。

5. 某含有体积分数为6%一氧化碳的燃气管道发生喷射泄漏，管道内气体密度为$0.455kg/m^3$，在距离泄漏孔轴线方向5m的工作人员20min后才发觉泄漏。试计算未采取防护措施的情况下工作人员的死亡百分率。

6. 某氯乙烯单体的生产过程中，初始压力为0.11MPa（绝压）、温度为20℃的粗品氯乙烯气体经压缩至0.7MPa（绝压）后经冷冻、精制后存储于设计压力为0.8MPa的球罐中，存储温度为20℃，压力0.5MPa。已知球罐直径22.8m，液面高度15m，氯乙烯单体密度911kg/m^3，黏度0.11mPa·s，爆炸下限3.6%，自燃点472℃。液体比热容1.146 kJ/(mol·K)，正常沸点−13.6℃，汽化潜热330kJ/kg。试问：

(1) 若压缩机开启前未经置换，且采用单级压缩，是否会引起燃烧爆炸？

(2) 设压缩机汽缸体积为1m^3，设计压力2MPa。操作过程中出口冻结引起超压爆炸，其冲击波致死范围为多大？(假定冲击波致死的超压为0.05MPa。)

(3) 若压缩机出口管路出现直径4cm的腐蚀孔，则喷射气体可能引起燃烧的范围有多大？

(4) 若储罐底部出现直径3cm腐蚀孔，泄漏15min并汽化后的氯乙烯在距地面1.5m高度处四散蔓延，则可能的燃烧范围有多大？遇火引起爆炸的致死半径有多大？

参考文献

[1] Daniel A Crowl，Joseph F Louvar. 化工过程安全理论及应用．蒋军成，潘旭海译．北京：化学工业出版社，2006.

[2] 冯肇瑞，杨有启．化工安全技术手册．北京：化学工业出版社，1993.

[3] 狄建华．火灾爆炸预防．北京：国防工业出版社，2007.

[4] 刘景良．化工安全技术．北京：化学工业出版社，2003.

[5] 杨泗霖．防火与防爆．北京：北京经济学院出版社，1991.

[6] 徐厚生，赵双其．防火防爆．北京：化学工业出版社，2004.

[7] 王海福，冯顺山．防爆学原理．北京：北京理工大学出版社，2004.

[8] 陈新华，聂万胜．液体推进剂爆炸危害性评估方法及应用．北京：国防工业出版社，2005.

[9] 崔克清．安全工程燃烧爆炸理论与技术．北京：中国计量出版社，2005.

[10] 李建华，黄郑华．石油化工企业防火．北京：中国劳动社会保障出版社，2006.

[11] 吴宗之．安全生产技术．北京：中国大百科全书出版社，2006.

[12] 蒋军成，郭振龙．工业装置安全卫生预评价方法．北京：化学工业出版社，2004.

[13] 戴树和．工程风险分析技术．北京：化学工业出版社，2007.

[14] 崔克清，张礼敬，陶刚．化工安全设计．北京：化学工业出版社，2004.

[15] 刘联胜．燃烧理论与技术．北京：化学工业出版社，2008.

[16] 崔克清．安全工程大辞典．北京：化学工业出版社，1995.

[17] 严传俊，范玮．燃烧学．西安：西北工业大学出版社，2005.

[18] 张斌全．燃烧理论基础．北京：北京航空航天大学出版社，1990.

[19] 张英华，黄志安．燃烧与爆炸学．北京：冶金工业出版社，2010.

[20] 国家安全监管总局监管三司，中国化学品安全协会．国内外危险化学品典型事故案例分析．北京：中国劳动社会保障出版社，2009.

[21] 陈胜利．化工企业管理与安全．北京：化学工业出版社，1999.

[22] 郝建斌．燃烧与爆炸学．北京：中国石化出版社，2012.

[23] 徐晓楠．消防基础知识．北京：化学工业出版社，2006.

[24] 刘永基．消防燃烧原理．沈阳：辽宁人民出版社，1992.

[25] 全国注册安全工程师职业资格考试辅导教材编审委员会．安全生产技术．北京：中国大百科全书出版社，2006.

[26] 张守中．爆炸基本原理．北京：国防工业出版社，1988.

[27] 马守信．化工事故案例分析与防范．合肥：合肥工业大学出版社,2004.

[28] 杨立中．工业热安全工程．合肥：中国科学技术大学出版社，2001.

[29] 周校平，张晓男．燃烧理论基础．上海：上海交通大学出版社，2001.

[30] 窦志铭．物流商品养护技术．北京：人民交通出版社，2006.

[31] 郑学志，沈桂娘．工业阻火器．北京：石油工业出版社，1984.

[32] 蔡凤英，谈宗山，孟赫，等．化工安全工程．北京：科学出版社，2001.

[33] 《危险化学品重特大事故案例精选》编委会．危险化学品重特大事故案例精选．北京：中国劳动社会保障出版社，2007.

[34] 弗朗西斯·施特塞尔．化工工艺的热安全——风险评估与工艺设计．陈网桦，彭金华，陈丽萍译．北京：科学出版社，2009.

[35] 程春生，秦福涛，魏振云．化工安全生产与反应风险评估．北京：化学工业出版社，2011.

[36] 孙金华，丁辉．化学物质热危险性评价．北京：科学出版社，2005.

[37] 蒋军成，潘勇．有机化合物的分子结构与危险特性．北京：科学出版社，2011.

[38] 吕保和，工业安全工程，北京：化学工业出版社，2004.

[39] 谢兴华，李寒旭．燃烧理论．徐州：中国矿业大学出版社，2002.

[40] 傅维镳，张永廉，王清安．燃烧学．北京：高等教育出版社，1989.

[41] 李克升．两种工业炸药．昆明：云南科技出版社，2009：212.

[42] 宇德明．易燃、易爆、有毒危险品储运过程定量风险评价．北京：中国铁道出版社，2000.

[43] 公安部消防局．中国消防年鉴（2014）．昆明：云南人民出版社，2014.

[44] 关文玲，将军成．我国化工企业火灾爆炸事故统计分析及事故表征物探讨．中国安全科学学报，2008，18（3）：103-107.

[45] 张爱华，秦武，孙伟伟．导弹试验技术．醚中过氧化物爆炸的机理分析与预防，2009，2：19-21.

[46] 李毅明．自燃类火灾原因调查方法及预防对策研究．科技资讯，2011，6：146-147.

[47] 消防科技编辑部．几种石油产品的闪点和自燃点．消防科技，1991，3：16.

[48] 谢传欣，王慧欣，王传兴，等．硫化亚铁自燃特性研究．2006 年全国石油化工生产安全与控制学术交流会，2006：82-232.

[49] 魏镇．氯化氢石墨合成炉点火方法浅析．中国氯碱，2010，8：22-23.

[50] 彭正林．燃气着火延迟期计算公式的推导．煤气与热力，1984，（1）：33-37.

[51] 林松．阴燃火灾的调查．消防科学与技术，2006，25（4）：560-562.

[52] 陈行表．关于热爆炸的极限理论．化学世界，1962，（3）：140-142.

[53] 许满贵，徐精彩．工业可燃气体爆炸极限及其计算．西安科技大学学报，2005，25（2）：139-142.

[54] 俞雪兴．某化工厂化学反应失控引起的爆炸事故分析及预防．石油化工安全环保技术，2008，24（3）：26-28.

[55] 邓志华，孙素明，刘天利，等．危险化合物爆炸性基团分析及合成反应中的安全控制．全国危险物质与安全应急技术研讨会论文集，重庆，2011：960-965.

[56] 高建业．绝热压缩对溶解乙炔生产的危害及其防止对策．山西化工，2005，25（2）：55-56.

[57] 邓震宇，刘振刚，梁国福，等．汽车常用液体接触热表面火灾危险性的研究．消防科学与技术，2006，25（3）：405-407.

[58] 徐建平．工业危险点燃源及其防爆技术概论．石油化工自动化，2003，4：96-102.

[59] 世界石化工业 100 起特大财产毁损事件（续）．石油规划设计（PPE），1993，4（4）：59-60.

[60] Gong Yunyi, Gu Wenge, Tong Jun. Ignition Capability of Friction Sparks and Hot Surface for Fire Risk. Fire Safety Science, 1999, 8（1）：1-14.

[61] 金韶华，松全才．炸药理论．西安：西北工业大学出版社，2010.

[62] 阿迪力江·依米提．一起锅炉爆炸事故的原因分析．石油和化工设备，2012，15（10）：88-89.

[63] 粟镇宇．工艺安全管理与事故预防．北京：中国石化出版社，2015.

[64] 王博羲，冯增国，杨荣杰．火药燃烧理论．北京：北京理工大学出版社，1997.

[65] 崔辉，徐志胜，宋文华．人工燃气爆炸与中毒事故危害定量比较分析．灾害学，2008，23（4）：96-100.